牛乳房炎
研究与诊疗

【英】安德鲁·比格斯 著 高健 韩博 译

中国农业科学技术出版社

图书在版编目（CIP）数据

牛乳房炎研究与诊疗 /（英）比格斯（Biggs, A.）著；高健，韩博译. —北京：中国农业科学技术出版社，2015. 12

ISBN 978 - 7 - 5116 - 2468 - 0

Ⅰ. ①牛… Ⅱ. ①比… ②高… ③韩… Ⅲ. ①乳牛—乳房炎—防治 Ⅳ. ①S858. 23

中国版本图书馆 CIP 数据核字（2015）第 320935 号

责任编辑 朱 绯
责任校对 贾海霞

出 版 者 中国农业科学技术出版社
北京市中关村南大街12号 邮编：100081
电 话 （010）82106626（编辑室）（010）82109702（发行部）
（010）82109703（读者服务部）
传 真 （010）82106626
网 址 http: // www.castp.cn
经 销 各地新华书店
印 刷 北京富泰印刷有限责任公司
开 本 787 mm × 1092 mm
印 张 14
字 数 180千字
版 次 2015年12月第1版 2015年12月第1次印刷
定 价 168.00元

献　词

谨以此书献给我的姐姐艾莉森，在本书写作期间她不幸离世。

致　谢

这本书已经在我脑海里酝酿了很多年，凝聚了我和一些从事乳房炎研究相关工作的朋友和同事的经验，其中有些是兽医外科医生、科研人员和农场主。在这里我要感谢国际乳头组织和动物健康协会，尤其要感谢马丁·希恩和埃里克·海勒顿允许我使用他们照片库里的图片。同时，我还要感谢基思·卡特勒对这本书巧妙的修订以及曼迪·博迪对实验工作的帮助和建议。我还要感谢那些给我机会去拍摄大量照片的农场主，这些照片是本书的特色。此外，我还要感谢对本书出版提供帮助的人们，尤其感谢我妻子维姬在这个项目和其他许多项目期间的支持、耐心和宽容。

译者说明

在《牛乳房炎研究与诊疗》出版之际，首先要感谢勃林格殷格翰对本书的资助。

还要感谢参与翻译工作的徐芝华、肖亚莉和才灵杰（勃林格殷格翰）以及邓昭举、顾小龙、于丹、孙梦、刘钢、陈微、张诗瑶、尹金花（中国农业大学）对本书的编译出版做出的卓越贡献。

缩略词表

ABW　acid boiling wash　酸煮洗

ACR　automatic cluster remover　自动集群剂

ADAS　Agricultural Development and Advisory Service　农业开发和咨询服务

ADF　Assured Dairy Farms (formerly NDFAS, *vide infra*) 奶牛场保护（以前称为 NDFAS 国家奶牛场保护计划，参照下文）

AI　artificial insemination　人工授精

AMC　automatic milk conductivity　自动牛奶电导率

AMS　automatic milking system; Automatic Milking Systems　自动挤奶系统

ANSI　apparent new sub - clinical infection　新增显性亚临床感染

BHM　bovine herpes mamillitis　牛疱疹乳头炎

BMSCC　bulk milk somatic cell count　散装牛奶体细胞计数

BSE　bovine spongiform encephalopathy　牛海绵状脑病

BT　bluetongue　蓝舌病

BVD　bovine virus diarrhoea　牛病毒腹泻

Cfu　colony - forming unit　集落生成单位

CIS　Cattle Information Service　牛群信息服务

CMT　California Milk Test　加州牛奶测试

CNS　Coagulase - negative *Staphylococci*　凝固酶阴性葡萄球菌

CVL　Central Veterinary Laboratory　中央兽医实验室

DCT　dry cow therapy　干奶疗法

ET　embryo transfer　胚胎移植

EU　European Union　欧盟

FAWC　Farm Animal Welfare Council　农场动物福利委员会

FMD　foot-and-mouth disease　口蹄疫

GBS　Group B *Streptococcus*　B 群链球菌

HSC　High somatic cell count　高体细胞计数

IMI　intramammary infection　乳腺内感染
ISQT　intermittent serial quarter testing　间歇性连续季度测试
MAA　milk amyloid A　牛奶淀粉样蛋白A
MAFF　Ministry of Agriculture, Fisheries, and Food　农业水产部
MDC　Milk Development Council　牛奶发展委员会
MIC　minimum inhibitory concentration　最小抑菌浓度
MLST　multi-locus sequence typing　多位点序列类型
MMB　Milk Marketing Board　牛奶市场
MRL　maximum residue limit　最大残留限度
NDFAS　National Dairy Farm Assured Scheme　国家奶牛场保护计划
NEB　negative energy balance　负能量平衡
NIRD　National Institute for Research into Dairying　国家乳制品研究所
NMC　National Mastitis Council　国家乳房炎委员会
NML　National Milk Laboratories　国家牛奶实验室
NMR　National Milk Records　国家牛奶记录
NSAID　non-steroidal anti-inflammatory drugs　非甾体抗炎药物
PCR　polymerase chain reaction　聚合酶链反应
PFGE　pulsed - field gel electrophoresis　脉冲场凝胶电泳
PMTD　post - milking teat disinfection　挤奶后乳头消毒
PrMTD　pre - milking teat disinfection　挤奶前乳头消毒
RAPD　random amplified polymorphic DNA　随机扩增多态性DNA
REA　restriction enzyme analysis　限制性内切酶分析
RFLP　random fragment length polymorphism　随机片段长度多态性
SCC　somatic cell count　体细胞计数
SIM　sulphide production, indole product and motility　硫化、吲哚及其能动性
SUAM　*Streptococcus uberis* adhesion molecule　乳房链球菌黏附分子
TB　tuberculosis　肺结核
TBC　total bacterial count　总菌数
TCI　Teat Club International　国际乳头组织
TVC　total viable count　总活菌计数
VLA　Veterinary Laboratories Agency　英国兽医实验所
WBC　white blood cell　白细胞

目　录

第一章　什么是乳房炎？它为什么很重要？ / 1
第二章　乳房和乳头的结构与功能 / 15
第三章　乳房炎的病因与防控 / 31
第四章　挤奶机和挤奶流程 / 73
第五章　乳房炎的记录和用处 / 125
第六章　乳房炎诊断 / 141
第七章　治疗方法 / 159
第八章　夏季奶牛乳房炎 / 175
第九章　易发乳房炎的乳房和乳头状况 / 181

附录1　减少牛群中的乳房炎 / 193
附录2　调查清单 / 195
附录3　干乳期治疗流程图 / 196
附录4　奶牛群泌乳期治疗方案 / 198
附录5　英国的牛奶销售 / 199
附录6　乳头药浸 / 201
附录7　牛奶样品分离培养的特征分析 / 205
附录8　具体治疗方案 / 207
附录9　抑制物质实验 / 211

深度阅读 / 213

第一章　什么是乳房炎？它为什么很重要？

一、前　言

乳房炎是奶牛最常见的和代价高昂的疾病之一，在肉用牛中也是具有考虑意义的一种疾病。农场环境中与乳房炎相关的许多细菌无处不在，它们存在于奶牛体表、体内和周围，这就表示现实中乳房炎不可能彻底的根除，只能更大程度的控制在可接受水平。同样的，导致乳房炎广泛发生的原因，促使人们针对所有已知的、能够引起乳房炎的细菌进行疫苗保护研究，进而降低乳房炎的发生。我们对于乳房炎的发生发展、控制及农场管理技术理解的不断进步，对乳制品行业的发展十分重要。

个体乳房炎可能由轻微的乳腺肿胀转变而来，这种情况可能自愈或者通过治疗预后良好。而对于长期感染却从未真正治愈的严重病牛，有时能够导致死亡。一般说来，一个受影响的乳腺可使牛奶产量减少甚至绝产，这将导致人们消费减少，进而影响乳品产业经济水平。这些乳产量的损失，在某种程度上不仅是因为牛奶在奶牛治疗期间和治疗后的一段时间需要丢弃，还因为牛奶生产量在临床乳房炎病例和亚临床乳房炎病例中会产量减少、质量降低。这些对生产量长期的影响和时而反复的乳房炎可导致奶牛的过早淘汰。事实上，乳制品行业的额外花销高于产量的损失，是由于额外花销还包括增加劳动力照看奶牛和管理治疗乳房炎药物以及药物本身的花费。牛奶产量减少和丢失对肉牛产业同样具有一定影响，其体现在如果母牛不能再产生足够的牛奶来哺育一头犊牛时，哺乳期犊牛生长率会下降，且种牛生产年限会减少。

乳房炎不是由单一病因引起的疾病，它没有简单的解决方案。尽管复杂，但乳制品行业已经取得了重大进步，包括牛奶质量、成分和卫生以及减少乳房炎的流行率（在任何一天中受感染乳房的数量）和发生率（一段时期内感染乳房炎病例数量，常以一年作为时间段记录乳房炎率）。通过测量奶牛临床乳房炎发生率发现，英国过去50年间的乳房炎发生率已经由20世纪60年代的每100头乳牛中150例减少到90年代的每100头30～40例（图1-1）。

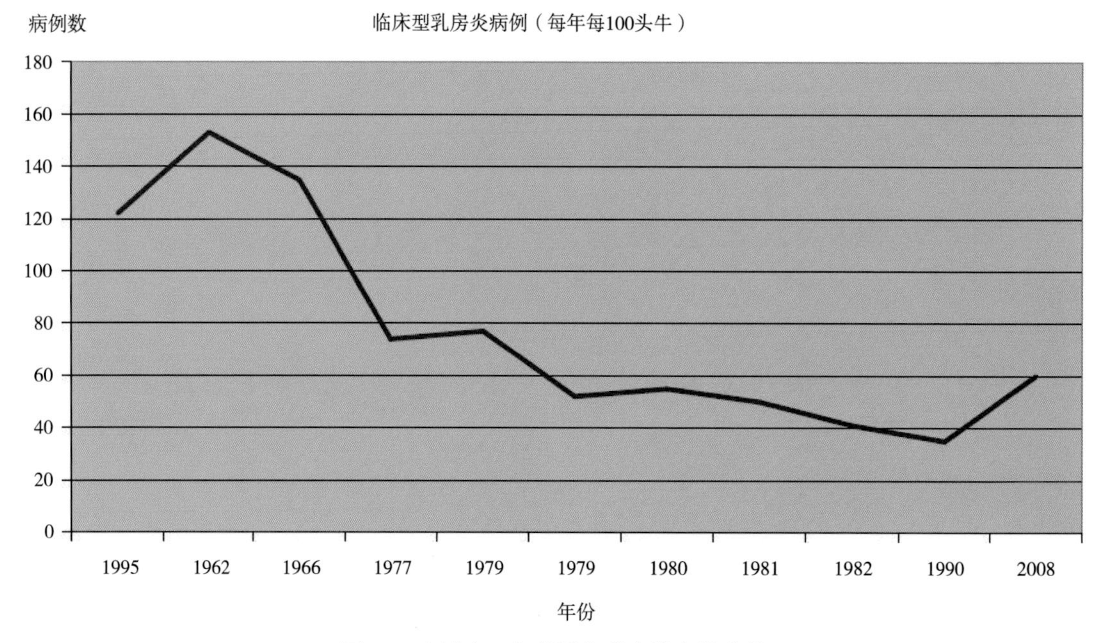

图1-1　在过去50年英国牛乳房炎率的改善

近些年，牛临床乳房炎率的改善已经达到一个稳定平衡期。事实上，一些数据显示牛乳房炎的流行率和发生率都出现轻微的好转。数据的准确性受到很多因素影响，牛群规模和牛奶生产量的增加可能在乳房炎率增长中起到一定作用。实际上，一般的农场主对临床型乳房炎的诊断和记录会对牛乳房炎率造成影响。个体农场主的诊断标准会对临床型乳房炎的检测率造成影响，会记录偏低或者偏高，同时，这些记录的准确性依赖于其持续的时间。短时间的记录可能低估病例发生率。

英国通过对劣质牛奶实行经济处罚促进牛奶质量提高，而且对传染病动力学更深入的理解可以促进乳房炎早期治疗。目前，亚临床病例通常作为临床病例的对照方案进行治疗，但仍是一个提高乳房炎治愈率的积极开端。虽然在一定程度上，报告检出的乳房炎率会因亚临床型稍有提升，但早期治疗可以减少乳房感染的时间，继而早治早好、避免传播。

普遍的检测过于简单，尤其因为一些乳房炎感染是隐性的（亚临床型），且不易观察到。过去几年，全球乳制品行业已经在使用一种间接方式评估一个牛群水平下乳房炎的流行率，并且利用这种方式进行质量监测和控制。乳房炎流行率，尤其是亚临床型乳房炎可以通过牛奶的体细胞计数（SCC或者炎性白细胞数）检测推断出来。在过去的40多年，临床型乳房炎中牛奶体细胞计数明显下降。散装牛奶体细胞计数（BMSCC）已经由1971年的573 000个/ml下降至接近200 000个/ml（图1-2）。

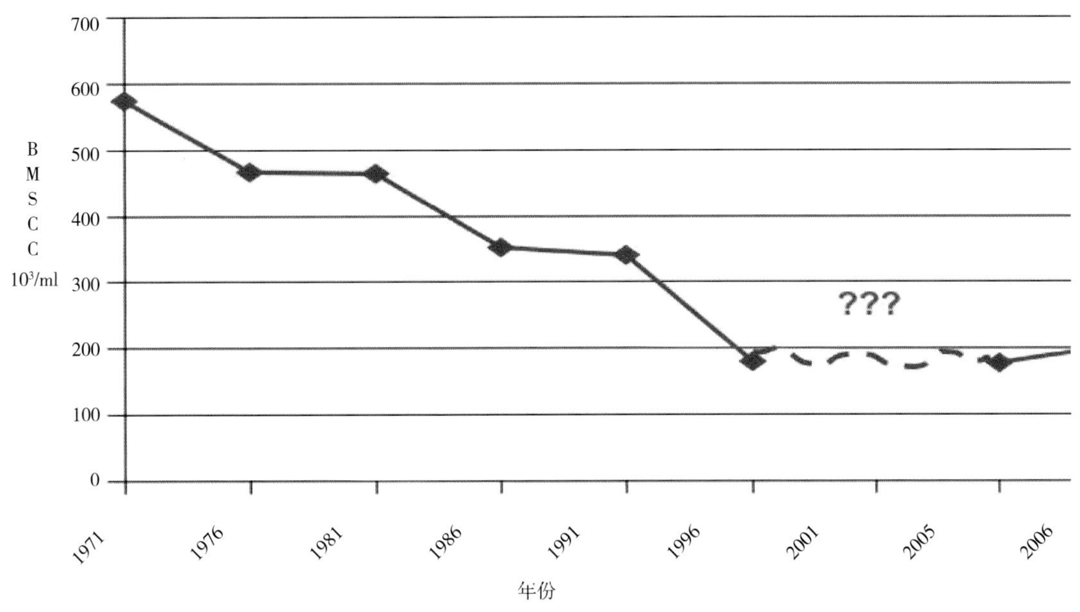

图1 2　过去35年英格兰和威尔士在散装牛奶体细胞计数方面的改善

近期英格兰和威尔士的数据可以在牛奶发展委员会（MDC）的网站上查到（www.mdcdatum.org.uk/MilkSuppy/milkquality.html）。在20世纪60年代中期，英国国家乳制品业研究所（NIRD）的“五点计划”使牛乳房炎的发生有明显改善。“五点计划”旨在降低农场中引起乳房炎的细菌流行，使乳房炎病原体传播最小化。农场主对于这五点计划的接受程度是多样的，大约25年后，到1990年只有1/3农场主使用完全的五点推荐规程。

农业总是适应时代的改变，乳品产业也不例外。在英国奶牛群数量持续减少，而这些牛群规模（奶牛数量）和牛奶产量（生产量）却保持增长。这种牛群行业持续大规模削减导致从50年前大约106 000群，平均每群的规模为15头，减少到2007年全英国17 846群，平均每群约90头，能总计产135亿L牛乳。英格兰和威尔士现在有不到12 500家奶牛场，并且奶牛场一直以每年6%～6.5%的速度持续减少（图1-3）。

这个趋势遍及整个欧盟（EU）。结果是更大、更商业化运营的模式替代了小规模家庭农场，究其原因既有经济和效益的驱使，也有来自行业本身的变化。牛奶生产质量提升的同时，费用的增加促使一些农场主离开这个行业。在过去20年间，虽然有其他影响产量和经济的因素，比如说1984年牛奶配额的实施、牛海绵状脑病（BSE）、肺结核（TB）的传播、2001—2007年的口蹄疫、2007年和2008年的蓝舌病（蓝舌病毒8、蓝舌病毒1和蓝舌病毒4），都对整个行业有重要影响。但乳房炎对于英国奶牛农场而言仍然是花费巨大的重要疾病之一（表1-1）。

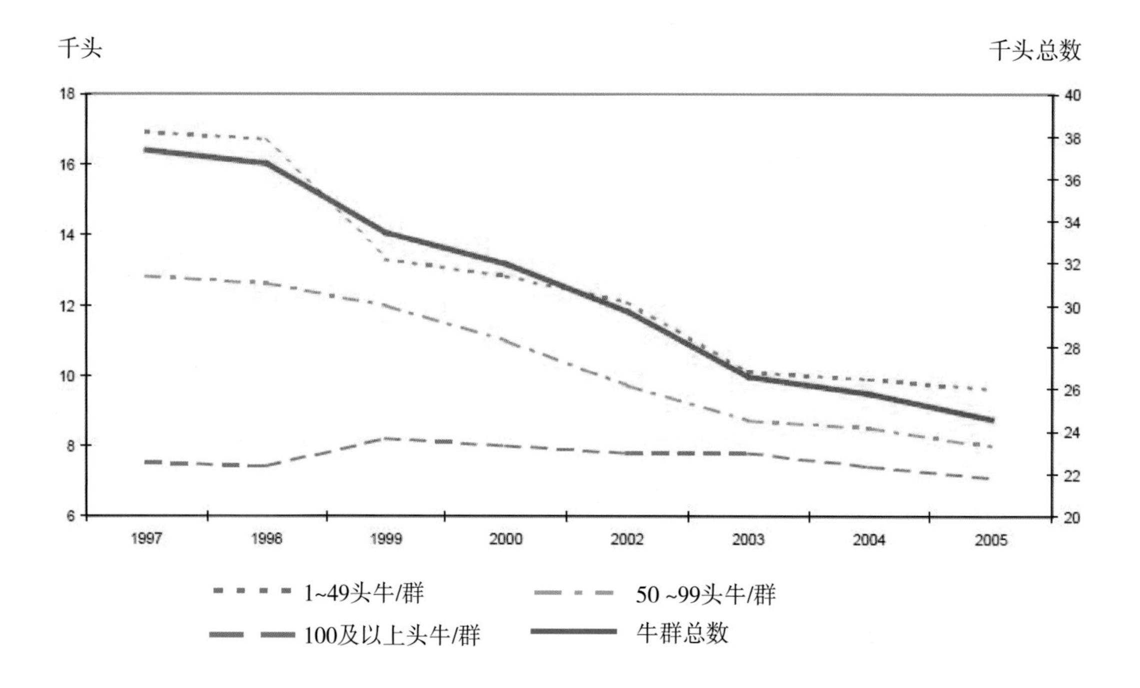

图1-3 英国整个奶牛群的变化趋势与小规模牛群数量减少的相关性

来源：DEFRA。引用获得前身是牛奶发展协会和欧盟统计局的乳品委员会许可

表1-1 欧盟乳制品行业/农业数据——欧盟的奶牛农场主数量（交货+直销）

国　家	1998	1999	2000	2001	2002	2003	2004*	2005*
德　国	163 600	142 900	129 892	125 100	119 800	117 100	115 200	112 000
法　国	140 354	134 394	128 500	123 720	119 497	115 034	109 900*	105 500*
意大利	90 601	80 885	74 457	63 090	59 995	57 238	55 000*	48 200*
荷　兰	37 160	35 421	33 274	25 985	24 775	23 864	23 000*	22 200*
比利时	18 919	18 477	17 639	17942	17 154	16 571	15 817	14 500*
卢森堡	1 261	1 230	1 165	1 112	1 081	1 026	1 006	990
英　国	35 588	34 553	25 853	25 779	22 876	21 383	19 300*	17 800*
爱尔兰共和国	32 856	32 475	29 276	27 814	26 598	25 212	23 800	22 400
丹　麦	11 373	10 570	9 737	9 737	8 062	7 400	6 600	5 950

（续表）

国　家	1998	1999	2000	2001	2002	2003	2004*	2005*
希　腊	15 460	13 916	12 435	11 031	9 637	8 655	7 600*	6 800*
西班牙	74 230	64 776	56 379	50 362	45 905	41 149	37 300*	31 100*
葡萄牙	40 832	31 558	23 869	20 588	19 174	17 461	16 027	14 700*
奥地利	72 148	72 358	63 949	61 191	60 786	57 268	51 031	50 000
芬　兰	28 233	26 195	22 225	20 731	19 416	18 143	16 928	15 862
瑞　典	14 174	13 243	12 168	11 299	10 557	9 853	9 200	8 700
欧盟-15	776 789	712 951	640 618	595 481	656 313	537 477	507 709*	476 702*

数据来源：乳品委员会

二、什么是奶牛乳房炎？

乳房炎一般是由传染性致病菌侵入乳腺造成的感染，它的发生是由多种因素引起的。这是最明显的易感动物（奶牛）、病原（最常见的细菌）和环境（能够影响奶牛和寄生物）之间的相互关系（图1-4）。

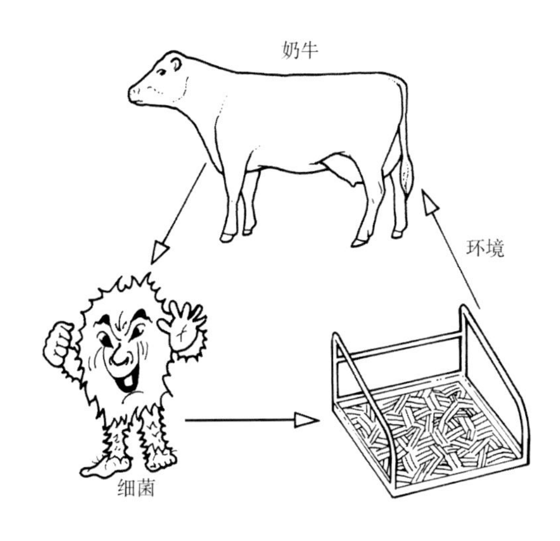

图1-4　乳房炎三角关系：奶牛、细菌和环境之间的平衡

一般的防控措施都是直接针对已知的影响感染率的管理因素，它们会针对不同的病原而改变。因此，乳房炎防控或多或少的会主张冲突控制措施。从某方面而言，乳房炎对肉牛和奶牛来说都是问题。

1. 定　义

乳房炎意为乳房的炎症，是从坚果(mast)、乳房（breast）和炎症(itis, inflammation)3个词而来。炎症是在细菌侵入动物机体后在动物体内增殖引起的一种最常见的病理生理学应答反应，同时炎症也可由化学因素、热因素或者机械损伤引起。炎症的结果是引起牛奶中一系列的理化因素的改变和乳腺组织的病理学变化。这些会在本书后面的更多章节中揭示，乳房炎一般分为两大类：临床型，通过牛奶、乳房，有时奶牛的变化能够发现；亚临床型，变化微小，需要借助实验室检验进行检测。

2. 影　响

乳房炎能够引起牛奶成分和产量、乳房甚至是奶牛的变化。个体奶牛的变化程度是多种因素共同决定的：病原因素，如感染的严重程度和持续时间、造成感染的微生物种类；易感动物因素，如奶牛的营养和免疫水平、奶牛的牛奶产量；环境因素，如环境温度、湿度和清洁程度。在严重病例中，乳房炎感染能够引起全身反应，造成奶牛的一系列临床症状，如高温、食欲不振、心神不安；严重病例还可引起奶牛腹泻、脱水，最后以死亡告终（图1-5）。

乳房炎几乎都是由细菌感染引起的，有部分细菌能够产生毒素直接损害产奶的乳腺分泌组织。细菌的存在通常会引发乳腺组织内的炎症反应，炎症反应是消除入侵微生物的一个过程。可以产生化学介质和炎性蛋白，增强受感染牛的应答反应。在某种程度上，也造成受感染奶牛的牛奶产量下降和成分改变。最终发生乳房炎使牛奶中体细胞数增加以及乳房出现疼痛、发热、肿胀，更有甚者会变硬和损伤。这些牛奶中增多的体细胞中有血液衍生的体细胞和上皮衍生的体细胞。其中，血液衍生的体细胞主要是白细胞（如中性粒细胞和淋巴细胞）。一般分泌上皮损伤会导致牛奶中血液成分增加，而牛奶中的营养成分下降。这些变化有些是肉眼可见的、外观明显的物理变化，如出现白点或者凝块、颜色改变和牛奶变稠或变稀（图1-6）；也有些化学变化是需要牛奶成分分析才能检测到的，如蛋白质、钠离子和氯离子比例的改变，乳铁蛋白和其他炎性蛋白含量的改变。

临床型乳房炎的牛奶比亚临床型乳房炎的牛奶质量变化更为明显。即便是亚临床型乳房炎的变化也会影响牛奶的经济和营养价值。其蛋白质含量可能不会改变，但是蛋白质组成种类会发生变化。牛奶中的主要蛋白质是营养价值高、在乳酪加工中有重要作用的酪蛋白。体细胞计数偏高的奶牛所产的牛奶中，蛋白质组成通常没有变化是因为低质量的血清蛋白数量增加，通常指乳清蛋白，如因与炎症相关的结构破坏而滤出到牛奶中的血清胚乳和免疫球蛋白。

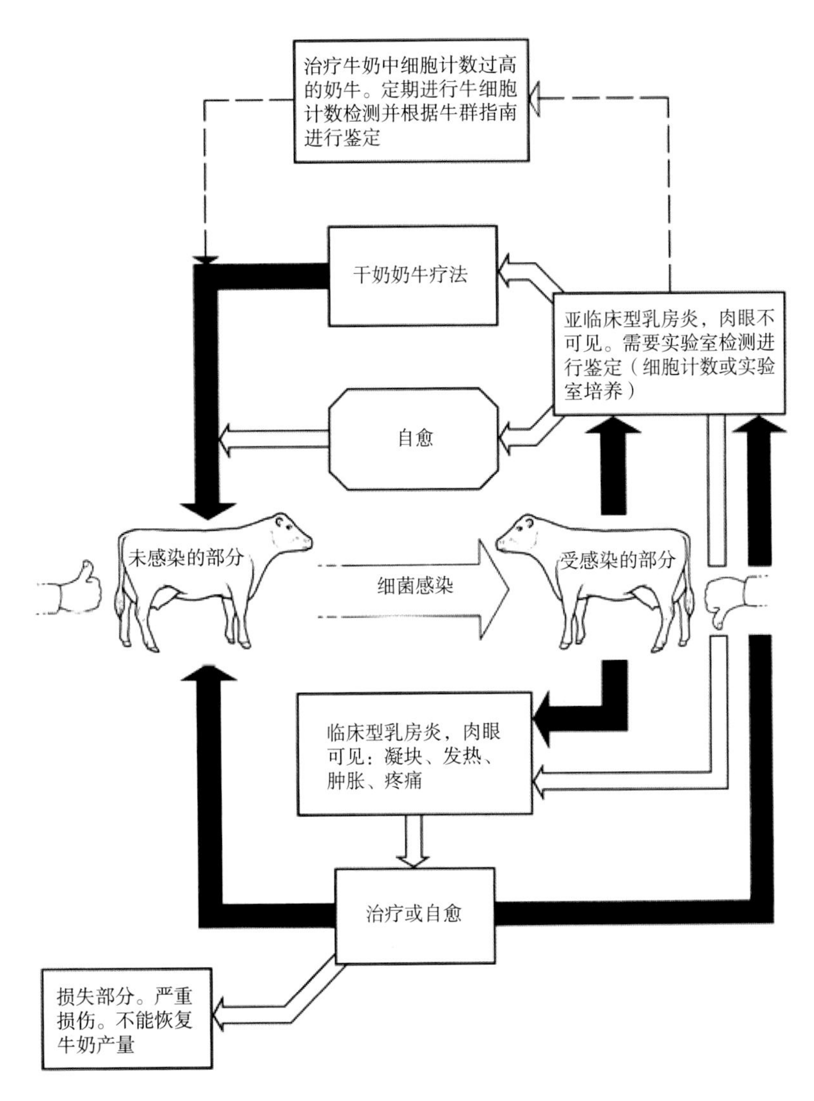

图1-5　乳房炎周期

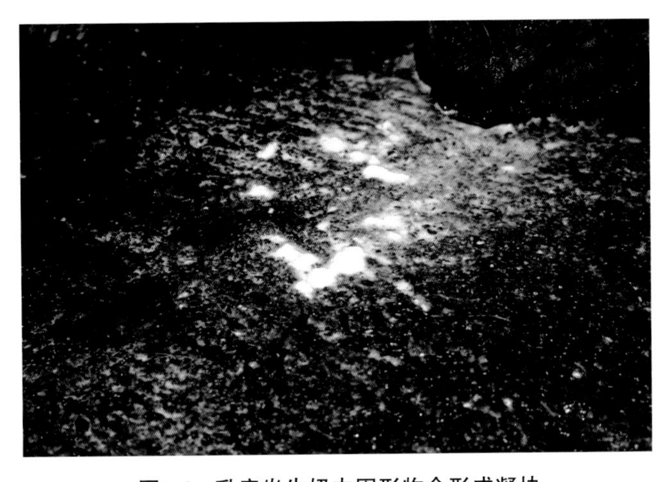

图1-6　乳房炎牛奶中固形物会形成凝块

上皮基膜的破坏使钠离子、氯离子和碳酸氢根离子的滤过量增加。相对的，正常牛奶中钾离子因分泌细胞间的漏出液转变为淋巴液而下降。钙离子在浓度方面是排在第二位的。钙离子水平变化与酪蛋白相似，参与酪蛋白的合成使患乳房炎奶牛的牛奶中钙离子水平下降。所以，许多兽医外科医生会通过补充钙离子治疗毒素性乳房炎病例。但并不是说乳房炎直接导致血钙浓度降低，而是由于继发的产乳热造成的。离子浓度的改变会导致牛奶的pH值以及传导性发生改变。正常牛奶是弱酸性，pH值在6.6左右。但是，乳房炎牛奶通常pH值会升高到6.8 ~ 6.9，有时甚至接近中性的7.0。

血乳屏障损伤继而会导致酶从血液进入牛奶中。最显著的是脂肪酶，它能破坏牛奶中的脂肪和自由脂肪酸，也会抑制奶酪和酸奶培养的因子。另一种常见的是纤溶酶，它能破坏酪氨酸，使乳房炎牛奶中酪氨酸水平进一步降低，并且使乳酪生产量和其他乳制品的产量显著降低。乳糖的存在使正常的牛奶和血液等渗，牛奶中需要低浓度的钠离子和氯离子去补偿乳糖。但在乳房炎病例中，因为血液中合成减少、血液流失和渗出乳糖水平降低，为了保证等渗性，钠离子和氯离子水平会升高，使乳房炎牛奶尝起来有轻微咸味。这些原因造成牛奶的导电性增强，这对诊断乳房炎有重要提示。

三、乳房炎为什么很重要?

1. 福　利

农场动物福利委员会（FAWC）是1979年由英国政府成立的独立报告团体。它强调“动物福利包括动物的身体和精神状态，意味着动物身体舒适并且感觉良好。”他们还提供了一个用来定义理想状态的框架结构，也适用于动物生产系统，被称为“五大自由”。其中第三点自由状态是“没有疼痛、伤害和疾病”。

毫无疑问，临床型乳房炎是一个疼痛状态，甚至病情严重的奶牛会出现极度的恶心和痛苦。研究表明，即使在相对轻微的病例中，奶牛的痛阈值会降低，这就表示疼痛是患有临床型乳房炎病例的典型表现。在轻微病例中，这种痛阈值降低会持续到第4天，但是在严重病例中可能会持续长达20天。兽医外科医生经常使用止痛药，如急性乳房炎病例中使用非甾体抗炎药（NSAID）。这些药物有强烈镇痛、退热和抗炎症反应的性能，还具有抗内毒素作用，可以一定程度上保护奶牛免受一些细菌感染引起的毒素作用。

2. 食品质量和安全

乳房炎对牛奶成分有种种影响，而大部分影响都会涉及食品产业。与亚临床型乳房炎相关的牛奶质量变化会影响奶酪质量和生产量。感染期间牛奶中体细胞数与纤溶酶原转化为纤溶酶相关。纤溶酶是奶牛体内生成的蛋白水解酶，它能够破坏酪蛋白使乳酪生产量下降。当牛奶中体细胞计数偏高时，乳酪产生中酪蛋白损耗增加、脂肪转变为乳清，导致脂肪乳酪生产量下降。

虽然牛奶中潜在的病原菌会危害人类健康，但大量报道的与牛奶相关的人类疾病病例都是由挤奶后的污染和饮用未经高温灭菌的牛奶引发的。历史上最广为知晓的肺结核是由于饮用未加工的牛奶引起的感染。乳品委员会2001年人畜共患病报告显示，人类肺结核病主要由结核杆菌（一种非常容易从其他人体获得的细菌）引发的，并非由导致牛肺结核的牛分枝杆菌引起。牛分枝杆菌感染曾经是非常重要的一种人畜共患病，那时该菌大部分为通过牛奶传递到人体。煮沸技术的出现和患病牛群的强制扑灭计划，使人类感染这种微生物的水平比20世纪50年代的记录显著减少。2001年，在英格兰和威尔士结核病的实验室报告中关于牛分枝杆菌的仅27例。在2001年报道的病例中没有一例是与当前已知的牛病相关。目前，牛结核病已由20世纪50年代的扑灭政策降级为管制计划。相较扑灭前，20世纪80年代牛群控制数量最低点约80个，2005年将近30 000头牛被屠宰，有5 500个牛群被限制。虽然因牛群的检测和剔除计划使牛群的危险性降低，如在疾病晚期之前普遍监测牛奶中分泌物变化情况，但是近来的增长提示仍需对潜在的人畜共患病保持警惕。

3. 经　济

英国乳制品行业乳房炎耗资近2亿英镑，全球花费约2 000亿美元。整个行业或者农场层次针对临床型和亚临床型乳房炎的支出主要围绕治疗措施和预防措施两个方面。这些支出可以分为预防措施投入和治疗支出。预防措施投入是以获得回报为目的。治疗支出是以减少经济损失为目的的不确定性投资。一些预防措施是为了获得高回报的，也有一些不是。如果有机会成功治疗乳房炎，并获得更多的利益要比尝试治疗、极有可能不成功而宰杀好得多，但两者间的选择是一个敏感问题。

临床型乳房炎和亚临床型乳房炎都对乳制品行业有经济影响。这个行业对经济影响很敏感，尤其是临床型乳房炎，即使有些质量和产量评估不准确，临床型乳房炎的花费更直接、更明确，比非临床型乳房炎的花费更容易估算。但乳品制造业仍不接受亚临床型乳房炎带来隐性损失的概念。尤其不接受估算显示产量的减少。具体见下面的图片、表格（图1-7，表1-2）。

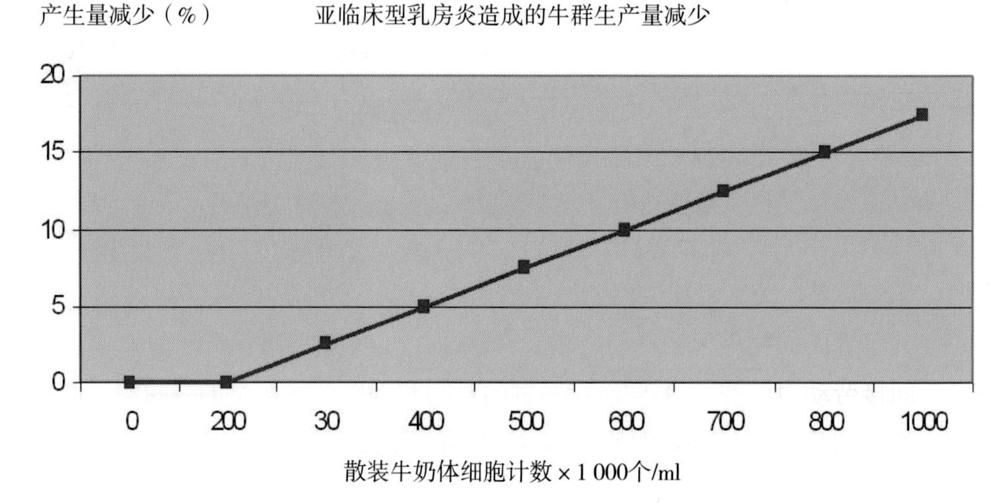

图1-7　散装牛奶体细胞计数上升与产量减少的线性关系

表1-2　牛群持续感染和生产损失与散装牛奶体细胞计数升高的关系

散装罐体细胞数量（个/ml）	受感染部分（%）	生产损失（%）
200 000	5	0
300 000	10	2.5
400 000	15	5.0
500 000	20	7.5
1 000 000	35	20
1 500 000	50	32.5

乳房炎支出可分为直接花费和间接花费。但是仍有一定程度的支出不能定义，如工人资费。与临床型乳房炎相关的花费更容易计算，通常是直接花费。一般来说，直接花费是可以归于乳房炎的花费（有临床型乳房炎代表性的临床病例）；间接花费是不由乳房炎造成的花费和乳房炎随后的花费。对这个行业来说，持续的预防支出也很重要。

整个牛群的预防支出是非常有效的。个别牛的治疗效果虽然不明显，但是可以有效预防传染，使整个牛群获益显著。从历史上来看，当意识到扑杀牛群中持久稳定的、没有表现的感染奶牛时，已经提示了对乳房炎的深层理解与认识。从源头上去除致病菌是预防传染的关键环节。环境衍生的感染生命力较短，很少能够在牛与牛之间传播，因此，治疗获益是通过减少和限制牛群中已感染奶牛的影响。

电脑辅助分析和奶牛每月例行检测牛奶中体细胞计数，是使人们关注亚临床型乳房内感染动力学的有利依据，且促进了亚临床型乳房炎的持续治疗。尤其是那些被鉴定为近期会持续感染的病例，它们会有更好地治疗的机会（第五章）。将潜在传染源去除可以使牛群获益更多，亚临床型乳房炎和临床型乳房炎同步治疗会使乳房炎记录的准确性变得模糊，并且对直接花费和间接花费以及与治疗花费相关的利益都有影响。

（1）临床型乳房炎的直接成本

① 奶牛成本；

② 治疗费用：

乳房管内药物（适当的地方注射）；

间接劳动力花费；牛群治疗案例的时间和兽医外科医生的时间相适应；

③ 弃掉治疗期间的牛奶而使牛奶的销售量降低。

（2）临床型乳房炎的间接成本

奶牛成本：

随后的奶生产量下降；

哺乳期后重复病例；

其他疾病的易感性；

直接死亡率，增加屠宰的风险；

高置换率；

潜在的遗传损失。

评估临床型乳房炎的平均花费要考虑轻微病例（农场主自主治疗）、严重病例（需要兽医外科医生诊察）和死亡病例。直接花费与随后产量的变化可以直接计算。间接花费可以通过早期选择的轻微和严重病例以及死亡病例的总花费来替代。一旦每种类型的乳房炎花费确定下来，就能根据它们相应的发生情况进行加权。通过对奶牛临床型乳房炎的花费计算，一个病例的直接花费估算为40～50英镑（1英镑=9.48元人民币，下同），间接花费为140～150英镑，也就是一例乳房炎病例的平均花费在180～200英镑。

（3）亚临床型乳房炎的直接花费

散装牛奶体细胞计数（BMSCC）升高引起的直接花销与其他临床治疗案例和处罚支出相比更明显。不同的处罚按每升几便士由第一买家向农场主个人征收，但实际上，只有当BMSCC>200 000个/ml 时才会受到处罚。这些处罚常和BMSCC的升高关联，现在大约1%～5%的牛奶价格是由牛奶的感染程度和BMSCC决定的。

20世纪90年代中期，英国出台的亚临床型乳房炎防控政策使BMSCC降低，并引起了牛奶价格的变化。90/46/EC报道，欧盟内部消费BMSCC上限为400 000个/ml，全世界对于人消费的BMSCC的上限数据是不同的，新西兰和澳大利亚的上限都是

400 000个/ml。加拿大的是500 000个/ml。近几年进行了一些关于行业的讨论，美国牛群成功地将BMSCC控制到与世界上其他乳制品国家相似水平。而在美国的许多州仍用750 000个/ml作为上限。在英国，主要的财政罚款用来刺激和鼓励承诺，而且这些罚款可能超过牛奶价格的1/3。如果农场主们不能生存，那么财政罚款也就无从收起，在高额的成本支出条件下，大量农场主会被迫离开行业，那乳制品行业的限制也就无从谈起。

（4）亚临床型乳房炎的间接花费

研究表明，散装牛奶体细胞计数超过200 000个/ml 时，每增加100 000个/ml 牛奶生产量下降2.5%。

① 牛群效应：

传播到其他奶牛；

牛群临床发病率增加；

亚临床型感染的风险增加而降低牛群生产量。

② 财政罚款的影响：

牛奶在散装罐中造成散装牛奶体细胞计数潜在影响；

短期：如果恢复不完全，且体细胞计数持续上升；

长期：如果恢复不成功，感染保持亚临床状态伴随着体细胞计数升高。

③ 对牛奶细菌总数测定仪电位的潜在影响；

④ 抗生素牛奶对经济产生潜在影响。

（5）预防性管理费用

① 劳动力（参与时间）：

保持奶牛良好卫生的环境；

良好的挤奶程序；

每月例行的牛奶记录；

保持准确的临床和干奶期记录；

功能列表分析、解释体细胞计数和临床记录。

② 耗材：

乳头准备的材料（纸毛巾/药巾等）；

乳头浸/喷雾——挤奶后（在适当的地方预挤奶）；

乳品化学清洗室（在适当的地方集中消毒）；

干奶期奶牛的准备（图1-8）；

干奶期奶牛乳房管使用抗生素；内部或外部使用乳头密封剂。

乳房炎对奶牛群的经济影响是多方面的、多变且非常重要的。

图1-8　给水牛挤奶

但是，奶牛在泌乳的过程中需要大量的营养。例如为了分泌1L的牛

第二章　乳房和乳头的结构与功能

一、牛奶的生产综述

乳房对哺乳动物而言是一个独特的器官，其功能为哺育新生犊牛。奶牛在现代挤奶机器的使用以及人类对于高产基因的筛选后，泌乳量已经远远超过了新生犊牛的需要。实际上，日渐增高的产奶量以及挤奶机器的过度使用给奶牛乳房带来了很大的负担。因此，对于乳房的结构和功能，特别是乳汁的分泌及其下降过程的理解以及挤奶机器的改进，对保持泌乳量的增长有着重要的意义。

现代奶牛乳房有着很强的泌乳以及储存乳汁的能力。虽然一般来说泌乳高峰期日产量为40~50L，而高产的能达到70L左右。这意味着一头650~700kg的奶牛一天能够分泌45~50L的牛奶。这说明在几周内，奶牛每天生产牛奶大概是体重的7%~8%，相当于我们每天能长出一条胳膊。如果说赛马是动物王国的运动健将，那么奶牛就是无可争议的代谢冠军。

这样高强度的代谢过程需要大量的营养供给，那么泌乳期奶牛乳房的血容量占总血容量的8%也就不足为奇了。对一头不泌乳的奶牛来说，乳房的血容量占整个机体的7.4%左右，但是在开始泌乳的2~3天前，乳房内的血流量会激增到原来的2~6倍，正是这种血流量的增加而不是牛体自身血容量的增加，来帮助奶牛大量的泌乳。相似的是，泌乳期中产奶量的减少也不是由于血流量的减少，而是由于细胞凋亡导致的乳腺上皮细胞的减少。但是，奶牛在泌乳的过程中需要大量的营养，例如为了分泌1 L的牛奶，乳房内必须要有400~500 L的血流量，即每秒有着280ml的血流量。乳房内的分泌系统高度发达，在其内部还有大量的淋巴组织来帮助其保持体液的平衡。当乳腺组织之间组织液积累过多就会产生水肿，尤其见于乳房皮肤和乳腺之间，使皮肤厚度增加并且指压留痕。水肿常见于产犊前后，尤其见于青年母牛的乳房前方。

牛奶产生于囊状的立方上皮细胞，该细胞被肌上皮细胞围绕来帮助牛奶的分泌，通过乳导管运输并最终储存，这样能减少腺泡内的回压来促进牛奶的进一步分泌。这种储存能够积累牛奶的容量，当犊牛吸奶或者人工挤奶的时候，牛奶能够迅速地流出。奶牛从乳导管往下流至位于乳房基部的乳池，这样方便乳汁的间断运输。乳汁向下运输的管道受控于肌上皮细胞的收缩，而肌上皮细胞的收缩受到血液中催产素的调节，催产素在乳头和乳房皮肤高度紧张的时候就会释放。因此，奶牛在进入挤奶厅的时候不能受到惊吓或者互相斗殴，避免产生肾上腺素抑制催产素的分泌而导致泌乳量的减少。很多奶农播放的广播并不仅仅是自身的娱乐，也能减少挤奶厅噪声对奶牛的影响，使奶牛放松准备泌乳。

二、乳房的发育

乳房的发育始于胎儿时期，从妊娠的第2个月起，乳头的形成就开始了。而到妊娠6个月时，乳房发育基本完成，有4个独立的乳腺、一根连接的韧带、乳头和乳池。从出生到青春期，乳房的发育伴随着导管的发育，与身体的其他部分同步。而在青春期之后，乳房的发展要比身体的其他部分快，而伴随着连续发情期的出现，导管在雌激素的影响下进一步发展。这段时期对初产母牛的功能性乳腺的发育非常关键，体重每天增重低于750g比每天增重1kg，能够产生更多的泌乳组织和更少的脂肪（图2-1）。

在怀孕早期，牛的导管系统完全形成并开通导管。而乳腺结构在母牛的第一胎和第二胎之间也会有变化。在乳腺组织静止的时候，导管和腺泡组织之间主要填充着脂肪。和泌乳的乳腺组织相比，静止的乳腺组织腺泡更少，另外静止乳腺的导管和腺泡更小。妊娠早期乳腺内上皮细胞迅速增生形成芽体，芽体最终扩大形成腺泡。随着妊娠的推进，腺叶和导管之间的脂肪组织被分泌组织替代。腺泡的发育受黄体酮的影响。最终，乳汁的分泌始于妊娠期间催产素水平的升高。动物的乳腺是可控的，它不仅能够实现更高的产奶水平，还能够每天挤2~3次的奶。乳房的重量具有重要意义，尤其是在其充满乳汁，重量超过50 kg的时候。支撑如此重量就需要乳房必须很好的依附在骨骼和肌肉上，各种各样的悬韧带就起到了这种作用。

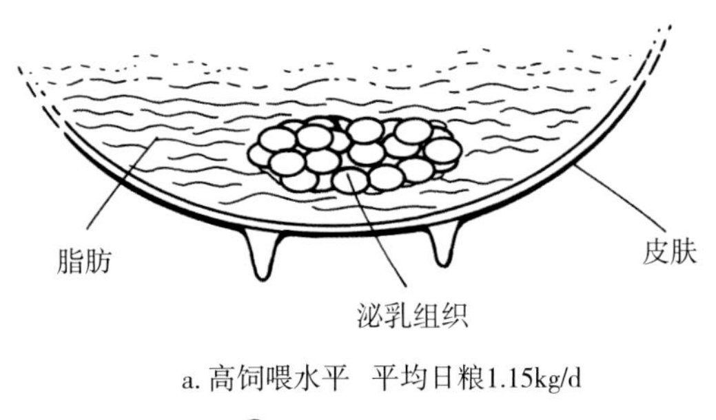

a. 高饲喂水平　平均日粮1.15kg/d

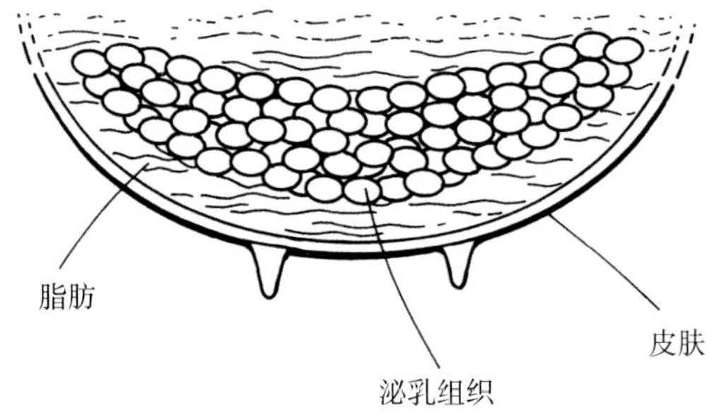

b. 标准饲喂水平　平均日粮0.7kg/d

图2-1　牛青春期乳房生长率与脂肪沉积

乳房的悬挂　乳房的悬韧带结构由大量具有弹性的纤维组织组成，它能够让乳房悬挂于腹壁，在一定程度上起到了减震作用，并且在泌乳过程中随着乳汁的积聚，它能够让乳房适当的增大。这些悬挂组织中最重要的结构就是中间和侧面悬韧带；其他的解剖结构如皮肤、皮肤间的表面筋膜以及下层的乳腺也起到了一定的支持作用。

乳房的前边缘一侧的前半部通过一些粗纤维紧贴于腹壁，虽然这并不是支持乳房的主要结构，但是这一结构的缺失却能够造成乳房与腹壁的脱离。因此，侧前连接部对于评估奶牛构造具有重要意义（图2-2）。

中间的悬韧带从连接部位一直延伸到腹壁，是一对黄色、有一定重量、有弹性的相邻的片状结构，并将乳房分为左右两个部分。它们位于乳房下部，终止于乳头基部，使乳槽形成了两个自然的分裂，乳槽呈扇形覆盖于乳房的外面并与侧面的悬韧带汇合。中间悬韧带有极强的延伸性，这使它能够承受住因乳汁分泌而重量增加的乳腺（图2-3）。

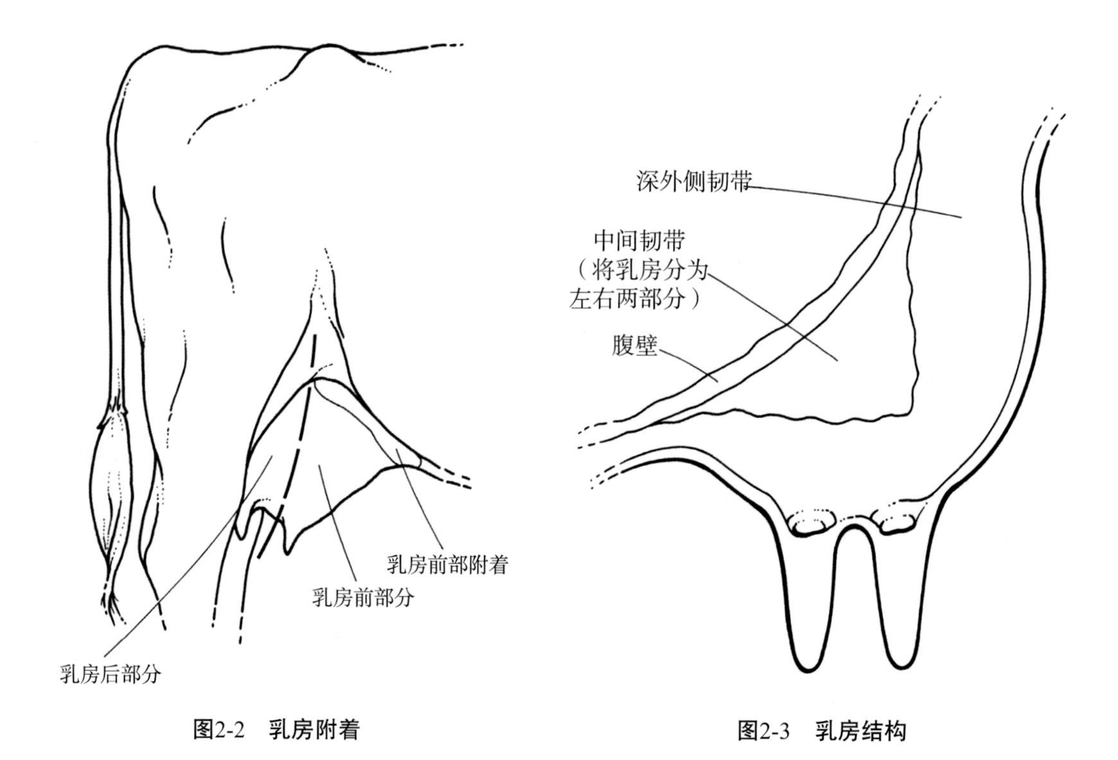

图2-2　乳房附着

图2-3　乳房结构

侧面悬韧带有明显的表层和深层之分。大部分表层由纤维组织构成，相比深层，其弹性成分更少。侧面悬韧带表层从盆骨向下、向外一直延伸到乳房外表面。深层也起始于骨盆但更厚，含有更多的纤维组织，它们沿着乳房表面延伸并包裹它，在乳腺组织内还具有大量的相互交叉的片形结构。这些构造都使侧悬韧带为乳房的悬挂提供大量的支持。左侧和右侧的侧面悬韧带并不在乳房的下部汇合，而是与中间悬韧带汇合。与中间悬韧带不同的是，侧面悬韧带所具有的纤维结构在乳腺充满乳汁的时候不延伸（图2-4）。

悬挂组织随着时间的推移，在自然磨损和撕扯下将失去作用。然而，高度充血、尤其随着长期产犊或乳房构造的缺陷，如乳房连接组织的缺陷，常常会导致悬挂组织过早的失去作用（图2-5）。

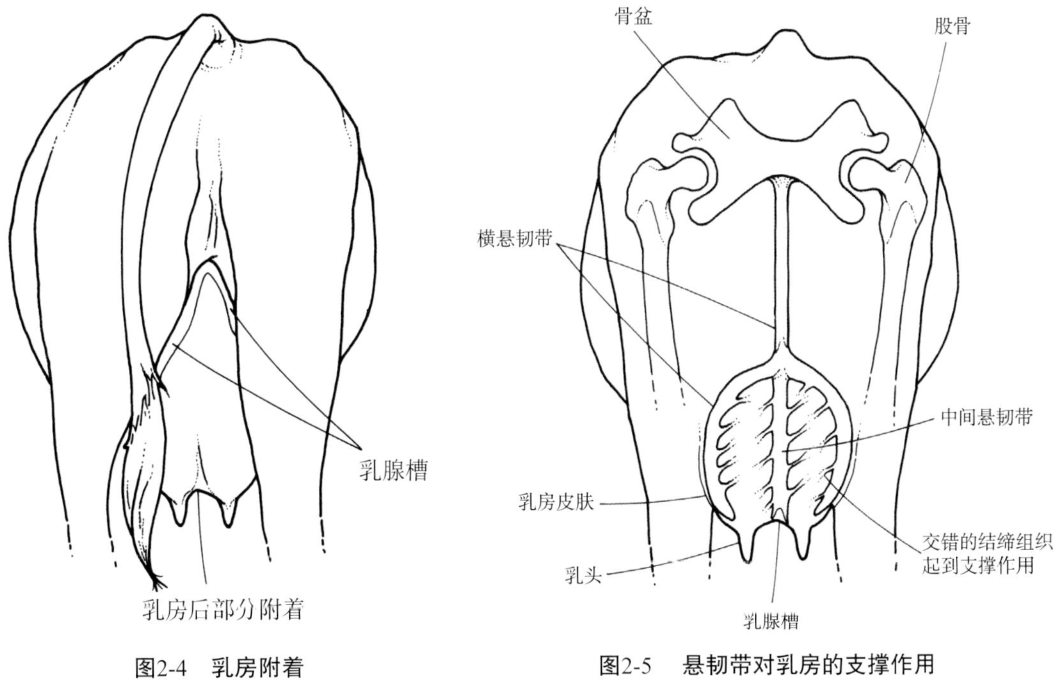

图2-4　乳房附着

图2-5　悬韧带对乳房的支撑作用

中间悬挂组织的破坏常会导致自然乳沟的消失，使乳头分离。由于乳头角和位置的变化让挤奶变得困难，有时奶农通过给短的奶导管施加压力来促进泌乳，结果奶头角滑动增加了乳房炎发生的几率。

侧面悬韧带的破坏常常包括了深层和表面的破坏，使乳房下降，常造成一种“乳头低于肘关节”的现象。侧面悬韧带破坏后最严重的一种情况就是乳头下垂，以致奶牛行走的时候常碰到它，使奶牛步伐变得很笨拙（图2-6）。

图2-6　横韧带受损使奶牛乳房下降

三、乳头的作用

乳头是乳汁从乳腺中流出的唯一出口，通常每个乳腺仅有一个。但高达50%的奶牛有多余的乳头与正常乳腺连接，其他的乳头很小并且有单独的乳腺。有时小的乳腺感染典型的乳房炎后不会扩散到邻近的泌乳乳腺。多余的乳头也能与正常的乳腺之间有连接通道，更容易患乳房炎，所以惯例是在奶牛几周岁的时候就切除这些乳头。

乳头的作用是为未断奶的犊牛提供乳汁，同时可以抵抗细菌入侵。然而，除非乳头变硬且肿胀，否则不会有奶汁流入，绵软的乳头是不能使奶牛正常哺育犊牛的。乳头受神经支配，所以犊牛吮吸的神经冲动传入大脑，大脑释放催产素促进乳汁下流。因此，在连接挤奶机器之前对乳头和乳房的刺激可促进乳汁下流。如果没有做这一步的话或者奶牛很紧张，乳汁就不会流下。在剩余催产素的刺激下可以延迟排出，有时可发生催产素的再次释放。但无论哪种方式，乳汁下流之后就是乳池中乳汁排出的开始，这让乳汁可以从乳房上部流下，还可以倒流回去。这意味着乳汁双股流下。奶牛对这些类型刺激的反应是无条件的，而对挤奶时的声音反应是有条件的。

四、乳头的结构

乳头的大小和形状随乳腺位置的变化而变化。前乳的乳头比较长（平均长度接近6.5 cm，直径在3 cm以下），后乳的乳头比较短（平均长度大约5.2 cm，直径为2.6 cm），前乳的产奶量远远高于后乳。有些乳头是圆锥形的，乳头的头部很尖；另一些呈圆柱形，乳头部很平，但仍然是弧形的；有人认为这样的构造不易感染乳房炎。平的或者倒置形的乳头可能与大直径条纹管有关，这样的乳头更易感染乳房炎（图2-7）。

乳头的皮肤很薄且无被毛覆盖，汗腺和皮脂腺可以防干燥，所以要通过很多措施使乳头保持湿润和柔软，还要在挤奶前用消毒剂浸洗和喷洒乳头。虽然乳头皮肤很薄，但却有角化的上皮细胞，有助于乳头防水和抑制细菌生长。“Keratin”一词来源于古希腊语“keratos”，意思是角质。角质是一种具有蛋白质结构的纤维物质，头发、指甲、角、蹄、皮、毛和皮肤均含有。角质中1/4的氨基酸是胱氨酸，胱氨酸能形成二硫化合物，与其他胱氨酸单位联合后发挥角质层的功效。最外层的角质上皮细胞之间牢固且紧密，能够抵抗犊牛吮吸或者机器挤奶所施加的力。为了保持乳头一定的硬度，乳头状上皮组织与深层的真皮错综交联在一起。真皮是含有血管和神经的弹性连接组织，神经组织伸入表皮，还具有两层肌组织（深层纵向的肌组织和表层环形的肌组织）。乳头腔最内层的结构与乳头蓄乳池表层和乳腺腺叶导管的结构相似，它由两层柱状上皮细胞组成，是分离开乳汁和血管以及血液中免疫产物的屏障，这些砖块样的细胞连接紧密，如屏障一样阻止了细胞间的渗漏。但炎症过程中也能透过，如乳房炎或者对高剂量催产素的应答。乳中白细胞的突然增高是机体的一种重要的防御机制，如果炎症破坏了上皮细胞，炎性产物的迁移就会显著上升。实践中常出现的变化就是奶牛的SCC显著上升。

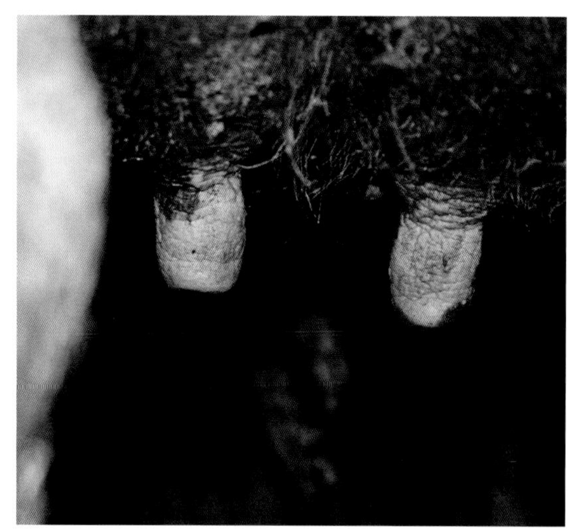

图2-7　乳头短、平更易发生乳房炎

犊牛吸奶或挤奶机器吸取的乳汁都要通过乳头底部的乳头蓄乳池或者乳导管。在乳头蓄乳池和乳导管之间有几层密集的上皮细胞，这几层细胞似乎并不具有防止乳汁外泄的作用，但增加的上皮表面积就像门卫一样，增加了补充白细胞的能力，阻止了引发乳房炎的细菌入侵。

1. 乳头和乳头管

乳头底部的乳头管作为一个屏障将乳房内清洁、无污染的分泌组织与污染的外界环境分离开来。乳头管是防止乳房感染的主要屏障。在少部分奶牛身上，它的存在对长期泌乳具有至关重要的意义。如果乳头底部遭到破坏，这种防御机制就会受到抑制，乳头管的正常功能降低，最终发展成为乳房炎。这个结构在乳房炎的治疗当中也具有重要作用，通过插入乳头管可以直达乳房导管的头部，这样可以避免破坏乳头管，并且可以移除所有重要的角质层。见第七章。

乳头和乳头管内衬复层鳞状上皮细胞，与皮肤内的完全相同，事实上，它与乳头外层皮肤是相连接的。这之间的变化开始于双层柱状上皮细胞。表层持续的脱落导致角质的形成，具有抗菌功效。同样也可以造成乳间导管的堵塞，形成阻止细菌渗入的屏障。如果这层角质在挤奶过程中被流经的乳汁冲落或者被插入的治疗导管管口破坏，那么这层屏障的防御能力就被削弱了，乳头管将不能抵御细菌的入侵，最后可能发展成为乳房炎。

乳头管与管周围的括约肌紧邻，它的渗透压可以测定。随哺乳的年龄、哺乳期的阶段以及挤奶后时间的变化而变化。当奶牛被挤奶时，括约肌松弛，使孔打开乳汁流出。挤奶后的20~30 min乳头管保持开放状态，这增加了细菌侵入乳头管和乳腺的几率，即增加了感染的几率。如果不减少感染就会导致乳房炎。挤奶后乳头的消毒旨在减少细菌进入乳腺的几率。另外，挤奶后让奶牛保持站立20~30 min，比如说给予新鲜的草料使其保持站立就可以减少在乳头管关闭前乳头发生感染的几率。有软弱、松弛或非圆形光滑肌肉的奶牛被称为“fast milkers”。他们有斜行的乳头管，2~3 min后就可完成挤奶，但也更容易感染乳房炎。有紧致、圆形光滑肌肉的奶牛被称为“hard milkers”，挤奶可能需要10 min甚至更多的时间，因为它们的乳汁呈细流状喷洒式，流得很慢。尽管这两种奶牛之间的关系还不清楚，但是“fast milkers”更有可能是产奶量高的奶牛，这是不是偶然目前还不确定。

干奶期（休乳期）的乳头管在保护乳腺免受感染上，同样具有至关重要的作用。干奶期乳头管内的上皮组织会形成一个有效的角质栓。新西兰和英国的研究报道显示，奶牛群中能形成有效的角质栓比例有很大差距，这些奶牛不存在干奶期感染的风险。大量的研究表明50%的乳头在干奶期开始后的10天都保持开放，在42天的时候还有22%（从10%~33%变化不等，65%的奶牛至少保持一个乳头的开放），但是60天的时候保持开放的少于5%，这里开放的含义是其乳腺的分泌能被检测到。为了帮助这些角质栓发育不完全的奶牛，要将乳头表面和内部都密封住以避免乳头管的开放。

2. 乳房的微观结构与牛奶的生成

对乳房结构进行综合性的了解有助于理解乳房炎影响乳房的机制。

综上所述，乳房中每个独立乳腺都含有其特有的分泌组织。这些组织由囊、导管和结缔组织构成，它们支持和保护分泌组织。奶的合成是通过从邻近的毛细血管中吸收奶成分前体物质，转化为分泌细胞中的酪蛋白、乳糖和脂肪，分泌细胞作为一层立方上皮细胞排列在球形的基底膜上，称为小泡。乳腺的分泌单位中含有成千上万个这样的小泡。每个小泡的直径大约50~250 μm。大量的小泡与其他小泡通过结缔组织连接为小叶，小叶与小叶之间连接形成叶，最终形成腺叶。腺叶的组织结构与肺非常相似。牛奶不断在小泡部位合成并储存在小泡、乳导管、腺体和乳头中。60%~80%的乳汁储存在小泡和小乳导管中，乳头含有20%~40%。然而，奶牛的乳头容量也有很大的差别。分泌组织的数量，实质上是腺泡分泌细胞的数量，是乳房产奶量的限制性因素。通常认为乳房越大，产奶量越多。但是并不完全如此，有些乳房很大但是含有大量的结缔组织和脂肪组织。这样的乳房通常表现的很“自然”。含有高比例分泌组织的乳房比含有高比例结缔组织的乳房在挤奶后更显得疲软（图2-8）。

在挤奶过程中小泡内的乳汁累积，施加在上皮表面的压力使得分泌细胞变平，小毛细血管崩塌，最终造成奶体物质供应减少，最终奶合成终止。

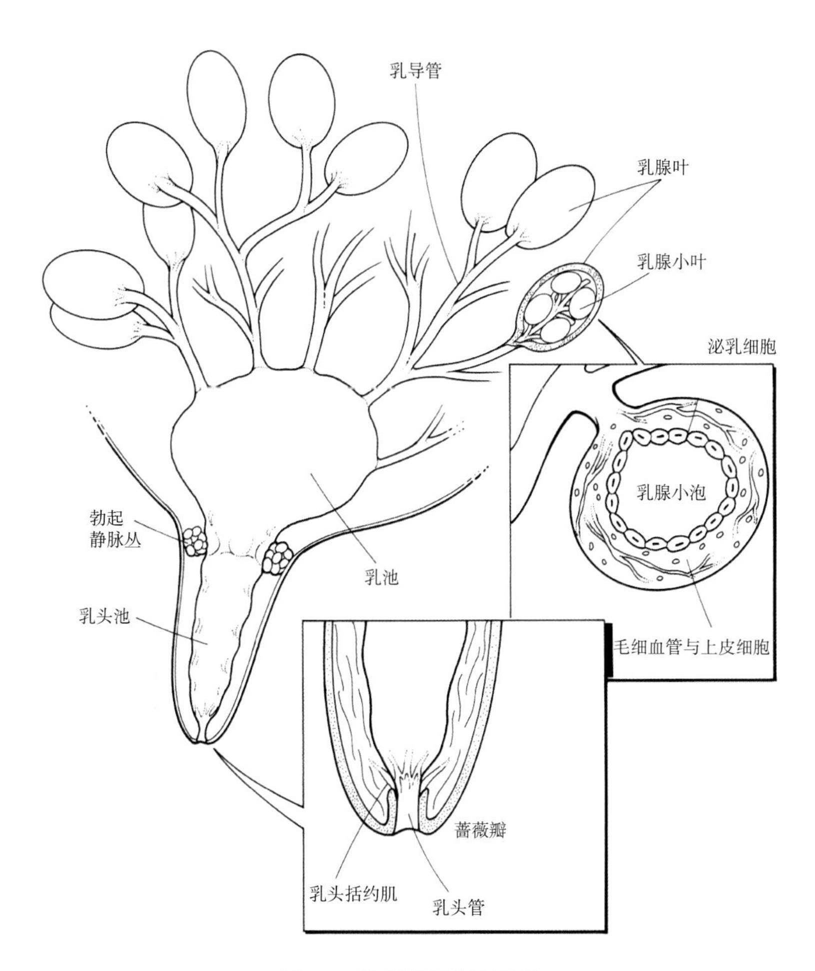

图2-8　乳房微观解剖结构

3. 挤奶频率

一天挤一次奶，产奶量可以下降40%~50%。一周少挤一次奶，尤其在周末，产奶量会下降5%~10%，这两者有异曲同工之效。与其相反的效果就是每天挤3次奶，产奶量会提高10%~15%（小母牛甚至会提升15%~20%）。这就类似一只奶牛有两个奶区一天挤两次奶，另外两个奶区一天挤4次奶，但仅仅只有一天挤4次奶的奶区产奶量会上升。如果这是受激素影响的话，那么催产素释放到血液中，4个奶区的产奶量都应该有所上升才对。

苏格兰的研究机构（Hannah）最初在奶山羊上发现，除了压力反馈外，奶产量还受到第二种机制的调控。当产奶量呈负反馈时，可检测到一种抑制蛋白。一天挤4次奶的奶牛与一天挤两次奶的奶牛相比，其抑制蛋白的消除增加。为了证明这不是压力效应后的减少现象，在一天挤4次的奶区中灌入等体积的盐水，一天挤4次的奶区产奶量仍会上升。经过几个月每天4次挤奶，这些实验乳区中泌乳组织的数量增加了，但是泌乳率或者产量并没有增加。结果提示泌乳组织的泌乳能力可以提升，奶牛有大的导管和乳池，产量常常较高，原因是泌乳组织内的抑制蛋白更少。

4. 挤奶间隔

理想的挤奶间隔是，每两次挤奶间隔12h产量最高。但是，相比下午与上午的间隔而言，许多农场会在上午和下午之间缩短间隔，通常是10h，除非奶牛是高产奶牛，否则不会显著的降低产奶量。全球的研究报告发现，间隔16h和8h仅会造成产奶量下降4%，尽管这些数据还没有得到重视，但是对于高产奶牛而言却是意义重大的。

五、牛奶成分

1. 牛奶中的脂肪

牛奶中的脂肪主要是甘油三酯，由甘油和脂肪酸合成。长链脂肪酸吸收于血液，可以影响乳制品中的脂肪含量。乳制品中包含有被脂肪保护的牛奶（脂肪覆盖在牛奶表面可以使牛奶通过瘤胃而不被降解），可以改善牛奶乳脂。短链脂肪酸是乳腺合成原料的来源，如从瘤胃吸收进入血液的醋酸盐。高纤维的饮食，尤其是长期的食用纤维会增加瘤胃醋酸盐的产量，反之，增加了乳中脂肪的含量。体内脂肪的储备量也影响牛奶中脂肪的水平。

2. 牛奶中的蛋白质

牛奶中的蛋白质为酪蛋白，主要由乳腺分泌细胞从血液中吸收的氨基酸合成。一些蛋白质和免疫球蛋白也直接从血液中进入乳汁。一般而言，饲料中蛋白质的类型和水平几乎对奶中的蛋白质没有影响。但是饲料中的能量很大程度上影响了酪蛋白，检测产奶高峰时期的乳酪蛋白，或者更有效的是检测某个泌乳阶段的奶牛，可以更好的理解饲料中能量的必要性。

3. 牛奶中的乳糖

乳糖是一种二糖，由分泌细胞将葡萄糖和半乳糖两种糖化合而成。反刍动物中，葡萄糖在肝脏中由丙酸盐、挥发性脂肪酸和从血液中吸收的瘤胃发酵物合成产生，半乳糖是牛奶分泌细胞产生的一种衍生物。

乳糖是乳中具有渗透活性的主要成分，牛奶中乳糖成分的改变对产奶量影响显著。正常牛奶中含有4.5%~5%乳糖，达到其渗透平衡。乳糖可以从分泌小泡内吸收水分，其含量可以调节奶的产量。由于含有乳糖，牛奶和血液是等压的，牛奶中的氯化钠比血液少，其渗透压只能靠所含的乳糖来弥补。维生素、矿物质、盐和抗体直接从血液中进入乳汁中。

4. 饲料的影响

奶牛的饲料对奶产量和奶成分有很大影响。饲料中能量的摄取与奶中蛋白质的积聚有直接联系，低能量的摄入导致牛奶中蛋白质含量下降。同时饮食中缺乏足够的纤维也会影响奶中脂肪的积聚。奶产量本身也受到奶牛能量摄入的影响，它通过影响瘤胃中丙酸盐继而影响肝脏葡萄糖的产生。葡萄糖的利用影响了乳腺中乳糖的量，继而影响乳腺中乳汁产生的渗透平衡。

六、乳房的保护机制

乳房抵御微生物入侵的机制由非特异性和特异性系统组成，包括书中详细介绍的解剖学结构和体液（免疫基础上）以及细胞机制。可能乳腺最重要的防御机制就是乳头管本身，这是因为它是大多数引发乳房炎的微生物的常用通道。乳头管既作为物理屏障阻止微生物的入侵，同时也作为各种各样抗微生物物质的来源。

1. 非特异性体液因素

（1）乳铁蛋白

在干奶期的部分有详细探讨。

（2）溶菌酶

是一种能抑制革兰氏阳性菌和革兰氏阴性菌生长并能杀死的一种酶，这种酶源于血液或者由乳腺本身合成。在炎症反应中，白细胞是溶菌酶的主要来源。

（3）乳过氧化物酶

乳过氧化物酶系统以及所有的过氧化物（包括酸性消毒剂过氧乙酸）及其产生的有活性的氧化产物中的抗菌成分，能够抵抗实验条件下大多数常见乳房病原体。但这个系统在乳中不会被激活，且它与干奶期的关系更大。

（4）补体

补体在吞噬和杀灭链球菌和消除大肠杆菌对血清的影响上扮演重要角色。

（5）细胞因子

细胞因子由免疫细胞产生，作为免疫系统中各细胞间的信号蛋白。包括白介素（IL）、干扰素（IFN）和淋巴因子，都是淋巴细胞分泌的细胞因子的一种形式。细胞因子可以刺激中性粒细胞迁移至炎症区域，同时加速了乳腺早期的退化，缩短了乳房感染的时间（可能是通过消弱中性粒细胞的能力）。未来细胞因子治疗可能将代替乳房炎的抗生素疗法，或者辅助疫苗发挥作用。一些学者已经发现了IL-1和IFN-g的良好效果。

2. 特异性体液因素

免疫球蛋白是乳腺的免疫防御中最重要的特异性因素。乳腺中免疫球蛋白的积聚因泌乳阶段的不同而变化，接近分娩期其含量最高。免疫球蛋白不能通过子宫输送给犊牛，所以新生犊牛最早从初乳中获得免疫球蛋白，初乳中含有大量的IgG、IgA和IgM。

3. 细胞免疫

（1）白细胞

常见的体细胞计数（SCC）牛奶中的体细胞主要是白细胞和少部分上皮细胞。白细胞由淋巴细胞、中性粒细胞和巨噬细胞组成，它们的作用是参与有效的免疫应答。淋巴细胞分为两个亚型：T细胞和B细胞，它们都有免疫记忆，但是在功能及蛋白产物方面有所不同。健康的乳腺，巨噬细胞最占优势，常被视为防止乳房炎病原体的守卫。一旦有病原体入侵，巨噬细胞马上释放趋化因子，引起大量中性粒细胞和淋巴细胞的巡回和迁移。但是，这也是双刃剑，中性粒细胞在发挥吞噬和杀灭作用的同时，其释放的化学物质会引起上皮分泌细胞质的肿胀，导致分泌细胞的脱落以及泌乳活力的下降。原有的以及新迁移来的巨噬细胞帮助减轻由吞噬性中性粒细胞造成的上皮的损害，这个过程是通过细胞凋亡即细胞程序性死亡完成的。尽管乳腺中存在大量的免疫细胞，但相比机体其他部分，乳腺常受到免疫抑制。其原因是，相比血液中的白细胞（中性粒细胞、巨噬细胞和淋巴细胞），乳腺中的白细胞的活性有明显的下降。

（2）中性粒细胞

中性粒细胞是感染腺体中数量最多的一种白细胞，可占体细胞的95%。中性粒细胞最基本的作用是吞噬异物，如细胞碎片或细菌，在牛奶中比在血液中更难发挥吞噬功能。

在大肠杆菌引起的重度乳房炎的急性期，中性粒细胞的快速调配比感染前就存在大量细胞更有意义。

初生的奶牛调配中性粒细胞的能力比泌乳期的奶牛弱。中性粒细胞不能循环利用，乳腺是它最终的目的地。有时一些可能太成熟而效果不大，尤其是第一批到达炎症部位的中性粒细胞。随着中性粒细胞广泛的巡游，一旦感染发生，大量的细胞就到达炎症部位，这些细胞可能太幼稚而不能很好的发挥作用。

功能不强的中性粒细胞吞噬了细菌但并不能杀灭它们，并为细菌提供了抵御乳房其他免疫力的安全场所，这将造成细菌的持续感染。

一些中性粒细胞吞噬奶中的脂肪和酪蛋白后凝聚，不再消化细菌。

一些细菌，如金黄色葡萄球菌一旦内化进了中性粒细胞就可以抵抗细胞的杀伤，这使它们能持续在腺体内存在，一旦细胞死亡裂解后释放，造成再次感染。中性粒细胞正常的生命周期仅有几个小时，但在组织中可存活5~7天，这已经超过了乳房抗生素疗法的持续时间。大多数抗生素都不能渗透进入中性粒细胞，因而细菌可以得到保护不被杀死。

七、干奶期

干奶期乳腺的生理机能与泌乳期有很大的不同。从泌乳期到湿干奶期持续一周，期间乳腺的生理功能存在改变，真干奶期在干奶期和产犊期之间，时间长度可能变化。然后乳腺又重新开始（更长的湿干奶期持续几周，通常称为持续期），这一时期，乳腺从干燥阶段转向泌乳阶段。

上面描述的3个阶段通常称为：活跃性退化阶段；稳定的退化阶段；恢复阶段及初乳产生阶段。

乳房炎的敏感性以及新的感染率，不仅随着泌乳到干奶期整个产奶周期变化而变化，在泌乳和干奶期内也存在着变化。在干奶期中最敏感的阶段就是两个湿干奶期，在干奶之后产犊之前。

1. 活跃性退化阶段（最早的干奶和第一次湿干奶期）

活跃性退化阶段始于上一次挤奶。这可能是干奶期的缘故或者断奶以及把犊牛从哺乳母牛身边带走的结果。无论哪种情形，这种乳汁排出的停止都会造成牛奶淤积。奶牛的活跃性退化阶段大约持续两周，且是一个逐渐的过程。它是乳腺从泌乳过程到非泌乳过程的转变阶段。在这个转变阶段不论是乳房的容积还是泌乳乳腺的位置都在发生大量变化。干奶后的几天，奶还持续产生。乳房呈肉眼可见的膨胀持续到一周，在这之后急剧缩减到干奶期的大小。并且奶中的成分，如酪蛋白和脂肪也减少。免疫蛋白（IgG、IgA和IgM）的量因浓缩而增加，但没有产犊前形成的初乳中的含量多（图2-9）。

在活跃性退化阶段，乳铁蛋白积聚也使其量增加，乳铁蛋白是一种多功能的球形蛋白，具有抗微生物活性（抗细菌、真菌和病毒能力），是乳房先天性免疫机制的一部分。它不仅存在于乳汁中，还在其他黏膜分泌物中也被发现，比如泪液和唾液。乳铁蛋白是一种铁蛋白，侵入的细菌与其竞争铁。乳铁蛋白也是一种抗氧化剂，能够限制组织崩解过程中细胞成分的氧化程度，如在炎症或者降解过程中。乳铁蛋白还存在于中性粒细胞的次级颗粒中，在乳腺抵御这些细胞吞噬活性的影响中发挥着重要作用。

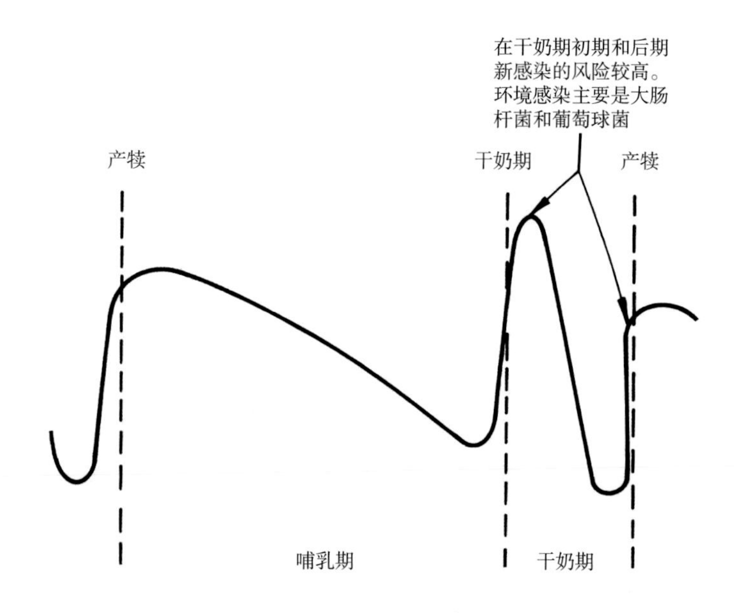

图2-9　哺乳期新感染率

在干奶期感染环境源性的细菌并不常见，尤其是在两个湿干奶期阶段，即干奶期的头两周和后两周。奶牛在挤奶设备被有效移除后，就已经摆脱了感染病原体的危险。在干奶期早期革兰氏阴性菌很普遍，粪便中的链球菌如乳房链球菌在干奶期后期较为常见。乳铁蛋白的含量不影响大肠杆菌，而柠檬酸盐与乳铁蛋白的比率对其有一定影响。柠檬酸盐可以螯合铁离子，大肠杆菌可以利用柠檬酸盐与铁的化合物来促进自身的生长。在退化早期柠檬酸盐的集中率下降，铁离子的利用达到饱和使乳腺对大肠杆菌的敏感性不变，这不同于干奶期后期。

退化阶段的乳腺和泌乳阶段的乳腺的补给细胞也不相同。主要的细胞成分是白细胞、淋巴细胞以及少部分脱落的上皮细胞。在退化早期乳腺中的淋巴细胞数量迅速增加，其形态会随着时间的推移而改变。在干奶后的3~7天具有吞噬作用的白细胞或中性粒细胞占主要优势。如果在这一阶段受到感染，它们才会出现在感染初期的所有过程中，就如上升SCC所提示。一周之后，会出现更多的具有吞噬功能的巨噬细胞。这些巨噬细胞内都含有消化的脂肪滴和其他碎片。它们可以移除大量的脂肪和细胞碎片（包括死亡的嗜中性粒细胞），有时还存在部分淋巴细胞，在干奶期中期，巨噬细胞数量的上升呈主要趋势。

以下因素增加了干奶期早期乳腺内部感染的概率。

① 挤奶的停止：

通过挤奶乳汁不再断续排出；

不再冲掉细菌；

在干奶最初阶段乳房内乳汁的增加；

乳房内压力也增加了乳头管的压力，导致乳汁从乳头泄露；

乳头底部的消毒停止；

细菌在牛奶中生长良好。

② 乳房环境的改变：

白细胞消化牛奶中的脂肪、酪蛋白和细胞碎片，其吞噬能力加强；

保护性乳铁蛋白和免疫球蛋白的集中量呈缓慢上升；

柠檬酸盐：乳铁蛋白率有利于革兰氏阴性菌的生长。

干奶奶牛抗生素疗法（DTC）是一种帮助降低已存在感染的有效方法，同时在泌乳活跃期预防新的感染。使用乳头密封的方法无论是在内部还是在外部，都有助于在干奶期早期降低感染的发生。可见干奶奶牛疗法，第七章。

2. 稳定的退化阶段（干奶期中段或者真干奶期）

干奶期中稳定的退化阶段的长度取决于整个干奶期的长度，如果奶牛活跃的退化阶段占两周，恢复阶段约占两周，总共加起来约4周，稳定的退化阶段约2~4周。如果整个干奶期按照传统的计算是6~8周（通常为45~60天）。短干奶期奶牛的乳腺组织经历活跃的退化阶段同时开始恢复阶段。这可能导致泌乳时理想产奶量的下滑。但是其他因素（代谢和管理）影响了对45~60天干奶期的传统要求，实际上，应用了许多措施来缩短传统的干奶期。

在稳定阶段，新的乳房内感染率通常来说很低，这个阶段对乳房内感染有很强的抵抗力；如果在稳定的退化阶段发生了感染，这些感染都会自然消失。另外，如果感染的存在先于干奶期，那么本阶段自然恢复的可能性就会很大。短的干奶期将会缩短稳定阶段的时间，同时可能降低针对已存在感染的自愈力。

在中间干奶期降低新的乳房内感染风险的因素有：

① 已经进入稳定的退化阶段：

乳房内几乎没有流动的物质；

为了减少乳汁泄漏率，一定比率的乳头已经被密封。

② 乳房内环境的有利改变：

乳房内环境不再有利于细菌的生长；

乳汁中几乎没有脂肪、酪蛋白或者细胞碎片，所以白细胞变的更活跃；

乳铁蛋白和免疫球蛋白的集中程度高；

柠檬酸盐与乳铁蛋白比率降低。

3. 恢复阶段及初乳产生阶段（最近的干奶期或者第二次湿干奶期）

这一阶段是从非泌乳期到泌乳期的转变阶段。开始的时间不能提前预计，也不明确，但是在产犊前两周，通常乳房开始流出少量乳汁。即将分娩前的10~14天乳房的恢复常伴随有明显的肉眼变化，在分娩前3~5天这些变化最明显。就像早期的干奶期一样，最后干奶期存在高风险感染原因就是两者乳房内环境相似但效果相反：

随着分娩的临近，乳房中乳汁开始累积；

乳房内增加的压力是乳汁通过完整的乳头管从乳头中泄漏；

在分娩前就可对乳头部进行消毒，但通常情况是分娩后才开始消毒；

细菌在牛奶中生长良好；

乳房内环境的改变；

白细胞面对乳脂和酪蛋白再次增加的情况；

随着分娩期临近，乳铁蛋白显著下降；

柠檬酸盐与乳铁蛋白比率很高，有利于革兰氏阴性菌再次感染；

与乳铁蛋白不同的是，初乳中的免疫球蛋白增加显著且累积的活跃性也增高。

由于这一阶段风险的提升，干奶期奶牛疗法不再适用。干奶期时间段内采取的措施是为了确保分娩后奶牛乳汁里抗生素的残留量小于欧盟和英国规定的乳产品的最大残留量。使用乳头密封可以提高最后干奶期内乳房对新感染的抵抗力，使用的方法可以是外部的（Dry Flex; De Laval），也可以是内部的(Orbeseal, Pfizer Animal Health)，见第七章治疗方法。

第三章　乳房炎的病因与防控

一、乳房炎病原

1. 乳房炎感染的来源

明显的临床型乳房炎病例可能是之前未感染的部分被新感染，也可能是已经存在的业临床感染暴发；已存在的亚临床感染也可能是之前未感染部分新感染，未感染的病例不表现临床症状，只能通过诸如SCC或细菌学等试验才能检测到。从定义上来讲，新的乳房炎感染可能仅发生在之前未感染的部分，可能来源于同一头牛或其他牛的（传染性传播）已感染的部分或者来源于这之外的其他感染源，诸如粪便污染（环境传播）。

2. 患病率和发病率

（1）患病率

患病率是指在一定的时间内，患有该病的病例在该群体中所占的比率。

（2）发病率

发病率是指在一定的时间段内特定牛群中的患病数量。 例如，每年每一百头牛的病例数。

一个牛群可能乳房炎患病率很高而发病率低，反之亦然。这对于评价一个牛群的乳房炎状况很重要。如果乳房炎记录准确的话，可以提示乳房炎的发病率，而大罐奶体细胞数可能更好的提示乳房炎患病率（图3-1，图3-2）。

比较两个牛群：一个牛群的BMSCC（大罐奶体细胞数）是350 000个/ml，每年每一百头牛中发生乳房炎的病例为20个，另一个牛群的BMSCC<100 000个/ml，每年每一百头牛中发生乳房炎的病例为180个。哪个牧场的牛奶质量好呢?

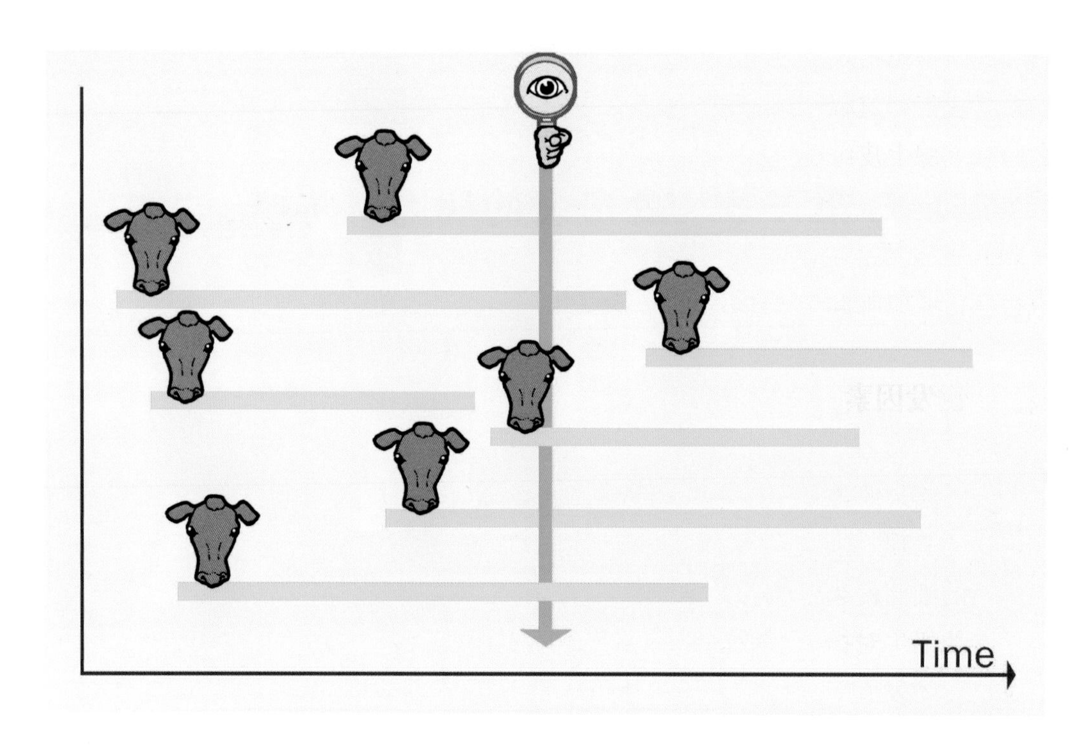

图3-1 长时间感染的发病率与患病率的比较，高患病率可能新感染率较低。如，金黄色葡萄球菌

图3-2 短时间感染的发病率与患病率的比较，低患病率可能有较高的新感染率。如，大肠杆菌

3. 感染的建立

细菌固有的毒力经常是与其黏附乳腺上皮细胞和在泌乳期驻存在乳腺中的能力相关，尽管在挤奶过程中乳房会定期有效冲洗。无乳链球菌和金黄色葡萄球菌可以很好地黏附在乳腺上皮细胞上，而大肠杆菌不能很好地黏附但是它增殖很快，因此可以在冲洗过程中幸存下来。细菌最先侵害乳导管和乳池，它们通过增殖和乳流进入小的乳导管和乳腺腺泡，这些细菌产生毒素和刺激物可以引起乳房肿胀和腺泡坏死。会释放一些物质，增加血管通透性和促进中性粒细胞转移到受影响的区域。

二、诱发因素

乳房炎像其他感染一样，是一种病原、易感动物（奶牛）和环境（周边的环境）之间失衡的表现。当病原菌增殖达到一定数量时就会导致乳腺的感染，这种失衡可能是足够多的细菌侵袭或者毒力很强的菌株与奶牛正常的免疫系统对抗或者与一个免疫系统不良的奶牛对抗，使原本可以被杀灭的病原菌攻克了免疫系统的抵抗造成最终感染。总之，诱发因素要么侵害奶牛的防御机制，要么释放高浓度感染性的细菌。

1. 奶牛因素

牛体自身的因素对奶牛乳房炎的易感性有正负两方面潜在的影响。过去，奶牛的选育一直基于表型，由外在的体格特征选出优良的奶牛。一般认为这种方式可以确保长期性，这些特征包括肢蹄好（与运动力和减少跛行的趋势有关），好的体格（特别是体形和大小，而这与整体的健康和需要的性状有关）和乳房的构造。乳房的构造同样强调的是大小和形状，形状主要是指乳房附着坚实和乳头形状、位置较好。这些体格特征在一定程度上是可遗传的，奶农早就意识到拥有双重优势的家系，在某些情况下，相应地有选择地选育出没有劣势的牛，这种选育前提是奶农在畜群中发现了表现他们希望得到的性状的奶牛母系。这需要时间的积累，并且在一定程度上工作是复杂的，需要获取许多牛繁殖后代的数据，也要花费很多成本。实际上，无论是从母牛还是从公牛获得的优势特征会逐渐消退，因为对后代来说只得到了亲代一半的遗传物质。

遗传度可以帮助我们理解基因控制特征的表达程度，例如，临床乳房炎的抗性，遗传度是后代遗传父母特性的一个衡量标准（0~1）。遗传度衡量性能，如奶牛乳房炎率（表型）和繁殖价值，与减少的乳房炎率遗传给后代每个动物个体的可能性（基因型）之间关系的强度，生产特征的遗传性，如奶产量（0.3）或酪蛋白含量（0.5）很高，但是仍然有更多的是来自非基因的影响。如营养，从英国黑白花奶牛繁殖到荷斯坦黑白花奶牛或者是环境管理，因此，选育将产生相对很低的改进。

SCC水平和临床乳房炎抗性的遗传度常常用0.1~0.2的数字表示，SCC普遍有较高的遗传度，基因的选择通过几十年培育将会在乳房的健康上有所改进。但是提高乳房健康的遗传特性（SCC或临床乳房炎）可能会降低奶产量，对公牛进行认真筛选可以改善乳房健康并且对奶产量没有不良影响。全世界奶牛产业中有关奶牛乳房炎的可用精确数据非常少，而SCC的数据是可用的、准确的。研究表明，生下的小母牛中，得到最少的SCC评分的牛在第一次和第二次泌乳阶段的临床乳房炎发病率最低，临床疾病最少，而这将使SCC成为乳房健康基因选择的优质测量指标。荷兰最近正在进行的研究表明，如果在泌乳早期看达到SCC＞150峰值的数量和持续时间，而不是看在整个泌乳阶段的SCC的均值，这样的分析会造成误导，或许会使估计的繁育价值升高。事实上，这项研究表明，临床乳房炎的数据（很少是完整和准确的）对准确估计公牛的乳房炎育种值很有必要，但是可能SCC使用方法会稍有影响。这就意味着，在更好的区分公牛好坏的前提下，育种值可能被更加准确、快速的估计出来（不用等临床数据出来）。荷兰研究人员继续关注牛群的临床数据的评估，得出结论：最好的决定乳房健康指标的参数是SCC（低），前乳房附着（紧的），前乳头位置（窄），乳头长度（短），乳房深度（浅）和泌乳速度（最好是中速）。尽管泌乳速度没有被广泛的认可和使用，并且可能在数据、目标的可利用性、AMS（机器）挤奶的积极影响和传统的挤奶间之间存在差异，但是大多数国家使用一样的参数。

非特异性疾病相互作用，例如并存的疾病，特别是临产的疾病，像乳热症、子宫炎和皱胃紊乱，将会增加乳房炎的易感性。同样，很多特异性疾病之间的相互关系，如一般可以引起免疫抑制的小牛病毒性腹泻（BVD）也会产生同样的结果。

2. 病原因素

对引起奶牛乳房炎的特定病原在后面章节中有详细的论述，指出了引起乳房炎病原体的类型，病原必须入侵增殖并在泌乳乳汁冲刷作用下可以存活或者将奶牛的防御机制破坏。

3. 挤奶仪器因素

无论是传染性的还是环境性的病原，挤奶过程都会对新感染率产生相当大的影响，挤奶过程中传染性病原的传播机制可能更加明显。在流水线上一头感染的牛被挤奶后接着会在后面的6~8头牛产生新的感染，通过感染的牛奶污染物由此传播开来。挤奶过程中，污染物也可通过挤奶者的手或多次使用的布和毛巾传播。在环境感染中，挤奶设备也会影响新的感染率，挤奶机可能是最后的途径。挤奶前或者在挤奶期间牛奶逆流通过条纹管的推动作用使细菌出现在乳头皮肤上，这种回流的可能性在维护不善或真空储备不足的挤奶设备中更大。

即使现代维护很好的挤奶间，仍然有牛奶回流的可能性。这在内衬真空波动时，尤其是在乳头末端，更有可能出现。当在每头牛乳流量非常高或者泌乳开始或结尾乳流量很低时，或者内衬滑落空气泄漏时，真空波动很常见。在乳流高峰期，擦拭潜在感染的乳头会使挤奶有效容量减少甚至发生回流。（有效容量是挤奶机与乳头间的空间，乳量低时，由于真空的作用，牛奶是有可能被推回乳头）

目前，市场上符合最新英国标准挤奶仪器对产出高质量的奶很重要，而这项标准先前是由国家奶牛场实施计划（NDFAS）制定的，现在由奶牛场保护（ADF）（BS ISO 6690，5707 和5545）制定。

4. 环境因素

环境对乳房内感染的影响有很多方面，包括环境条件和环境性乳房炎之间的关系，即卫生学。但环境对乳房炎感染率还有许多其他的影响，包括外周的温度、湿度、舒适性即空间可利用性（牧场的放养密度或者可用的房间数量）以及躺卧时间（用于躺卧的时间）。当奶牛躺卧时，流向乳房的血液增加30%。因此，对于奶牛养殖者来说，如果一头牛不采食不饮水或者被挤奶时应该卧倒，晚上10点时只有10%的奶牛应该站起来。

5. 人为因素

奶牛饲养管理者的工作技能很关键，他们的能力对牧场奶牛乳房炎的发生率影响相当显著。主要体现在奶牛乳房炎病例的实际数量，与他们的勤奋和饲养技术有关。在一些轻微的病例中，一旦管理者作出诊断，个人的治疗方法可能对治愈率产生影响。一些非常轻微的病例能自我痊愈，当其他的奶牛病例非常容易治疗时，挤奶者会等12h（下一次挤奶）看看此病例是否准确以及是否需要治疗，在一个非常轻微的乳房炎病例中可以自愈但被治疗了，这种痊愈应归功于治疗，但更重要的是，这个病例将会被记录在奶牛场乳房炎率上。如果牛场观察12h后看到病例自我痊愈了，就不会有治疗的记录，这将有效的降低乳房炎率。因此，奶牛管理者从真正的感染率和治疗率（记录的病例）两个方面来定义乳房炎率。

牛群的大小、牛场管理者相对牛群的比例也很重要，即使技能最高的牛群管理者可以有效管理牛群能力也是有限的，这当然也适用于乳房炎的防控。

6. 营养因素

在疾病过程中营养因素很重要，处于能量负平衡（negative energy balance，NEB）的奶牛更容易发生各种各样的代谢性疾病，对传染病更易感。奶牛乳房炎就是其中的一种。能量负平衡即对能量的需求高于从食物中获取的营养。任何营养不足者将会对免疫系统产生一般的或非特异性的负面影响。

许多具体的营养因素都起着一定的作用，像矿物质缺乏。尤其是美国的一项研究表明硒/维生素E缺乏与SCC升高有关，并且可能使临床乳房炎率增加，硒（Se）和维生素E是组织和细胞抗氧化能力的必需成分，已经知道硒（Se）和维生素E缺乏可以降低白细胞活性（白细胞活性包括产生对传染病侵袭作出反应的物质及消灭传染原的能力）。

营养也可以通过影响粪便间接地影响乳房炎率，能产生成形粪块的好配合饲料将大大减少乳头末端污染粪便（图3-3）。因此，降低环境的湿度和环境性乳房炎的风险，理想的粪块应该是完整的，粪便最后输出时有几厘米长并且有一个缩进玫瑰花蕾大小的泡沫。

图3-3　粪便成形较好可以降低乳房感染率，注意图中牛粪成玫瑰花蕾状

三、乳房炎的分类

1. 乳房炎有哪些类型？

乳房炎可以根据对乳房和奶牛的影响、病原的类型及引起奶牛乳房炎病原的来源进行细分为几类。在更广泛的条件下将乳房炎进一步分类为肉眼可见（凝块或絮状）奶样变化的临床型奶牛乳房炎和眼观没有明显变化只能通过检测得出奶样变化的亚临床型乳房炎。亚临床型奶牛乳房炎可以通过直接、间接的方法来检测，直接的方法如

细菌学培养进一步鉴定引起奶牛乳房炎的细菌，间接法如测量乳房内炎症反应或奶样成分的变化，SCC的测量可能是间接指示炎症的最普遍的例子，SCC可以由一个商业公司（如NMR-National Milk Records或CIS-Cattle Information Servise）来定量测量或通过快速乳房炎检测方法进行半定量的测量，如加州乳房炎检测法（CMT）。一旦通过对SCC评估确定牛群被感染了，之后经常使用细菌学培养的方法鉴定病因。

电导率也是用来指示牛奶成分变化程度的间接指标。在一些现代的挤奶厅，特别是在自动挤奶系统中（AMS 或机器人挤奶），每次挤奶电导率可以自动的获取。其他一些乳房炎标志物如炎性蛋白和化学介质也很有用，但是由于他们不是直接的且检测费用往往很昂贵，这些物质被更多的用于研究，所涉及的具体诊断方法将会在第六章叙述。

2. 临床型奶牛乳房炎

最急性乳房炎　在乳房的重度炎症急性发作时最常见，发热和通常含有水样非正常分泌物的肿胀，并且伴有严重系统性疾病，这在一些病例中是致命的。系统性的疾病常常出现在肉眼可看到牛奶或乳房变化之前，急性奶牛乳房炎可以导致产奶量中断（无乳）。系统性疾病常常是由败血症或毒血症引起的，导致脉搏加快，发热，抑郁，瘤胃蠕动减慢，食欲废绝和腹泻（腹泻）。这种情况进一步发展可能导致牛脱水，倒地死亡。

急性乳房炎　急性奶牛乳房炎最常在乳房的中度到重度炎症突然发作时看到，同时伴有奶产量的降低，有时牛奶水样但是最常看到的是凝块状。系统性的症状与最急性乳房炎很相似，但是没有最急性的那么严重。

亚急性乳房炎　亚急性奶牛乳房炎常常在轻微炎症时可见，通常乳房没有肉眼可见的变化，通常可以在奶中有小的絮状物或凝块，可能牛奶颜色也不正常，没有系统性疾病的症状。

慢性乳房炎　慢性是指长期反复出现的情况，慢性乳房炎可能以亚临床乳房炎的形式持续数月或者甚至在数年内临床乳房炎的多次暴发，有时这些反复发作的临床型病例可以导致永久的乳房损伤，如瘢痕和硬化，最终可以形成微小化脓疮，把感染隔离在外。乳房变坚硬，并且明显对称，这些变化是不可逆的，通常需要淘汰这些奶牛。

3. 亚临床型乳房炎

亚临床型乳房炎是最常见的类型。其出现的频率比临床型乳房炎多15%~40%，没有明显的乳房炎症和乳汁的变化，奶产量下降且牛奶的质量也降低。

四、病原类型

1. 主要病原菌

主要的乳房炎病原指一般与临床型乳房炎相关的细菌。普遍公认的细菌有无乳链球菌、金黄色葡萄球菌、乳房链球菌、停乳链球菌，大肠杆菌群（如大肠杆菌、克雷伯氏杆菌的某些种、肠杆菌属的某些种和柠檬酸杆菌属的某些种）和不动杆菌属某些种。其他的病原包括支原体（在英国，这不是引起奶牛乳房炎的常见的病原，但是在美国、加拿大、以色列、澳大利亚、新西兰和其他一些欧洲国家是很重要的病原）、绿藻和真菌，如念珠菌。

2. 次要病原菌

这些细菌通常被看做是乳腺中正常的共生物，被视为乳房正常自然菌群的一部分，但他们与乳房关系复杂，可能导致SCC上升。最常见的次要病原菌是凝固酶阴性葡萄球菌和棒状杆菌如牛棒状杆菌。这些细菌能产生天然的抗菌物质，可抵御主要病原菌引起的乳房内感染，通过竞争性抑制产生有益的作用。

五、感染的来源

1. 环境性微生物

环境性奶牛乳房炎是指在环境中传播给奶牛引起的乳房炎。当传染性乳房炎的发病率降低时，环境性乳房炎的发病率常常会增加或者至少在比例上升高。毫无疑问，引起环境性乳房炎细菌主要的驻存所是环境（粪便、土壤、牛床或水）。一般认为是粪便污染的结果，粪便是大肠杆菌最重要的来源。当然，也有牛的生存环境中产生的真正的环境性细菌，如假单胞菌。在泌乳或者挤奶间隔期时，乳头接触环境性细菌可以引起感染。引起环境性奶牛乳房炎的主要微生物包括革兰氏阴性的大肠杆菌群如大肠杆菌或克雷伯氏菌，环境性链球菌属如乳房链球菌和假单胞菌属。在奶牛生活环境中发现的其他微生物也可以引起奶牛乳房炎。

2. 传染性微生物

传染性乳房炎是指在牛与牛之间相互传播的乳房炎。引起传染性乳房炎细菌的主要栖息地是感染的乳房上、乳房内或者有时是损伤的乳头，传染性病原菌一般在牛体外很难存活，必须有相对较近的直接接触或偶尔通过间接接触污染物进行传播。 慢性或亚临床型乳房炎常与引起传染性乳房炎的细菌有关。传染是通过在挤奶过程中接触牛奶的污染物、多次使用过的擦拭乳房的毛巾、挤奶员的手和挤奶设备传播。引起传染性奶牛乳房炎的主要病原微生物有无乳链球菌、金黄色葡萄球菌和支原体。

尽管用通用的方法可以很方便的区分环境和传染性奶牛乳房炎，但是并不会阻碍对特定病原菌进一步更具体详细的鉴定。例如：传染性病原可以以环境性病原菌的传播方式出现，并且环境性病原也可以以传染性病原菌的传播方式出现。研究表明，金黄色葡萄球菌可以很容易的在垫料样本中被分离出来，其可以在不与牛的皮肤或乳房直接接触的情况下在垫料上自由生长，其他的研究显示金黄色葡萄球菌还可能通过苍蝇进行传播。对菌株类型的研究揭示，乳房链球菌可以引起持续的慢性感染，导致SCC升高，可能以传染的方式进行传播。

六、乳房炎的具体病因

事实上，虽然大多数奶牛乳房炎都是仅由细菌引起的，且有很多潜在的病原，但引起乳房炎的细菌类型多数只有几种。相对病因，实验室的病原鉴定更易。

实际上，可以将导致乳房炎最常见的病原菌归纳为一类，虽然有许多非常见病原（革兰氏阴性杆菌还可以细化区分），绝大多数病例还都是由无乳链球菌、金黄色葡萄球菌、乳房链球菌、停乳链球菌和大肠杆菌引起的。

1. 金黄色葡萄球菌

金黄色葡萄球菌仍然是引起临床和亚临床型奶牛乳房炎最重要病原菌之一，且起着很大的作用，从泌乳的感染乳腺组织中很难清除。实际上，全球乳品行业都不能根除无乳链球菌。因为从实施防控与群体生物安全方面都很难操作，不说全球奶牛防控，一个牛群中将金黄色葡萄球菌清除也很难实现，因为其并不是严格的乳房病原菌，它也可以生存在牛的环境中。这一点与无乳链球菌不同，无乳链球菌与奶牛的乳房和皮肤密切相关甚至只和乳房皮肤有关。但是金黄色葡萄球菌自由的存在于牛体上或牛体周围。人们一直尝试着在一个健康状况很好的牛群中根除金黄色葡萄球菌，使牛群中无该菌。但除了感染牛体外，金黄色葡萄球菌的来源很广泛，因此这个目标很难实现。对于无乳链球菌，生物安全可以通过不购买已感染的牛只达到，但是如果想通过清除牛群中感染金黄色葡萄球菌而保证牛群安全是很难的。金黄色葡萄球菌主要是在泌乳时期通过像牛群和挤奶员的手等污染物进行传播。尽管感染的牛一般体细胞数量升高，金黄色葡萄球菌常常被认定隐性缺陷，早期没有引起剧烈的伴有SCC升高和组织变化方面的炎症反应前，金黄色葡萄球菌就出现了，但个别金黄色葡萄球菌可以发展为严重地坏疽性乳房炎，最终导致受影响部位脱落坏死。如果对细菌入侵乳腺组织进行早期检测，新的感染就可成功治愈。当它们变成慢性的疾病时，将会引起更加剧烈的炎症反应，导致乳房内泌乳组织常常与瘢痕组织隔离的永久性变化，进而导致组织对治疗反应小。在感染的乳腺内炎症反应随着时间不断地变化，在一定时间内可见SCC波动和分泌物断断续续排出的变化。同时，随着时间的推移，在慢性感染中可见病理变化增强，慢性变化将导致乳房永久的变化。通过触诊，有时通过视诊进行检测，对一个硬的、肿胀的及固化的乳房进行检测，可以很好地提示该牛反复发生了感染和炎症，其很可能伴有长期慢性感染和较高的SCC。伴有这些乳房变化的牛会对牛群中剩余的牛构成威胁，乳房的变化使治疗和生产低SCC的牛奶变得不太可能。一些牛感染金黄色葡萄球菌后，在乳汁中间歇性的排菌可能是由很多原因引起的，一个原因可能是金黄色葡萄球菌可以抵抗在它们被吞噬后中性粒细胞的杀伤作用，就是说它们不仅可以躲避免疫系统，而且当中性粒细胞死时，释放回去的金黄色葡萄球菌会再次感染乳房，这可能是感染金黄色葡萄球菌的奶牛SCC波动的反应或者甚至可以说是原因。

可以推测，SCC升高的一个原因是乳腺的免疫系统暴露于感染的病原菌。事实上，金黄色葡萄球菌可以通过隔离或/和在吞噬作用下依然存活的方式进行有效地躲避，这样呈现给免疫系统的细菌数量就会变少。这将导致SCC周期性的波动：细菌被奶牛免疫系统杀死后，降低了原先使SCC升高的趋势。因此，当免疫系统没有遇到大量细菌出现时SCC将逐渐降低，紧接着一些存活下来的细菌将开始进行再次增殖，引起SCC的再次升高。间歇性的排出金黄色葡萄球菌和其能在中性粒细胞的作用下存活的能力，对细菌学培养的敏感性有显著的影响，而细菌学培养是乳腺内感染金黄色葡萄球菌的诊断方法。金黄色葡萄球菌感染的临床病例中，乳汁中流出的细菌数量通常很大且持续，因此细菌学诊断很容易。但在一些亚临床的病例中，炎症变化不显著，排出的细菌不断变化，假阴性的情况也不少见。细菌培养的敏感性，金黄色葡萄球菌的诊断方法，可以通过预培养和重复采样来提高。通过克服间歇性排出的影响，重复采样将会提高检测的灵敏性。据报道，当一个独立样本有将近75%的敏感度时，2个样本的灵敏度将增至94%，3个样本可能会达到98%。由于中性粒细胞内的细菌被释放出来，培养前将样品冷冻也将提高金黄色葡萄球菌的检测率。当乳汁冷冻时，冰块的融化将会使乳汁中细胞裂解，中性粒细胞将金黄色葡萄球菌从细胞内释放出来，使其可以通细菌培养被检出。虽然有这些技术，但在已知感染的乳区内检测出金葡菌也是比较困难的，后续使用选择培养基如Baird Parker或许可以有效提高检出率（图3-4~图3-6）。

图3-4　金黄色葡萄球菌在血平板上的培养

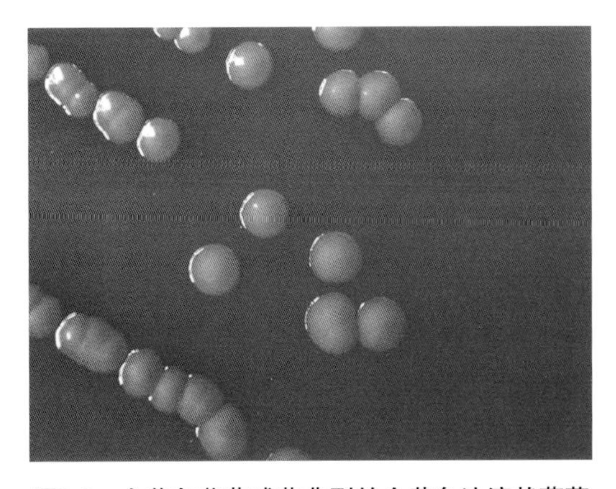

图3-5　金黄色葡萄球菌典型的金黄色油滴状菌落

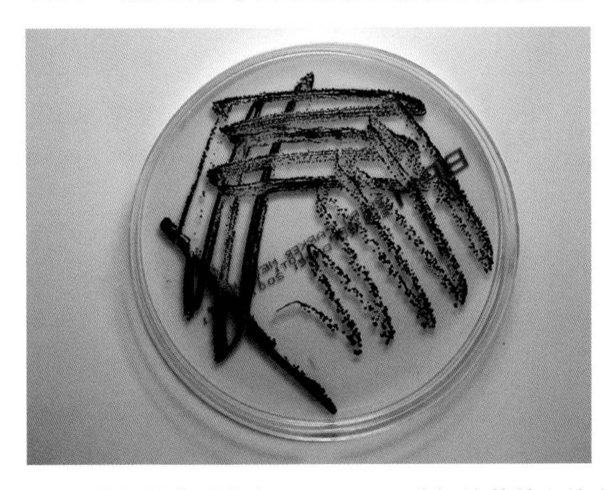

图3-6　金黄色葡萄球菌在Barid Parker选择培养基上的生长

要点

- 能在奶牛间传播
- 牛是最常见的传染源
- 常见隐性感染

·临床病例很难治疗，尤其当已经确诊时
·引起乳房的长期损伤
·风险因素：购买已感染的奶牛
·不能有效地或实际的从畜群中根除
·通过散装牛奶培养或奶牛高SCC来识别显著感染畜群
·通过可变增加的SCC和间歇性细菌排泄往往会产生问题
·显示出显著的菌株变异，导致成功治疗对乳房损失的程度和SCC升高差异
·可以由除奶牛外的其他来源引起，例如，挤奶工人的手、污染物和苍蝇
·控制：五点计划，正确的日常挤奶，戴手套和对所有临床病例谨慎地使用抗生素，淘汰持续感染的奶牛

实验室特征

·在血平板上和Barid Parker培养基上生长
·3~4mm油滴状菌落
·菌落通常在血平板是金黄的，溶血
·革兰氏阳性菌，见149页图片
·过氧化氢酶阳性，见149页图片
·凝固酶阳性，部分菌株凝固酶阴性的菌株，可能凝固酶敏活性不高，造成凝固酶试验结果为无，见149页图片

检测率的提高对控制金黄色葡萄球菌很重要。识别感染的牛只和确定牛群病原流行情况对于制订金黄色葡萄球菌控制方案至关重要。建立一个无金黄色葡萄球菌的牛群既没有奖励，也没有在牛奶价格上的额外的收入；但要建立无临床病症及不影响牛奶质量的牛群是可实现的目标。总的来说，乳房炎控制的通用方法，同样也适用于金黄色葡萄球菌的控制。按季度来看，这种方法就是通过月度牛奶检测记录在日常检测的混合奶样中挑出SCC数值很高的牛，然后再从这些牛中筛选出CMT阳性乳区。依据当前和过去的BMSCC记录，制定相应措施可以建立在大罐奶或单个牛只金黄色葡萄球菌检测阳性的层面上。若大罐奶的检测显示金黄色葡萄球菌阳性，则需要进一步确认个体牛只的感染情况，特别是当BMSCC达到或已经超过一定的财政处罚标准的时候。一旦一头牛确定感染了金黄色葡萄球菌，成功治愈的概率就会微乎其微。最佳治愈的时间是在干奶期间、单一感染的较年轻的牛或者先前没有临床性疾病和SCC升高的记录的牛只（表3-1，表3-2）。以色列的研究表明，如果延长治疗时间，对已经感染金黄色葡萄球菌的病例也可能成功治愈。在此项研究中，需要使用21支乳区灌注的

抗生素。文章的作者指出，这项研究并不是鼓励乳制品行业使用抗生素进行如此长时间的治疗，旨在证明感染金黄色葡萄球菌可以被治愈。其他的一些治疗方法也可以提高治愈率，如联合疗法（全身注射和乳区灌注结合）或脉冲疗法（包括弃奶期牛奶的连续重复治疗得到数据——脉冲可以调制或常使用3个频率的脉冲治疗可开或关）。与许多传染性的病原体一样，在一定程度上，金黄色葡萄球菌可以导致感染乳房的严重持续性的传染性疾病（图3-7~图3-9）。从效益层面进行分型菌株是不可行的，但是人们已经使用蛋白质分析法来鉴定牛群中常见的菌株或持续存在于牛只的菌株类型，除了这些蛋白质分析的细微的差别外，有很多菌株之间有根本性的区别，例如，已知的某些菌株可以产生青霉素酶，这种酶可以破坏与青霉素相似的抗生素，产生的青霉素酶与毒力有关，当然这与人类的关联更大。

表3-1　随着时间的推移分泌的金黄色葡萄球菌和SCC的变化

日期	细菌	Cfu	1/4细胞数	可能的状况
1997-06-23	金葡阳性	6	987	SCC对应的Cfu也很高
1997-06-30	金葡阳性	100	661	
1997-07-29	没有生长		754	SCC波动导致Cfu减少和SCC降低
1997-08-05	金葡阳性	20	21	
1997-08-13	金葡阳性	100	5 531	细菌增殖使得SCC再次升高
1997-10-02	金葡阳性	100	167	Cfu和SCC的关系不明确

表3-2　金黄色葡萄球菌的风险因素和控制措施

风险因素	控制措施
购买感染的牛只	建立一个封闭的牛群，生物安全性
挤奶后乳头消毒不当（部分乳头消毒，错误稀释，每年部分时间进行乳头药浴，药浴液质量差）	全年挤奶后进行恰当的药浴
手工挤奶，共用乳房擦拭毛巾，不戴手套	乳头有良好的卫生状况
通过感染的牛群在牛之间进行传播	将患奶牛乳房炎的奶牛隔离，牛奶会感染剩余的牛只（临床和/或亚临床型），尽早诊断有问题的奶牛，常规或自动对牛群进行消毒
临床型病例诊断不当	通过采样提高临床型奶牛乳房炎诊断水平
临床型病例的治疗和记录不合理（管子使用情况及类型和记录及其使用情况）	通过选择恰当的治疗方案和治疗方法提高治疗的成功率
奶厅使用或者设计不合理	对一些集乳器以及有爪片或爪片打开的真空波动进行检测

（续表）

风险因素	控制措施
奶厅的维护不良，秸秆清理不当	确保在一个牧场中有定期维修和及时更换的制度，查看清洁系统
挤奶后乳头孔破坏	对振动器的故障、真空水平、过多挤奶以及在牛舍过多使用石灰进行检查
部分干奶疗法（仅对一些牛进行了治疗，技术差，挤奶后乳汁外流，治疗时间不足）	确保牛使用DCT进行治疗，使乳导管的活力和干奶时间的长短相匹配，确保使用干净的乳头灌注技术
扑杀的政策不一致	通过实际的记录结果剔除体细胞数很高的奶牛，包括反复感染和较老的牛只

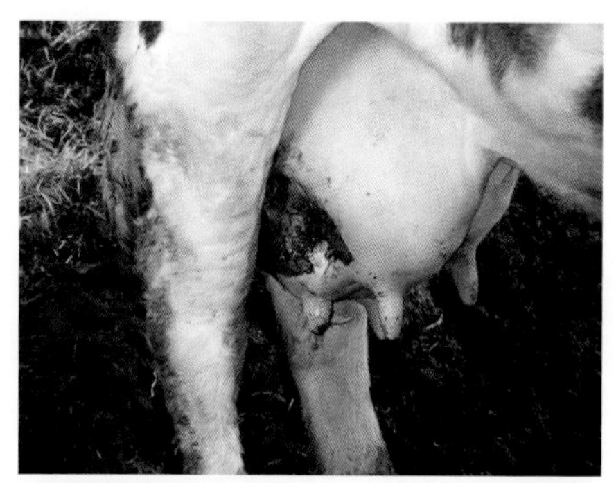

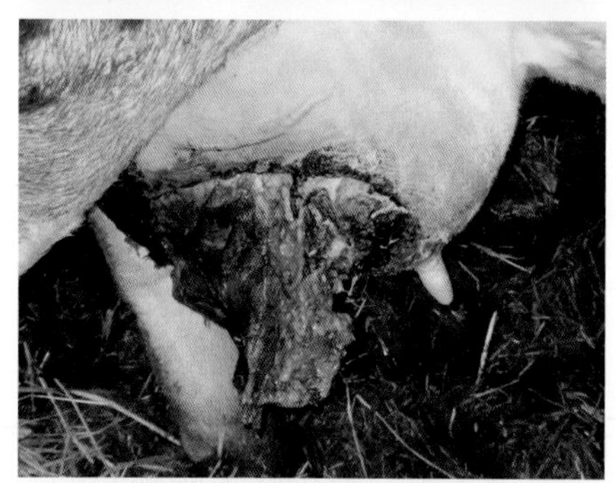

图3-7　坏疽乳房炎导致感染部位脱落

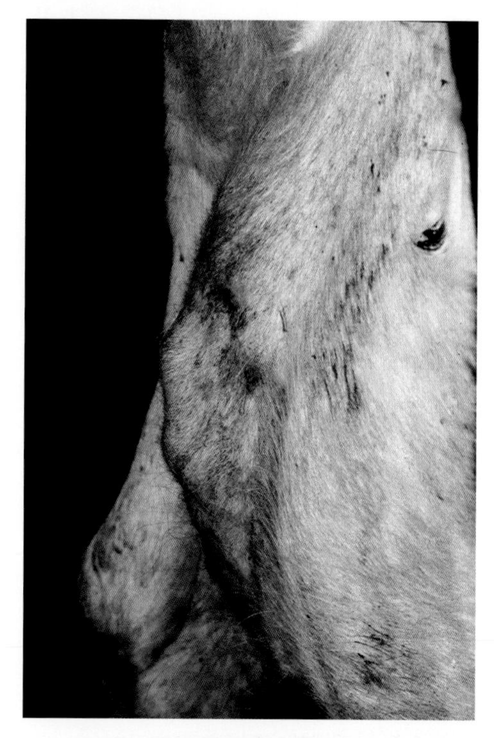

图3-8　慢性金黄色葡萄球菌感染的乳房呈现典型的硬化，坚硬、凹凸不平

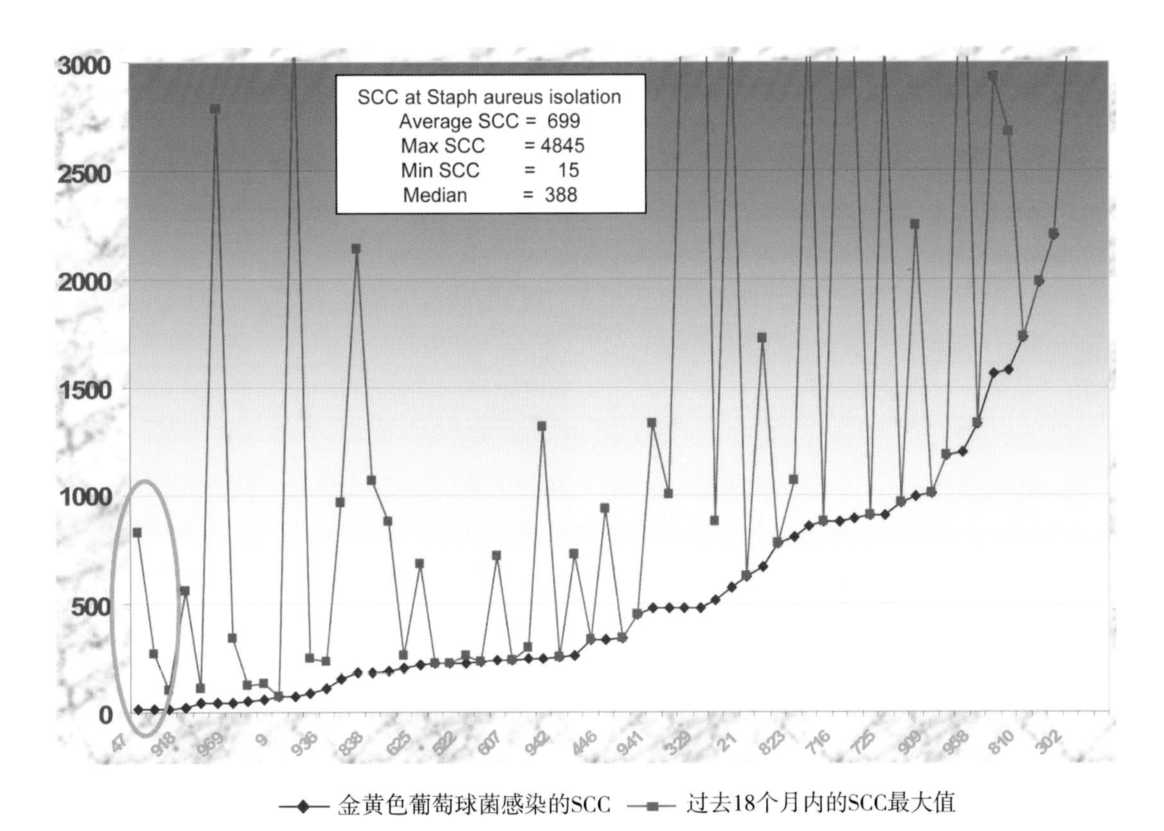

图3-9　金黄色葡萄球菌感染奶牛的SCC的变化。SCC为15时，感染金黄色葡萄球菌的两头奶牛SCC的最大值分别为269和826

预后很可能是通过感染的菌株或前面已经提到的牛只因素来确定，这也意味着很大程度上，治疗效果可以通过诸如菌株类型和牛只等因素来确定，而不是依据药物或治疗方法来决定。因此且不说泌乳时期，在干奶期间成功治愈金黄色葡萄球菌性乳房炎是很难预测和实现的。

2. 凝固酶阴性葡萄球菌

凝固酶阴性葡萄球菌（CNS）可以经常从奶样中分离到，但仍然不清楚它们是否来源于乳头、乳房皮肤或乳房内。一般人们将其看做是皮肤的共生体，但是，一些菌种也可能存在于乳头管内。通常它们被认为是次要病原（与其他诸如牛棒状杆菌等潜在的共生细菌一样），这暗示它们致病性中等或没有致病性。在牛群中凝固酶阴性葡萄球菌的感染在10%~20%，在早期泌乳期间更常见。早期泌乳时这么高的患病率一般会通过自愈在产犊后的最初几周降低，牛只感染凝固酶阴性葡萄球菌这么普遍且可以自愈的原因仍未知，但是牛奶的冲刷可能起着很大的作用。由于其自身不断波动，所以不能将其分为传染性的和环境性的。

CNS以一种非特异的方式通过SCC升高预防继发的感染或者特异性的预防金黄色葡萄球菌的感染，但CNS似乎并不能预防由环境性病原或无乳链球菌引起的感染。

金黄色葡萄球菌和凝固酶阴性葡萄球菌可以通过凝固酶试验进行实验室鉴定，凝固酶试验的特异性几乎达到97%。因此，某些金黄色葡萄球菌培养物可以看做是凝固酶阴性的，所以，最好假设一些具有典型的α、β溶血特征但是凝固酶试验为阴性的葡萄球菌，实际上其可能是金黄色葡萄球菌（图3-10，图3-11）。

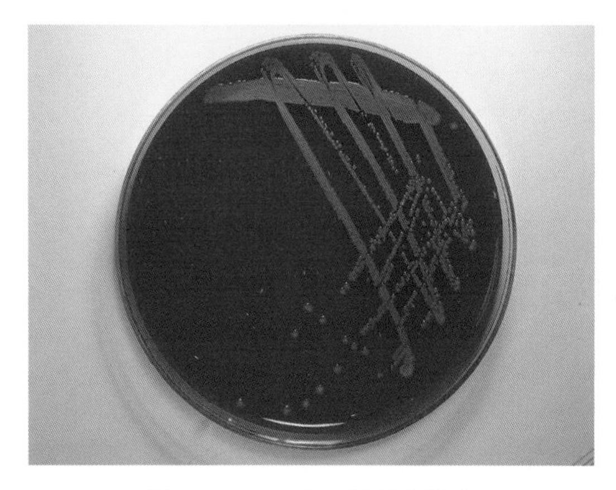

图3-10　CNS在血平板上培养

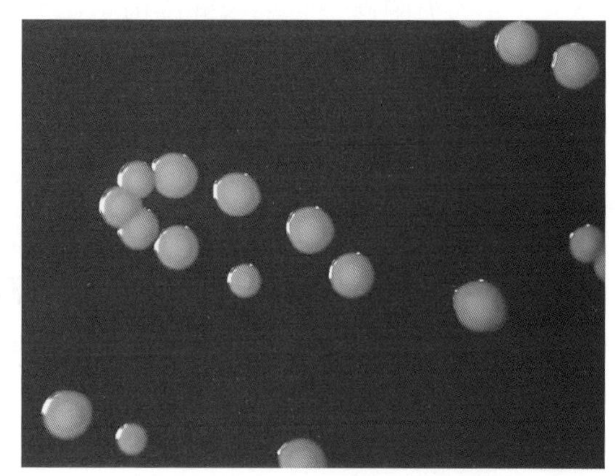

图3-11　CNS的白色油滴状菌落

要点

· 一般认为是正常的乳头皮肤或乳房的共生体
· 奶牛是主要的感染源
· 轻度感染可以在牛间进行传播
· 有临床型病例，但并不常见
· 亚临床病例很普遍，部分是刚刚产犊的小母牛
· 感染常常可以自我痊愈
· 控制：五点计划以及好的挤奶途径

实验室特征

· 在血平板上生长
· 3~4mm油滴状菌落
· 菌落通常在血平板是白色，不溶血
· 革兰氏阳性菌，见149页图片
· 过氧化氢酶阳性，见149页图片
· 凝固酶阳性，见149页图片

·一些凝固酶阳性的菌株，有与金黄葡萄球菌样的溶血特征，除去凝固酶阳性外，很容易被认为是金黄色葡萄球菌

从奶样中培养出CNS并不总是表明乳腺有炎症反应，例如，SCC升高也不会预示乳房内感染。采样时从乳头或乳房皮肤转移到奶样的可能性也不可排除，一个好的采样方法将会减少在采样时乳头或乳房皮肤的CNS污染奶样的几率，反复连续的采样后CNS培养均为阳性，将提示乳房内感染的大事件，并且帮助我们排除其他细菌。因为其他细菌的感染可能由单个样本误判造成的，尤其是在有序采样时SCC升高，让人们更加确定目前存在着严重的持续性感染。CNS的致病性低，因此，尽管临床病例也有发生，亚临床的病例更常见。其原因是CNS引起的炎症反应是由于大量细菌免疫系统斗争时占上风，因此SCC上升。尽管如此，在一定的水平，尤其是在感染是中度或亚临床时，SCC的升高相对较小。同样，当测量混合样品时认为这些中度感染是在一个牛只的水平时，SCC的升高就不重要了。但在患病率高和许多牛有多个季度亚临床感染或者牛只有更加严重的感染的情况下，就可以证明BMSCC上升的影响。值得注意的是，尽管CNS的致病性很低，但CNS 感染也可以导致牛群中奶牛临床型乳房炎，但很少是主要的病因。

3. 无乳链球菌

1887年，首次报道由无乳链球菌或革兰氏B群链球菌（GBS）引起奶牛乳房炎[Nocard and Mollereau,1887]。无乳链球菌是厌氧的乳房病原，其很难在乳房外存活，因此，其可能是传染性乳房炎病原中最具有传染性的。事实上，存活在乳房外环境中的无乳链球菌很少，如果牛群室内卫生很好的话可以很好的控制该菌。由此可以推断，一个没有无乳链球菌的牛群引入一头感染的牛会造成普遍感染。在许多情况下，经过一段时间，五点计划的应用将会促进从牛群中消除无乳链球菌，对感染的牛只（partial blitz）或整个牛群（total blitz）治疗可以加速这个进程。在发达国家希望牛群达到没有无乳链球菌的水平，但是，仍然有这种病原未被消除的牛群，对感染牛只SCC的影响一般较显著，在这些牛群的泌乳牛中有些会发生周期性的感染，可以通过挤奶员手上或挤奶器的污染物进行传播，但感染牛群的临床型乳房炎率通常并不是很高，这些病例常常很轻微，通常对抗生素疗法的反应很好。无乳链球菌隐性感染的情况更加常见，如果没有防控的话，感染的牛群中亚临床型奶牛乳房炎的一个重要的来源常常会导致每头牛的SCC显著升高，且使散装奶的SCC升高，将造成牛群的经济损失。

无乳链球菌的临床乳房炎病例的减轻同样可以通过使用实质上100%疗效的抗生

素干奶奶牛疗法进行治疗，以达到从感染的牛只中消除感染的目的。虽然事实上个体牛只已经经过抗生素干奶疗法消除了感染，但是在区域性感染的牛群中，通过泌乳牛很容易传播使细菌存活。已经消除感染的牛只一旦它们产犊或者加入到泌乳牛群中，它们将很快被这些感染的泌乳牛再次感染，无乳链球菌感染的奶牛常常仅有一个感染季度，但是多季度的感染也屡见不鲜。尤其是在地方性感染很多年的牛群中，它们的亚临床感染的某个阶段感染的牛SCC总是升高的。总的来说，这些长期感染的牛群管理很差，临床型乳房炎的检测时，临床型和亚临床型感染奶牛的区别很模糊。治疗常常被延误，因此感染更容易传播。一些牛有非常高的SCC，在100 000~20 000个/ml细胞的个体牛的体细胞数（ICCs）很常见。但ICCs和奶中排出的细菌变化很大，一般认为，ICCs＞200 000 个/ml细胞是亚临床型乳房炎的提示。根据作者对无乳链球菌阳性的乳房炎已有经验，对ICCs＜150 000个/ml细胞的样本同一天进行采集，间歇性的排出细菌也是无乳链球菌的一个特征（这个特征与金黄色葡萄球菌一样）。对作者调查的同一个问题牛群中的两头牛连续6天进行采样，有一头牛有一天变为培养阴性，这显然提示什么时候对感染的牛只进行检查。

感染几乎都是由购买牛造成的，在BMSCC升高已经很多年的无乳链球菌感染牛群中， 感染常是地方性的且广泛传播的。在一个密切监测的牛群中在引入牛后可能很快被感染，或者通过BMSCC升高改变，或者通过从散装乳常规细菌学检测分离到无乳链球菌，根据作者经验，一般来说多数牛散装乳应每3个月进行细菌学检测（图3-12~图3-14）。

图3-12　金黄色葡萄球菌在血平板上培养，在X-线下显示明显的β溶血

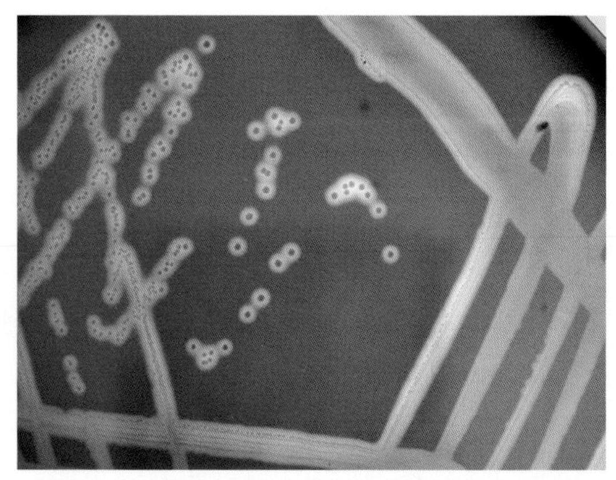

图3-13　无乳链球菌，照片中放大了β溶血特征

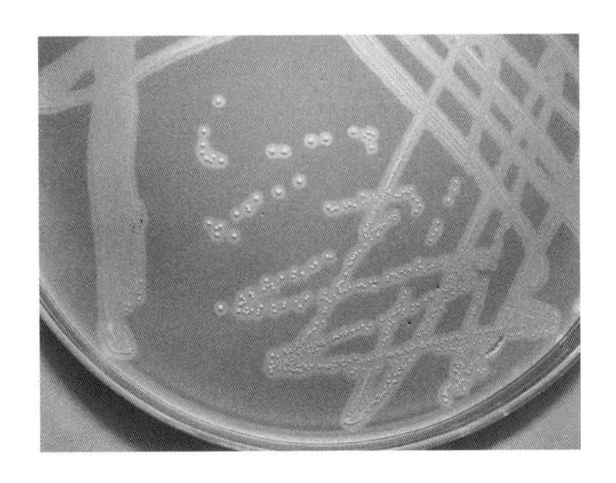

图3-14　无乳链球菌在爱德华氏培养基上培养后，在紫外线下很容易再次看到清澈的β溶血特征

要点

· 能从牛场中消除
· 通过散装牛奶培养或奶牛高SCC识别显著感染畜群
· 牛几乎是感染的唯一来源
· 临床病例容易治疗
· 隐形感染很常见
· 一般SCC显著增加，是金黄色葡萄球菌不一定有非常高SCC
· 感染能够在奶牛间进行传播
· 风险因素：购买已感染的奶牛
· 控制：五点计划，好的日常挤奶程序，对所有临床感染病例和干奶期奶牛使用抗生素治疗

实验室特征

· 可以在血平板和爱德华氏培养基上生长
· 1~2mm光滑透明、中间凸起的菌落
· 在爱德华氏培养基上，尤其在紫外线下菌落呈蓝白色
· NAS链球菌（该链球菌不能水解七叶苷）
· 其他的NAS链球菌，例如：麻疹链球菌（现在归为孪生球菌属）、少酸链球菌、二乙酰乳酸链球菌和乳酸链球菌可能被误认为是无乳链球菌，尽管他们不属于B族链球菌，依作者的经验来看，并不能经常分离到他们，且从来不会引起奶牛群问题
· 一般是β溶血——透明溶血，尤其是在血平板上更容易看到
· 革兰氏阳性球菌，见149页图
· 凝固酶阳性，见149页图

· 属于B族链球菌

4. 鉴定无乳链球菌感染牛群的方法

无乳链球菌的分离很重要，奶牛牛群应该以达到没有无乳链球菌的水平为目标，感染可能来源于一个常规检测的散装奶样本或在一个BMSCC很高的牛群，来源于散装乳或者一头SCC很高的奶牛样本。

下面概括了3种方法。

（1）总牛群快速鉴定

使用适合泌乳牛或干奶牛的抗生素疗法治疗所有的牛。

（2）部分牛群快速鉴定

仅对感染的牛只进行鉴定和治疗。

（3）完全依靠好的奶牛管理实践

（例如，NIRD的五点计划）控制甚至消除感染。

方法的选择不仅根据现在牛群中由无乳链球菌感染造成的经济损失，而且依靠最近BMSCC方面的记录以及最近的牛只购买记录（如果有的话），经济损失源于牛群无乳链球菌感染（如何广泛传播？）的患病率。这也与临床乳房炎率（直接损失）和往往由于BMSCC升高造成的更加严重的损失（间接的损失）有关。由于在牛只和牛群水平的SCCs的升高导致的间接损失，来源于首次购买（牛奶成本中扣除的）造成的明显的经济损失或在奶产量和牛奶质量下降方面有不明显损失。当然，在BMSCC＜100 000个/ml细胞且有高端的牛奶质量价格，但是可以从散装乳样本中分离到一个无乳链球菌超过欧盟限制的400 000个/ml细胞的牛群，且30%的牛被无乳链球菌感染的牛群存在很大的差异。当一个人认为可能BMSCC＜100 000个/ml细胞的牛群挤奶程序较好，因此，不仅牛群中的传播几率大大降低，且在没有造成奶价经济损失的情况下，人们除了将精力放在挤奶程序上以确保牛群中继续传播的可能性最小化外，不会再采取任何措施。但在一个超过欧盟限制的400 000个/ml细胞的牛群有很大的压力，不仅需要降低BMSCC，甚至达到理想化地消除状态，使任何的奶价损失最小化，而且最终确保牛奶满足人类消费需求，或者确保奶被收集的紧急情况。在BMSCC可能回到一个可以接受的水平的驱动下，常常在几天的治疗后，治疗的成本开始显现出经济意义，治疗可以是局部（仅对感染无乳链球菌的奶牛进行治疗）或整体的（对整个牛群进行治疗）。是采用局部还是整体治疗主要受表3-3中列出的因素影响。

表3-3　关于控制无乳链球菌的整体疗法和局部疗法的利弊

牛群整体治疗	局部牛群治疗
患病率高	患病率低
慢性感染的牛群	新引入或鉴定的感染
很长时间BMSCC很高	只是最近BMSCC才升高（甚至还没有升高）
牛群在乳汁中所占比例很高	牛群在乳汁中所占比例很低
NB如果在4个季度没有使用DCT以确保目前所有干奶牛在泌乳前（理想的情况是仅仅在产犊前）得到泌乳牛抗生素治疗，然后开始实行常规的DCT计划	
较多的抽样程序在长远来看可能更便宜	非常细心的实施方案的意愿和能力
目前的经济状况 计算目前每个月的损失（总共售出的升数＊每升损失的便士），即使对于小牧场来说，这些损失也是很可观的（100英镑）	
经济估算（打平期） 评估BMSCC的反应和计算每个月由于损失减少后实际的收入增长情况，计算扣除总的治疗成本后收入增长的月份数，其中包括在治疗期间丢弃的牛奶产值	
牛奶保留的意义 同时使用整体和局部疗法对几头牛进行治疗——建议并提醒首次购买者在收集牛奶前进行散装奶的抑制性物质结合试验	

5. 整体和局部疗法控制无乳链球菌的利弊

整体或局部治疗的选择很大程度上是由个人决定的，实际上取决于牛群的流行情况（例如：有多少头牛被感染），降低局部治疗成本显然（尤其是乳房内导管更少和废弃的牛奶变少）可能超过由于需要反复确认和治疗牛群中感染牛只造成淘汰牛的吸引力。一周采集局部治疗的已知感染牛的散装奶样两次提示，在牛群中是否存在其他感染的牛只。细菌的间歇性的排出和SCC的变化可能意味着检测的灵敏性，即无乳链球菌的消除是长时间的，即使有最好的挤奶程序，可能在采样确认动物是否感染与实际治疗之间的延误期间内无乳链球菌已经传播开来。所需的工作与兽医和牧场主关注的细节显示局部治疗并不很容易实施，需要仔细的规划和细致的药品监督管理，需要在时间上和抗生素治疗本身的成本上做很大的投资，整个牛群的治疗相当多，需要细致的规划以确保所有的泌乳和干奶期牛都接受治疗。如果在整个牛群治疗后还存在一头感染的牛，感染会在牛群中传播，因此所有的工作等于白做。一个牛群治疗失败与一个没有进行过治疗的牛群相比并不好，甚至更糟，因为在抗生素治疗上浪费了很多钱，使牛奶被弃掉了，以卫生方式对所有的奶牛进行乳房内抗生素治疗的实际任务不可低估，在副作用方面总是有风险的，而且任何治疗和乳房内治疗的一些副作用的风险会影响整个牛群治疗。乳头管进行抗生素灌注有很多风险，包括由于插入乳头管的末端造成的物理性损伤且无意引入传染性的细菌或真菌，损害正常防御机制，广谱抗生素可能会对乳腺的正常菌群造成潜在影响，这可能加速除了无乳链球菌（如真菌）等病原的感染及再次感染，在一个实施整体治疗的牛群中对临床型乳房炎进行持续治疗，鉴于此，牧场主需要充分意识到这种风险，应重视好的灌注技术。

在一种治疗方法下，牧场主和兽医的目标最初是不同的。由于升高的BMSCC造成奶价的经济损失，牧场主期望降低BMSCC获得更多的利益，来弥补时间和药品的投入。在无乳链球菌存在的牛群常常隐藏着很多其他奶牛乳房炎病原，例如通过抗生素治疗不能消除的金黄色葡萄球菌，从很多SCC很高的奶牛中采样，进一步建立其他传染性病原如金黄色葡萄球菌的流行状况很关键，因此，牧场主预期消除无乳链球菌的目标或会实现，但是可能很有必要采取进一步的工作将BMSCC降低到一个可以接受的水平。兽医以消除牛群中无乳链球菌为最初的目标，一旦无乳链球菌被成功地从牛群中消除，通过基于“五点计划”的长期方法提高传染性乳房炎的防控，全世界的治疗经济学会变化，SCC升高和每升牛奶费用的变化会引发经济损失。

尽管无乳链球菌（GBS）公认为奶牛乳房炎的病原，最近对菌株突变与从牛和人类新生儿由GBS引起的病例分离到的菌株系谱差异做了讨论，尽管作者假定相互作用的几率很低，且巴氏杀菌后的牛奶几乎消除了这个风险，实际上，现有的认识提示全球乳制品行业能将所有奶牛群中的病原根除，也有观点反对他们立即着手从全球奶牛群中根除这种感染（表3-4）。

表3-4　无乳链球菌的危险因素和控制措施

危险因素	控制措施
购入感染的牛只	使牛群封闭，生物安全——从已知的无无乳链球菌的牛群中购买牛只或在购买前检测牛只或治疗与治疗后进行检测结合
部分或不存在干奶疗法	对所有的牛使用DCT抗生素
部分或不存在挤奶后乳头消毒	开始进行有效的挤奶后乳头消毒
挤奶厅维护或保养不当	一年两次进行挤奶器测试，一次可以挤2 500头牛
记录不全或需要注意细节	使用奶牛乳房炎和挤奶记录系统
不卫生的奶厅操作（乳房用的布，脏手等）	有效使用五点计划
诊断错误导致对临床病例治疗不充分——漏掉了一些临床病例（使传播能发生）	对SCC很高的奶牛采样鉴定是否是无乳链球菌感染和多观察牛只有助于鉴别临床型病例
缺乏定期牛群检测	定期对收集奶进行细菌生物学检测（每3个月）和或定期对个体牛只进行SCC检测（每个月），以细菌生物学采样的方法筛选出SCC很高的奶牛

6. 停乳链球菌

停乳链球菌常被认为是环境性链球菌。其在牛的环境中广泛分布，并不仅仅与粪便污染物密切相关，奶牛在挤奶间隙常常被感染。当乳头末端与粪便或较脏的牛床直接接触或在挤奶时，尤其是在挤奶器没有连接，前乳房充盈不充分，停乳链球菌也常常与乳头状况有关，且一般会发现疼痛的或裂开的乳头或者正结痂的牛群。据说在对治疗反应较差的问题牛群中，可能是因为疼痛的已感染乳头再次感染，治疗乳房内感染本身并不困难，停乳链球菌像绝大多数链球菌一样，往往对青霉素敏感，一般没有抗生素抗性的问题。由停乳链球菌引起的临床乳房炎病例一般是散发的，治疗相对容易，但是一些感染是持久的，且使SCC升高，尽管发生传染，尤其在持续性感染的情况下，停乳链球菌很少在牛群中引起大流行使BMSCC上升，在夏季乳房炎的病例中也可以分离到停乳链球菌，化脓隐秘杆菌（原称化脓棒状杆菌）、产吲哚消化球菌和微需氧的微球菌形成混合细菌复合体（图3-15~图3-17，表3-5）。

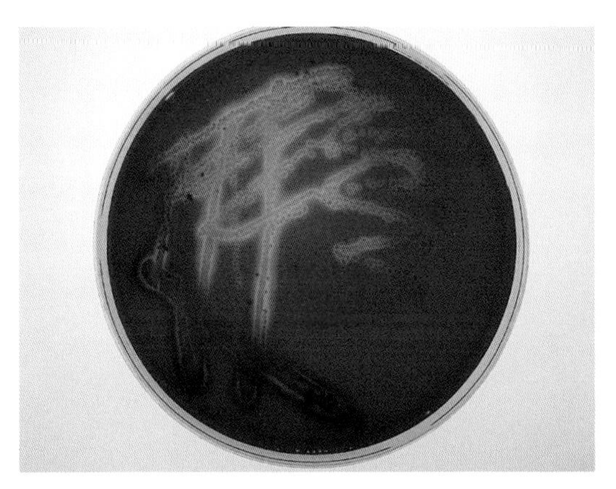

图3-15　在X-线下观察停乳链球菌在血平板上的培养特征

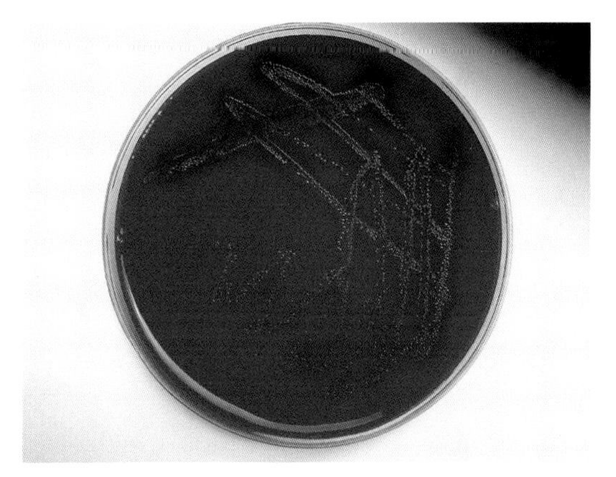

图3-16　自然光下的停乳链球菌在血平板上的培养特征，α（部分）溶血使平板变绿。菌落有典型形态

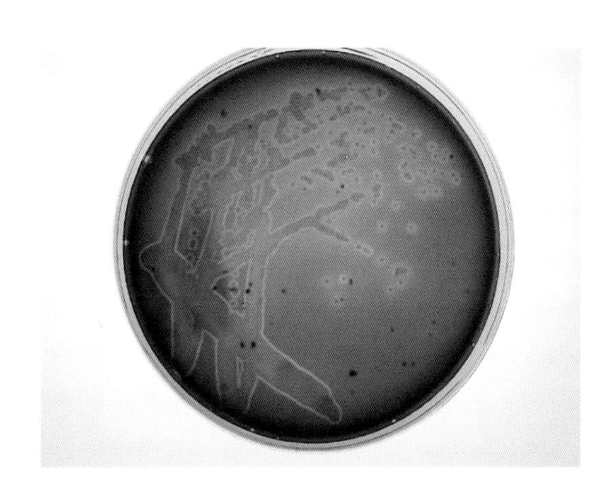

图3-17　在X-线下停乳链球菌在爱德华氏培养基上的培养特征

要点

- 环境中有一些传染性传播
- 与乳头条件差或疼痛有关
- 危险因素：挤奶时卫生较差
- 临床病例相对容易治疗
- 发生了亚临床型感染
- 控制：五点计划，好的挤奶途径

实验室特征

- 可以在血平板或者爱德华氏培养基上生长
- 1~2mm光滑透明、中间凸起的菌落
- 菌落较硬，没有黏性，可以从琼脂平板上刮下来
- 一般是α-（部分）溶血（绿色），菌落常常有典型形态
- 革兰氏阳性，见149页图
- 凝固酶阳性，见149页图
- C型链球菌

表3-5　停乳链球菌的危险因素和控制措施

危险因素	控制措施
机器对乳头的损伤	挤奶器的正确使用和进行很好的维护，对干的、破裂的乳头在挤奶后使用润滑剂
乳头条件差——由犊牛造成的	使用好质量的浸湿液覆盖乳头
当乳头靠着物体时造成的物理性乳头损伤	注意跛行的奶牛
不恰当的干奶疗法	正确和坚持使用DCT

7. 乳房链球菌

习惯上将乳房链球菌视为环境性病原。但在一些地区看到这种病原可以传染，这不仅基于田间试验的证据，而且依据菌株类型的数据，即在诸如新西兰等一些地区，可以看到多种菌株多半来自干奶时期，这也支持该菌来自于环境的观点。当然，像其他任何的环境乳房炎病原一样，乳房链球菌有可能在泌乳牛挤奶间隙会发生乳房内感

染。但在世界一些其他的地方，如英国和美国，一个牛群中的一些菌株常常引起奶牛持续感染的情况更加普遍，可以使传染性乳房炎传播的几率增加。

对临床病例和对SCC很高的奶牛治疗方法有重大的意义，在牛间感染传播的几率会影响对治疗亚临床奶牛乳房炎（SCC很高）成本收益的估算，净增殖率>1的乳房链球菌菌株传播的几率更高，牛群的成本效益也更大；而净增殖率<1，传染性传播不太可能，只有SCC很高的奶牛能得到治疗。用牛适应性菌株来描述那些更适于牛奶中生长和增殖的菌株，菌株能破坏像酪蛋白一样的乳蛋白，并释放自由氨基酸，给它们生存带来了很多益处。因此，它们可以快速增殖到足够多的数量，进行感染而不受泌乳时被冲刷的影响。正在进行菌株突变研究的工作者认为，如果存在菌株突变的话，他们将不仅尝试鉴定突变株传染性的能力，而且将对这种行为的遗传标记做鉴定，这项研究可能有两个务实的成果：鉴定潜在的疫苗候选者和预测牛群中发现的优势菌可能的行为特征，The holy grail 疫苗选择迄今为止一直有点难以捉摸，但目前的概念似乎是干扰乳房链球菌的营养，对于任何引起SCC升高的细胞内免疫反应的奶牛乳房炎疫苗来说，将不会被乳制品行业接受。因为其对牛奶质量造成了不利的影响，有很多种产生表达保护性效应方式，并不会引起SCC升高的副作用，包括阻止乳房链球菌对乳腺上皮细胞的黏附和一定程度上的内化，这是在乳房链球菌黏附因子（SUAM）作用下实现的，SUAM产生的直接抗体可以提高免疫系统的反应能力或专门以细菌的营养途径为目标有效地清除细菌。

一项研究已经证明了这个观点，这个研究以乳房链球菌利用的PauA酶为研究对象，这种酶可以将乳中酪蛋白分解为氨基酸，加速乳房链球菌在乳汁中的存活，刺激奶牛产生对这种必需蛋白的抗体。尽管观点合理，且某些保护效应还要受到试验的印证，但是接种的疫苗并不是对所有的异种菌株都能产生保护性效应，像J5大肠杆菌核心疫苗一样，似乎乳房链球菌疫苗可能降低乳房炎的严重程度，而不是真正的阻止乳房内感染的发生。此外，对于一个在乳制品行业应用的疫苗来说，需要对很大范围内的乳房链球菌菌株提供一定程度的保护效应，人们将会继续研究鉴定合适的乳房链球菌疫苗菌株和目标疫苗的生化或基因位点（图3-18~图3-20）。

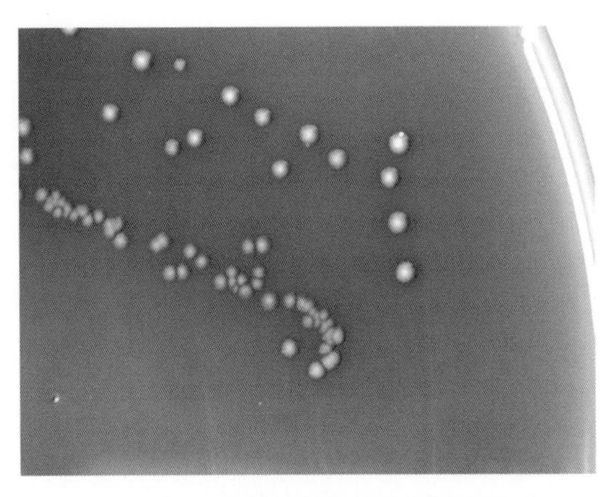

图3-18　在X-线下乳房链球菌在爱德华氏培养基上的培养特征。菌落周围七叶苷被水解掉了

图3-19　紫外线下停乳链球菌在爱德华氏培养基上的培养特征。七叶苷水解现象更加明显

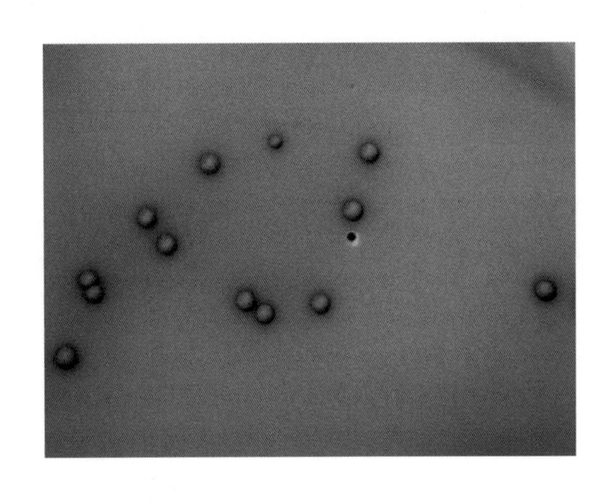

图3-20　放大的照片显示了每个乳房链球菌菌落周围的七叶苷被水解掉

要点

· 在美国，有时称粪链球菌
· 最初被视为环境性病原菌
· 很多最近的研究证明其有传染性
· 草场是很重要的危险性因素
· 可以引起临床型病例和SCC升高
· 可以发生持续感染，控制：环境卫生、五点计划和包括挤奶前和挤奶后乳头浸湿的适当挤奶途径

实验室特征

· 可以在血平板、爱德华氏培养基或麦康凯培养基上生长

· 1~2mm光滑透明、中间凸起的菌落

· 一般不溶血或α－（部分）溶血（绿色）

· 水解七叶苷，导致爱德华氏培养基的紫色消失，其在紫外线下没有荧光

· 菌落周围常常有褐色的环，这与其他的水解七叶苷的粪链球菌不同，其他的粪链球菌如牛链球菌或粪球菌常常周围有黑色的环（现在更名为肠球菌）

· 革兰氏阳性，见149页图

· 凝固酶阳性，见149页图

· 与链球菌分型的类型不同，因此，不可以将其归为任何一个分型的群体

对菌株类型的研究可能是在牧场实践中，兽医外科的一个实用性工具。如果一个能存活和持续存在于乳腺内的乳房链球菌菌株与菌株特征有很大的关系，不仅仅与奶牛或环境因素有关，这个特征可能与细菌内的可以辨别的遗传标记有关联。因此，可以开发一种有效预测菌株传染力工具，通过检测在牛群中乳房链球菌的优势菌株和使用这些数据提示哪个牛群是乳房链球菌更普遍的来源。这些信息可用于制订健康计划，并可以使用这些信息采取或修改管理方法。而管理方法会对引起乳房内新感染的乳房链球菌的环境或传染性来源的几率产生影响，这确实会得到一个假设，任何乳房链球菌菌株持续存在于乳房内的能力都与菌株本身有关，与诸如奶牛消除感染的能力等奶牛的因素无关。因此，是否乳房链球菌变异了或奶牛不是更加重要的因素吗？这些菌株总是持续性地存在吗或乳房链球菌是否变成了奶牛适应株？现在有两种理论，即有人认为最近几年这些菌株有所发展，另一种观点更有可能是作者的观点，即这些带菌奶牛一直都在，且感染一直持续，并不是新发生的感染。越来越频繁的关注，在过去的几十年间使牛奶质量在乳制品行业得到了显著的提升，很大程度上是由于生产奶牛的卫生状况得到了改善，乳房被粪便污染的几率显著降低，而粪便污染乳房不仅会引起乳汁中细菌数增加，而且显著减少乳头受细菌的入侵和乳房内感染的几率。

与乳房链球菌相关的环境性细菌引起的乳房内感染，现在比以往更为显著。任何持续感染的带菌奶牛可能与它们现在相比不太明显，而且在牛群感染方面，整体来说也不比现在显著，随着时间的推移，当环境来源减少时，将导致持续感染的带菌牛成为关键。因此，牛群中的带菌牛对剩余牛构成了很大的威胁，可以使用多种蛋白质分析技术来辨别持续感染。相对重复感染（治疗后再次发生感染）而言，证实在一段时间内从持续感染分离到的菌株是一致的。重复感染时，在不同时间点分离到的菌株是不同的。然而，前一种情况下，在同一菌株引起再次感染时可能会被治愈，但在后一种情况下会发生再次感染（表3-6）。

表3-6　乳房链球菌的危险因素和控制措施

危险因素	控制措施
温暖潮湿的冬天更适于微生物的生存，通风不良、泌乳期和干奶牛的圈舍排水不畅	通过增加入口和出口改善通风情况，通过在圈舍（前后落差有20 ㎝）和草场（1:60朝向饲喂区域）增加足够多的斜坡改善排水状况
牛舍卧床上的垫料不常更换（大于5周）和在水槽和主道周围成了泥潭	牛床保存干燥（优质仓储，每天更换垫料，如果草场潮湿的话，需要每3~5周清扫草场），将水槽移到不常用的区域
圈舍饲养过度	合理的饲养密度应该是每600 ㎏奶牛占地6.8 ㎡
乳头孔大的奶牛乳流速太快	基因选育
挤奶后在30 min内进入休息区域	在泌乳后让奶牛站立30 min
干奶疗法不恰当，不能够清楚干奶时存在的感染将会持续到下犊时	使用高质量的、恰当的DCT，强有力地治疗乳房感染，淘汰持续感染的病例
产犊围场的过度使用——尤其是在树底下	移动牛
乳头污染	挤奶前清洗和消毒乳头，确保奶厅的卫生
乳房链球菌的带菌牛——牛只持续感染乳房链球菌	早期检测、细菌学、敏感性的重复培养检测
免疫力较差	在日粮中应该包括维生素E/硒

七、菌株类型检测方法

大多数基因指纹技术是将细菌DNA切成小片段（限制基因），通过聚合酶链式反应（PCR）扩增细菌DNA 的某个特定基因或将二者进行序列拼接。目的DNA片段可以在电场的影响下移动，由于片段大小不同，移动的速度也不一样，不同片段的分离导致一个典型的条带DNA指纹图，这些指纹技术是有用的鉴别试验，可以用来鉴定某些菌株或区分不同的菌株（图3-21），这些限制技术（剪切DNA）的变化导致了很多公认的方法，包括限制性内切酶分析（REA）、随机扩增多态性DNA（RAPD）、多位点序列分型（MLST）、随机片段长度多态性（RFLP）、脉冲场凝胶电泳（PFGE）和核糖体分型技术。

最近MLST已成为世界上乳房链球菌菌株分型的标准方法，绘制基因型图谱且促进全世界研究人员合作，这可能加速高效乳房链球菌疫苗的研发进程。

也可以在表型水平对菌株进行区分，即通过直接观察菌落特征。因为在不同的琼脂平板上生长的菌落是不同的，例如肉眼可见的溶血特征或者爱德华氏培养基平板七叶苷水解特征，甚至可用于区分菌株的抗生素敏感情况。

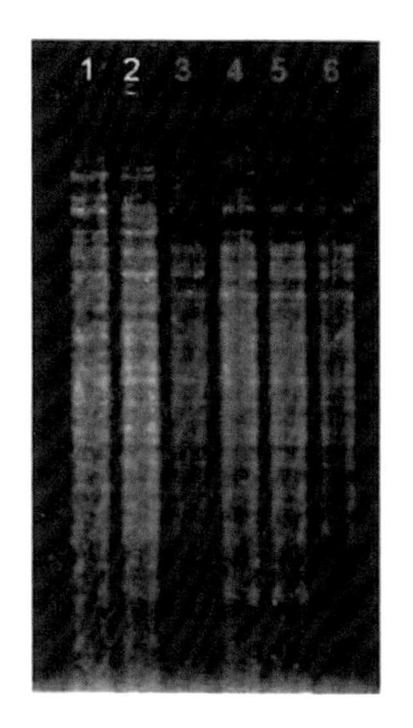

图3-21　持续感染的乳房链球菌分离株的菌株类型，条带1和2来自两头牛，条带3-6是对常规治疗无反应的持续感染牛的连续样本

工作人员可以使用这些菌株的基因分型技术确认持续性感染，这种感染可能在整个泌乳期间，甚至干奶期间和下一个泌乳阶段持续存在。尽管乳房链球菌的一些菌株能引起持续性感染，人们认为泌乳阶段60%的感染持续时间不超过30天，近18%的感染会转为慢性，甚至持续100多天。在早期泌乳阶段奶牛和牛床的粪便污染更多，因此那时环境性病原的感染率会更高。

八、成功菌株分型的实际结果

由持续采样和菌株分型证明的持续性感染。已经证实预测的菌株类型不能区分传染性和环境性菌株，可能会在将来实现。如果可以识别能预测持续性感染和病原传染方式会增加的遗传标记，我们可以使用这种辨别方式进行卫生规划流程并改进管理技术，这将会对传染性或环境病原新造成的感染率产生影响。

毫无疑问，尽管一些工作人员已经证实连续性样本揭示了一些特定菌株可以引起持续感染。因此，造成传染几率增加并没有其他的原因，只是因为感染持续时间越长，传播的机会越多。但是，如果将一株传染性的乳房链球菌接种在另一头牛上，那么它是否会传染？

乳房链球菌的来源和特征如下。

1. 环境性的

来源：秸秆、粪便、土壤和如皮肤和鼻子的非乳房来源；一般来说，草舍比牛舍构成的威胁更大，但是管理较好的草舍可能远远好于管理差的牛舍；

菌株数量：牛群内的菌株异质性，即有很多细菌；

感染的动物：没有泌乳的动物，例如：小母牛和干奶的奶牛，尽管这些病例可能在后来泌乳；

控制：在五点计划下没有根除；

抗生素：如果在产犊后环境性病原菌继续存在，在泌乳牛群中挤奶前消毒乳头，并运用干奶疗法和干奶牛的乳头内封闭疗法。

2. 传染性的

来源：持续性感染的风险越来越大的其他乳房内感染；

菌株数量：牛群中的优势菌株更加一致（即菌株更少）；

感染的动物：泌乳的动物受感染的情况更加普遍；

控制：五点计划；泌乳期的卫生可以显著降低新的感染率，包括对挤奶后乳头消毒剂（与挤奶前消毒相比）的显著影响。

依据优势菌株是环境性还是传染的情况，牛群中的乳房链球菌的控制措施不大一样，对于所有的奶牛乳房炎而言，NIRD“五点计划”是很重要的防控基础，实际上具体措施是挤奶前药浴乳头，且在合适的情况下，使牛群中剩余牛免受带菌牛影响。保护性措施与治疗带菌牛会降低传播几率。挤奶前药浴乳头有很多作用，也许是最能在牛奶卫生上重复的，挤奶前对乳头表面的消毒可以减少细菌定植乳头皮肤，对生产牛奶的卫生状况有益，也可能挤奶前降低乳头皮肤的细菌数量、相应地这些细菌侵入的几率也会降低，细菌入侵乳头末端的减少可能在亚临床（SCC升高）和临床型的水平上使奶牛乳房炎的风险降低。阻止乳房链球菌向奶厅中其他未感染牛的传播措施与其他的传染性病原像金黄色葡萄球菌没有区别。

九、实际上我们看到了什么？

临床型和亚临床型奶牛乳房炎（SCC升高）常被看做是正常的奶牛乳房炎病例，在许多牛群中都可以看到。其可以在抗生素的治疗下康复，然后在一些牛群中似乎存在一些病例对治疗没有反应的问题。也许某些病例太多了，而这可能提示牛群发生了持续性的感染，这提示传播是传染性的。可以促进在同一季度中其他牛之间的感染。在这种情况发生期间，对SCC较高的感染进行治疗是很有益处的。

1. 大肠杆菌群

大肠杆菌群是一类可以发酵乳糖、革兰氏阴性的杆菌，例如：埃希氏菌属、克雷伯氏杆菌属、肠杆菌属、沙雷氏菌属和柠檬酸杆菌属，也包括乳糖发酵阴性、革兰氏阴性的杆菌，如假单胞菌属、变形杆菌属和巴氏杆菌属。引起奶牛乳房炎最重要的大肠杆菌群的细菌是大肠杆菌，可以简称为*E. coli*。

要点

· 临床病例程度不同，从轻微、自我痊愈到毒性可能导致牛死亡的亚急性病例都有
· 能导致严重的乳房炎症
· 亚临床型感染并不常见，也不会导致BMSCC升高
· 环境因素一般是乳头末端被粪便污染
· 危险因素：卫生条件差，圈舍和牛床较脏
· 控制：改善整体的卫生状况和挤奶途径

实验室特征

· 可以在血平板和麦康凯培养基上生长
· 2~5mm灰白色黏性菌落
· 可能溶血或不溶血
· 革兰氏阴性杆菌
· 可以发酵乳糖，因此在麦康凯培养基上形成粉红色菌落
· 需要通过生化试验，进一步与大肠杆菌、克雷伯氏杆菌、肠球菌、沙门氏菌和柠檬酸杆菌区分

（1）大肠杆菌

大肠杆菌是环境中引起奶牛乳房炎最普遍的微生物。因此，其为环境性奶牛乳房炎最普遍的来源。在粪便和污染的牛床上有大量的大肠杆菌，在卫生条件差的地方数量将会显著增加。牛只在潮湿的牛舍（在该处的通风设备、饲养密度、刮粪的频率及有效性和卫生可以影响感染率）或在牧场外面时（该处天气恶劣，湿度非常大或很热，都会影响感染率）都将影响乳房内新感染的发病率。牛舍通风不良和过度拥挤可以使大肠杆菌的生存能力增强，因此，大肠杆菌可以存活下来且快速增殖。在乳头末端造成更大的威胁。和其他的环境性病原一样，在刚刚停止产奶或产犊前，大肠杆菌性乳房炎的风险更大，干奶期前后的问题可以通过干奶疗法（依据产量和研究工作）解决。但在Orbeseal乳头内封闭剂出现前，在干奶后期几乎没有保护作用，所以最好将大肠杆菌视为乳腺的机会性侵入者。因为其存在常是短暂的，常可在一头感染的牛只上看到许多变化。事实上，这些变化是牛得病时毒性作用的结果，源于内毒素

产生，内毒素指在免疫系统破坏入侵细菌时暴露的细胞壁多糖，抑制毒性作用可以使疗效明显，且使用像非类固醇抗炎药（NSAIDs）的抗毒素药物治疗只是治疗的一部分。由大肠杆菌引起的奶牛乳房炎轻微病例一般可自我限制，如果可以对牛只实时诊断的话，许多这样的病例可以在无抗生素治疗时痊愈，当必须立即进行治疗和不能进行这种实时试验时，一般会对所有的临床乳房炎病例进行抗生素治疗。

奶牛可以消灭乳房中入侵的大肠杆菌（和其他细菌）。一些奶牛可能发展为临床型奶牛乳房炎，其他的可能有短暂的炎症反应消灭入侵细菌，且仅伴有SCC短暂升高。乳房内感染大肠杆菌的乳汁可能是凝块状的或在下次挤奶时看到絮状物。在连续挤奶时可能会消失，这是自我痊愈。有时一个临床病例接着会出现发热、硬的水样肿胀，有时有浆液性分泌物（像血清一样的清澈黄色液体）。尽管许多感染病例发生在干奶期，但是大肠杆菌性临床奶牛乳房炎通常发生在早期泌乳阶段。大肠杆菌性奶牛乳房炎有很多类型，从轻微到非常严重甚至有时会致死。因其是一个环境性病原，感染不止发生1/4，但是大于1/4的感染并不常见，且臀部受到感染的情况更常见。治疗的反应取决于症状的严重程度、奶牛的抗性和治疗的敏感性。在某种程度上，成功治疗是源于奶牛能产生白细胞以对抗感染（图3-22~图3-24）。20世纪70年代后期的一些研究表明，如果一头感染的奶牛在4h内SCC升高的话，有可能存活下来。但是那些应答慢的奶牛，其症状很严重甚至死亡。常在环境污染的情况下，细菌需要快速增殖克服免疫系统的干扰。一般来说，它们不能黏附（粘贴）乳房内的细胞，避免被流动的乳汁冲刷掉。基于此，由乳房炎的反复发作造成的慢性、持续性感染很少与环境感染有关。蛋白质分析技术的研究显示，持续性感染发生始于干奶期、在泌乳早期存在的许多感染，大肠杆菌的持续性感染偶尔导致感染反复和SCC升高，虽然这不可能显著影响BMSCC。

图3-22　血平板培养大肠杆菌。可以看到较大的黏性菌落

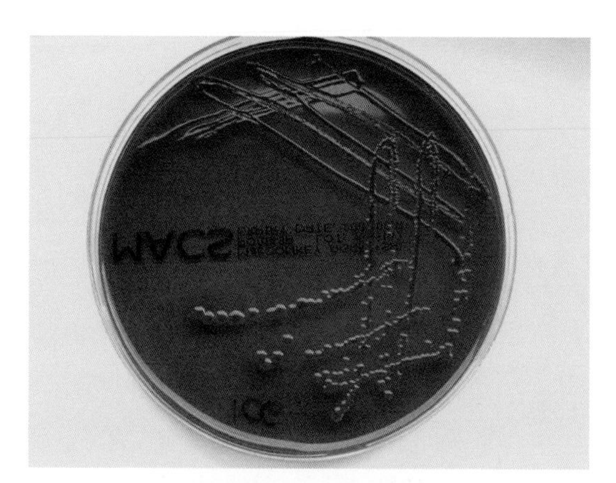

图3-23　大肠杆菌在选择培养基麦康凯上生长。粉红色的菌落提示其乳糖发酵阳性，这种菌落是大多数肠杆菌科细菌的典型形态

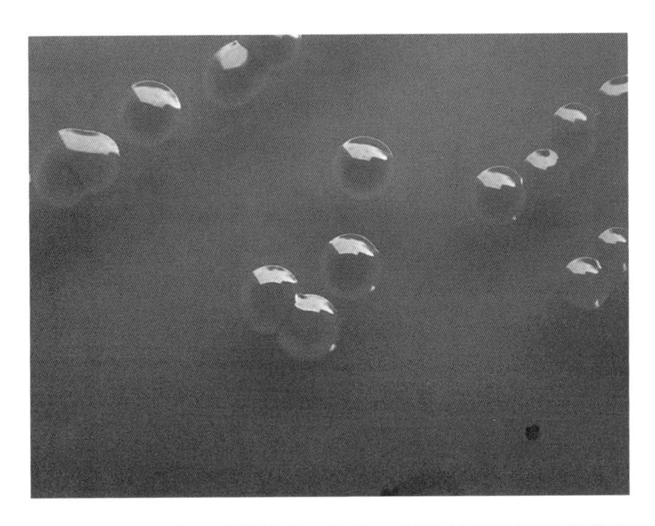

图3-24　在麦康凯培养基上培养的大肠杆菌，放大的图片显示其菌落呈粉红色

对大肠杆菌的控制一般基于卫生学原理和最佳的奶牛免疫反应，高效的免疫反应可以通过好的营养和疫苗的应用来实现；但有时会发现，在一些牛群中持续性感染的问题，且大肠杆菌变得更加适应乳房环境，因此，这可能不是整体的解决方案。

英国（和美国）的J5大肠杆菌核心油佐剂灭活疫苗可以减少由大肠杆菌引起的乳房内感染。疫苗可以在以下3种情况使用：在产奶停止时，4周后和产犊后两周内，与其说该疫苗可以整体预防病例，不如说其可以降低疾病的严重程度。一些兽医已经发现该疫苗可以有效地对抗大肠杆菌性奶牛乳房炎，对干奶期和围产期（产犊前后）奶牛的特殊照顾对避免在泌乳早期出现的高临床发病率来说是很有必要的。但平心而论，在一个大肠杆菌性临床乳房炎暴发的牛群中，可能涉及许多菌株，因为环境中普遍存在的粪便污染是细菌的现成来源（图3-25~图3-27）。

图3-25　感染急性、毒性大肠杆菌性奶牛乳房炎的奶牛

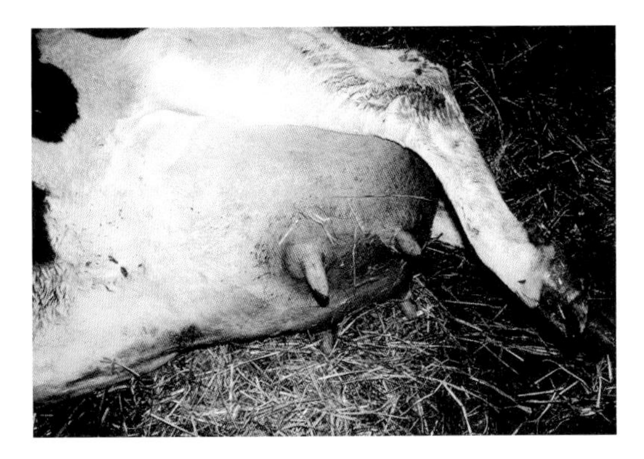

图3-26　感染急性、毒性大肠杆菌性奶牛乳房炎的奶牛乳房。由于毒素作用，血液循环造成乳房变色

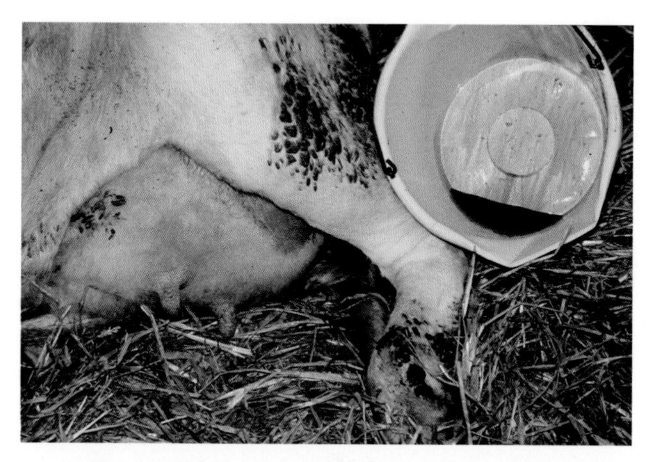

图3-27　从感染急性、毒性、大肠杆菌性奶牛乳房炎牛乳房中挤出的牛奶，血清变色且变得黏稠

除了引起临床型奶牛乳房炎的大肠杆菌菌株外，有与牛相关的非致病性菌株，这些菌株可以在卫生不佳牛奶中检测到，尽管在牛没有临床意义，但是大肠杆菌O157：H7可以通过粪便污染物污染牛奶，而大肠杆菌O157：H7是人的重要肠道致病菌，牛奶生产的卫生与牛奶的潜在污染密切相关。

（2）克雷伯氏杆菌

克雷伯氏杆菌是一个环境性微生物，常常存在于潮湿的、脏的牛舍。特别是在如锯末垫料等木制品污染的情况下。研究表明，奶牛通常可以排出克雷伯氏杆菌。在一项实验中超过80%的粪便样本呈现阳性反应，在一些暴发性流行中常常是由传染性传播引起的。

（3）假单胞菌

假单胞菌是一个乳糖发酵阴性的革兰氏阴性杆菌。其可引起严重的慢性奶牛乳房炎，该微生物与水有很大的关联，像洗乳头的热水等水源污染，尤其是在使用没有治疗或消毒处理的井水时。

（4）变形杆菌

变形杆菌（图3-28）有污染能力，但并非牛乳房炎主因。其是一个不能发酵乳糖的革兰氏阴性杆菌，广泛分布在牛的环境中，包括牛床、饲料和饮水中。有时它可以引起奶牛乳房炎，但是通常是由于样本污染导致的。主要是因为其可以在血平板上快速运动和在整个平板上迁徙，遮蔽了其他细菌分离株，使样品没有用处。它有一个极具特色的特征，即产生的气味。但其在麦康凯平板上不能迁徙，因为其不能发酵乳糖，可能会被误认为是沙门氏菌属，而沙门氏菌很少引起奶牛乳房炎。可以使用尿素斜面培养基来区分变形杆菌和沙门氏菌。以作者的经验来看，变形杆菌分离株是样本污染最常见的指示物，且连续的样本重复培养，提示确实存在乳房内感染。

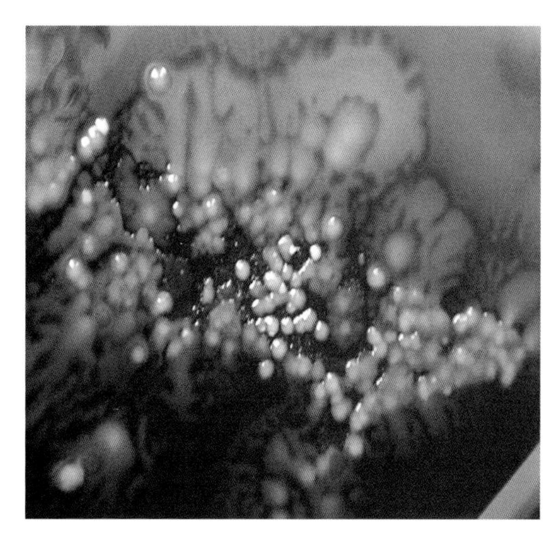

图3-28　在血平板上变形杆菌迁移性生长，里面隐藏着凝固酶阴性葡萄球菌菌落

还有很多以上没有列举出来的引起奶牛乳房炎的其他革兰氏阴性杆菌，包括发酵乳糖的肠杆菌、沙雷氏菌、柠檬酸杆菌属和不能发酵乳糖的巴氏杆菌，在奶样中巴氏杆菌常常不会分离到，但是也许不大可能是牛群的问题。

2. 棒状杆菌属

有一类需氧或者兼性厌氧的形状不规则、没有芽孢的革兰氏阳性杆菌。与牛乳腺最相关的是亲脂性的牛棒状杆菌。这类细菌中也有很多非亲脂性的成员，有时也可以引起奶牛乳房炎，如溃疡棒状杆菌，其可能是最著名的非亲脂性的棒状杆菌。但并不只来源于牛，也来自于宠物（尤其是狗和猫）和人类（嗓子疼的病人）。

（1）牛棒状杆菌

牛棒状杆菌可能是从牛乳中分离到的最常见的微生物之一，也有人认为其可能来源于乳头管。其传染性很强，很容易在牛之间进行传播。一些研究揭示了主要病原和感染的易感性增强的联系。而大多数研究则揭示感染易感性降低，人们认为该菌的保护性作用是通过几条可能的途径实现的，这些途径包括竞争性抑制或甚至对抗作用，也许可以产生抗微生物的物质（细菌素）。也可能是白细胞增殖（SCC升高）的刺激可能导致某些程度上抗感染能力增强，这可能只是保护性作用的一部分。似乎牛棒状杆菌比相似的引起SCC升高的凝固酶阴性葡萄球菌更重要。20世纪70年代，使用牛棒状杆菌在不牛群同泌乳阶段的流行率作为直接测量管理实践的指标，管理实践如挤奶后乳头消毒和干奶疗法，如果在泌乳早期牛棒状杆菌非常盛行，就可以推测没有使用抗生素干奶疗法，有时有机牛群中也可看到。

如果牛棒状杆菌在泌乳后期高度流行，提示没有有效地进行挤奶后乳头消毒和发生了牛间传播，尽管有时牛棒状杆菌可以引起临床型奶牛乳房炎，更重要的是其可以用来检测牛群内感染性传播的潜力。尤其当牛群中存在其他主要传染性病原如无乳链球菌、金黄色葡萄球菌或可能牛适应性的乳房链球菌时，牛棒状杆菌的高流行率可能提示其为一个病原菌，引起的个体牛只的SCC升高的幅度最小；但如果其在一个牛群中变得非常流行时，它也可以引起BMSCC的升高。

牛棒状杆菌是高度亲脂的，因为牛奶含有脂肪，其可以在牛奶中很好的生长。因此，在往乳脂集中的琼脂平板上初次划线培养时有该菌，其菌落小且常常是粉状的，生长通常需要48h，当有相当多的其他病原在平板上生长时，这种细菌可能会被忽略。因为该菌生长能力不是很强可能被抑制。因此，常在奶样中的其他病原菌很少的时候才会分离到该菌（图3-29）。

图3-29　在血平板上生长的牛棒状杆菌菌落较小，慢慢生长为粉末状的菌落

（2）隐秘化脓杆菌

隐秘化脓杆菌（过去称之为介于化脓棒状杆菌和化脓放线菌之间的一种菌）可以单独引起奶牛乳房炎，而且会在含有细菌混合体的夏季奶牛乳房炎病例（第九章）中分离到。是细菌混合体的一个成分，细菌混合体包括停乳链球菌、产吲哚消化球菌及隐秘化脓杆菌。隐秘化脓杆菌生长缓慢，小菌落常需要48 h才可见（图3-30），一般在其周围都有非常明显的透明溶血环。以作者的经验来看，由纯培养的隐秘化脓杆菌引起的奶牛乳房炎很难治疗，尽管菌株对青霉素敏感，系统性治疗与乳房内导管治疗相结合有助于提高治愈率，青霉素G二乙胺乙酯（Mamyzin；勃林格殷格翰）的使用比仅使用乳房内导管治疗的治愈率有所提高。

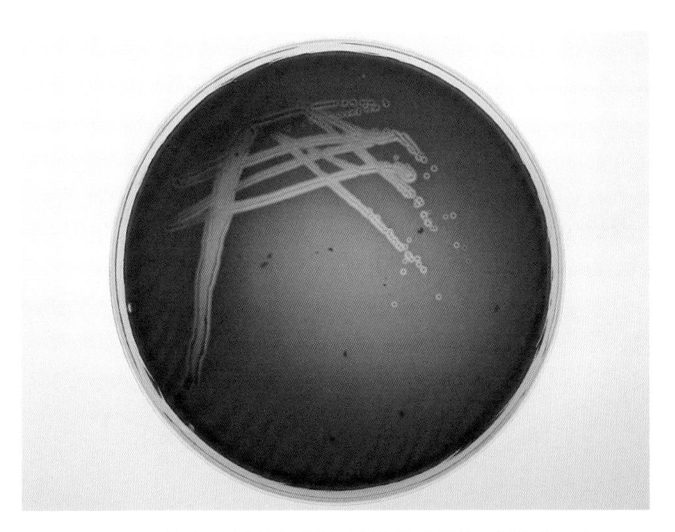

图3-30　在血平板上化脓隐秘杆菌典型彻底溶血特征

3. 芽孢杆菌属

芽孢杆菌属是一种杆状的、革兰氏阳性的细菌。一般专性和兼性需氧，包括自由生活和致病两种类型。它们广泛分布在环境中，可以在土壤、水、灰尘、空气、粪便、植物、木头和脓疮中找到该菌（图3-31）。一些芽孢杆菌在有压力的环境条件下可以产生椭圆形芽孢保存生命力，这种芽孢形成的最好的例子可能要数炭疽杆菌了（炭疽）。芽孢杆菌属培养后可以看到大的（有时可达20 mm）带膜的菌落，实际上通常用此来描述采样时进入牛奶的土壤污染物。但进入乳房的革兰氏阴性杆菌常是由于污染的乳房内导管或在乳房内治疗前乳头消毒不当引起的。

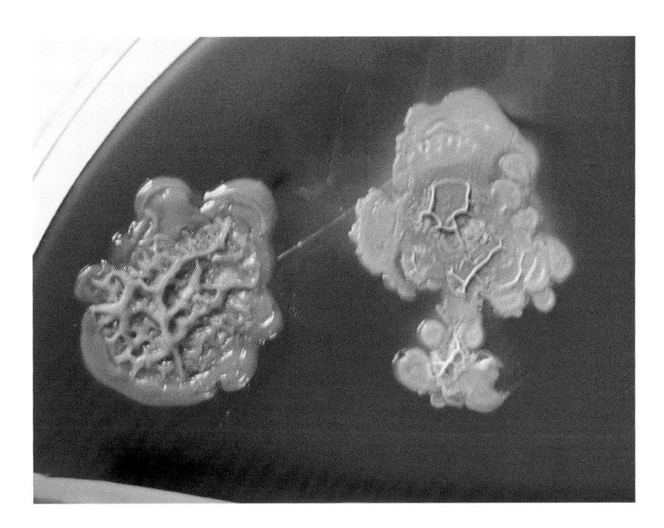

图3-31　芽孢杆菌属常来源于土壤或灰尘的污染物

（1）蜡样芽孢杆菌

由蜡样芽孢杆菌导致的一部分临床型奶牛乳房炎病例，可能引起急性的、甚至致死的坏疽性奶牛乳房炎。牛群中的许多病例似乎与饲喂酒糟有关，也有少量导致食物中毒的例子（5%），可能是煮熟的米饭储存不当导致的。如果人们饮用未加工乳的话，可能构成动物传染的威胁。蜡样芽孢杆菌菌落大、发灰、边缘不规则，常在菌落周围形成透明的溶血环。

（2）枯草芽孢杆菌

枯草芽孢杆菌的危险性因素与杆菌属的细菌类似。一般来说，土壤和饲料是其两大来源，枯草芽孢杆菌菌落是青灰色毛玻璃样，尤其在SCC很高的奶样中，阳性培养物可以提示在采样过程中的污染，但并不是致病的病原。

4. 真　菌

如念珠菌属的真菌在奶牛周围环境中无处不在，是最常见的乳房的机会性入侵者。真菌菌落小、白色、生长很慢，一般需要48 h才可看到菌落，但是可以在血平板上培养。在显微镜下观察时，一般可以看到革兰氏阳性、大的、椭圆形菌体，看到的菌体常常处于出芽期（复制时期）。大多数牛群由真菌感染引起的乳房炎病例发生较少；但在一些诱发因素的作用下，可以导致非常高的发病率。牛群中乳房内治疗较困难的乳房炎病例显著增加了真菌感染的风险。通过乳头管反复进行乳房内导管的插入对防御性蛋白和角蛋白造成损伤，而这两种蛋白有助于降低病原入侵该部位的几率，加上每次插管物理性引入病原的风险增大感染威胁。当对一个病例持续抗生素治疗失败时，应该怀疑是否是真菌感染，因为抗生素对真菌感染无效。即使在进行抗生素治疗时，也可以同时对奶样进行真菌感染的检测。当治疗无效时，更需要进行真菌感染的检测，继续促进真菌的感染。对乳房内的正常菌群持续抗生素治疗无效时，将除去竞争性的抑制，常导致真菌很快的生长，这可能使一些病例进一步恶化，在许多乳房内导管的硬脂酸可能是一些真菌感染的营养物质（图3-32~图3-34）。

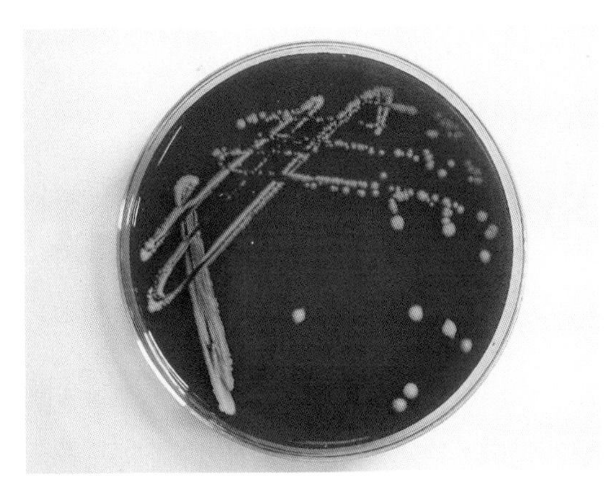

图3-32 在血平板上真菌生长缓慢，菌落小且不规则

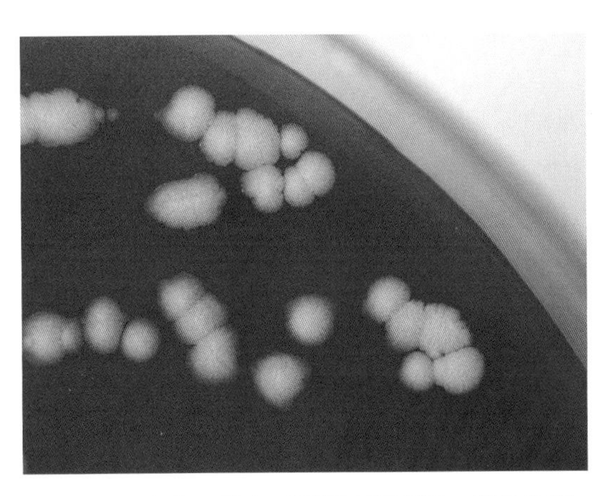

图3-33 真菌，放大时可见不规则的、粗糙菌落

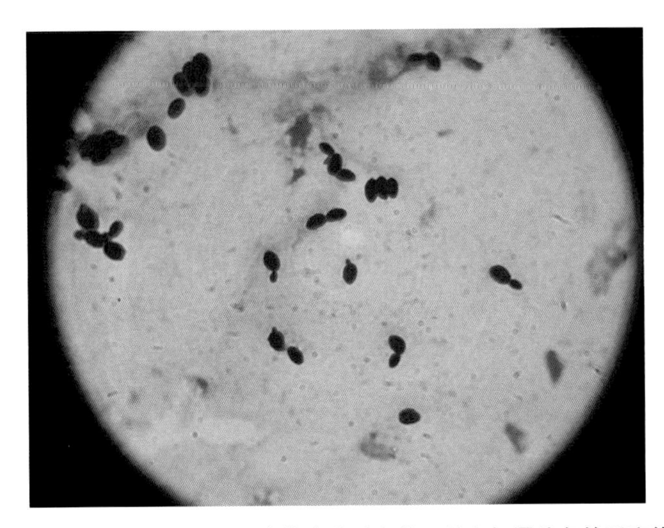

图3-34 在显微镜下可以清楚地看到真菌，其有初露头角的子实体

现在还没有可行性对真菌感染的治疗方法。一般使用1%聚维酮碘无菌溶液按3:1稀释（作者将50 ml的碘溶液用灭菌水定容至200 ml）以20 ml/次给牛输液，一天两次，连输5天，可能产生效果。使用20 ml注射器也可以，前提是这个针头不能插入乳头管。稀薄的水溶液压力使这种无须插管的技术比抗生素的乳房内导管更容易。在超过牛奶的最小标准值时，牛奶将接受抑制物试验，例如：Delvo SP（Gist Brocades），在奶返回到散装奶罐供人们消费前需要保存7天时间。如果早做检测的话，真菌乳房炎的预后就是合理的，有可能成功治疗；当然也可能导致牛奶被弃。可以在治疗后对奶样检测（在最后治疗的7~10天）以确保彻底消除真菌。如果已经形成真菌感染且预后不良，就会转为慢性感染（如任何乳房内的长期感染），将造成乳房损伤，问题将更难解决。

5. 无绿藻

achlorophyllic 藻类也是奶牛乳房炎的机会性病原。最常见的是没有反应的临床型病例，也会导致亚临床型奶牛乳房炎，且伴有SCC的持续性升高，同真菌感染，抗生素治疗完全无效。实际上消除乳房内可以产生抑制作用的菌群会使情况恶化，再者，也没有合适的治疗方法。但作者发现如前面提到的真菌感染，使用碘可以成功治疗一些病例。

6. 支原体

在英国，支原体性奶牛乳房炎并不常见，因此，通常认为英国的奶牛乳房炎很少是由支原体引起的，原因是在奶样中很少看到支原体。支原体对牛奶的pH值变化很敏感，实验室和特殊培养技术需要送检奶样必须保持新鲜。英国牛型支原体、加利福尼亚支原体和加拿大支原体都与奶牛乳房炎有关。牛型支原体可能是英国奶牛乳房炎的最常见的病原类型，可以导致牛的关节炎和跛行。因为牛型支原体可以从很多非乳房区域分离到，从奶样中得到的分离株并不能确定发生了乳房内感染，有时可能是偶然的发现，尤其是在牛群发生支原体性跛行时，典型的支原体性奶牛乳房炎常对治疗无反应。真菌或无绿藻也可能如此。使用土霉素（在英国已不存在）或使用土霉素或泰乐菌素（Tylan; Elanco动物保健）的系统疗法可以提高乳房内治疗的成功几率。

十、奶牛乳房炎防控计划

全世界奶牛乳房炎的防控方法各种各样。总的来说，至少应该包括整体分析的方法，即将宿主、环境和感染性因素考虑在内，尽管已经发展了很多防控计划，但是所有计划主要由两种基本元素组成：①预防新感染；②缩短任何已经存在的感染的时间。因此，预防（或可能更现实点儿来讲是减少）新感染包括疫苗和卫生的挤奶途径，而缩短已存感染的持续时间包括治疗和淘汰。

疾病的防控方法将在实践经验和科研基础上逐渐形成，这不仅适用于单个牛场且适用于国家和世界层面。第一个认可的世界性乳房炎计划可能是20世纪60年代英国国家奶牛研究机构制订的“五点计划”，这个计划源于系统的和现在的病因学（病因）和传染病学（传播）的方法，一旦确立了主要途径和关键控制点，管理措施最可能对控制疾病产生显著影响。这被细分为五点计划，但自从“五点计划”初步发展以来，奶牛产业变化相当大，计划的基本结构仍然以大多数现代的乳房炎控制计划为基础。奶牛行业的显著变化使原来的“五点计划”需要进行改进，包括奶牛品种、牛群大小和生产水平的变化与奶牛的环境相结合。

乳制品行业像许多“第二次世界大战”后食品行业一样需要高水平的生产和更高的效率，这种行业内驱力导致牛群大大的扩增，且用来生产牛奶的奶牛品种也发生变化。因此，给牛提供的饲料和圈舍也发生了变化。过去是受限制的圈舍，圈牛和挤奶在同一个地方，现在是自由的圈舍，包括引入牛舍和草场等系统；挤奶是在挤奶厅中进行的，与牛舍分开。这些变化影响牛群中奶牛乳房炎的类型和数量。因此，经过很多年逐渐形成了乳房炎控制计划，最初基于当时的知识制定的，但是随着知识的发展进行了修改，调整的奶牛乳房炎防控向前发展了很大一步。为行业内提供了统一合理的方法，行业内针对需要介入治疗的地方，使用标准操作程序（SOPs）会产生有益的效果。

1. NIRD的“五点计划”

20世纪60年代提出的“五点计划”旨在给乳制品行业提供一个综合行动计划，控制奶牛乳房炎。这个计划以减少新感染和已经存在感染的持续时间为目标，对新感染的影响是通过解决感染源头实现的。当时，其他的牛与感染牛是在一起的，同时通过挤奶器污染物就会传播开来，尽管环境性的感染并不常见，但是在最近几年已经清晰的认识到环境感染越来越重要。尽管“五点计划”对控制环境感染可能作用薄弱，但是提升挤奶后乳头消毒水平会达到卫生的乳头管理水平，为生产高质量的牛奶增强了所需要的奶牛管理因素，由环境性奶牛乳房炎引起的新感染率的许多因素当然与牛的环境有关。一些因素是直接的、显而易见的，如牛舍和卧倒区域的卫生和清洁状况，而其他虽然重要但不明显，例如确保均衡的日粮，奶牛饲料对奶牛乳房炎新感染率的影响机制以确保瘤胃功能正常，且在日粮中有充足的纤维使粪便成形较好为前提，饲喂日粮的牛粪便是松软的、腹泻样，粪便将会污染它们的环境，包括它们卧倒的区域、乳房和乳头，还会引起较高的如大肠杆菌或乳房链球菌等的感染率。

（1）原来的“五点计划”

① 挤奶后消毒乳头。

② 用抗生素干奶管对所有的奶牛进行干奶处理。

③ 迅速使用抗生素对所有临床病例进行治疗。

④ 淘汰持续和反复感染的病牛。

⑤ 挤奶设备需要保养和维护。

（2）修改后的“五点计划”

① 乳头的卫生管理：干净的、干的、通风良好的圈舍管理与充分的乳头准备（尽可能在挤奶前进行乳头消毒）和挤奶后乳头消毒相结合，使挤奶厅中的奶牛乳房和乳头处于最佳状态才会产出高质量的牛奶，适应市场需求。

② 突然干奶（以后一天也不会挤奶）：轻轻用药擦拭乳头末端，然后按顺序装入管内，先擦拭最远的乳头然后再擦比较近的，注入管的顺序与奶牛准备的顺序相反（仅仅在注入管前避免污染乳头末端），在最流行的细菌情况下使用最合适的干奶管和干奶时间且需要进行内部（Orbeseal；辉瑞动物保健）或外部奶头封闭（Dryflex；Deosan）。

③ 早检测：恰当的治疗与所有的临床型奶牛乳房炎病例记录相结合，计算机记录系统更容易分析（例如：网上牛群信息）。如果有必要的话，在最流行的细菌方面使用最合适的挤奶管并与附加的治疗相结合。

④ 淘汰持续感染牛：在一部分有3个病例或在混合的泌乳牛群中有5个病例是将牛列入淘汰名单的标准。

⑤ 使用符合现代卫生标准的挤奶设备：应该维持良好的工作秩序，依据牛群的大小和数量，每年对奶厅进行两次或更多次维护，应该将挤奶的规模改为每次2 500头牛。

2. 国家乳房炎行动计划

有很多方法在原来计划上做了更新，国家乳房炎行动计划（乳房炎MAP）是由ADAS和属于动物福利公司的一部分的MAFF发展的，建立在NIRD/CVL奶牛乳房炎控制五点计划上，更有效地控制环境性感染，乳房炎MAP（Defra出版，PB4661）是在1999年发行的。

乳房炎MAP的要点如下。

（1）乳头的卫生管理。

（2）对临床型奶牛乳房炎进行迅速的鉴定和治疗。

（3）干奶管理和方法。

（4）准确记录。

（5）淘汰慢性感染的牛。

（6）定期进行挤奶仪器的维护和测验。

在美国，国家奶牛乳房炎委员会（NMC）已经发明了十点乳房炎控制计划。另外提出了环境因素和记录、检测和标准设置的必要性。有很多种可以减少在奶厅内的感染牛向未感染牛传播的方法，原先的“五点计划”的五个点直接和间接地对奶厅内的感染传播产生影响。

第四章　挤奶机和挤奶流程

一、挤奶机

挤奶机是用来挤牛奶的，而牛奶是牧场主要的经济来源。相较于手工挤奶，挤奶机的使用使牧场大大提高了工作效率。通常来说，牛群每天至少挤2次奶，每次持续数小时。因此，挤奶机可以说是牧场内使用频率最高的仪器。尽管如此，挤奶机的日常维护和定期检测常会被牧场主忽视。挤奶机维护不善，实际上可以对牛乳房和牛奶质量均造成负面影响。对乳房造成的影响，既促使持续性乳房炎发病增加，又促使新发病例的产生，最终都会导致SCC上升或者临床型乳房炎病例的出现。对牛奶质量的影响，主要是通过不合格的挤奶流程、清洗流程和冷却措施，导致细菌增殖明显，最终造成大罐奶细菌含量的增加。

历史和发展

最早的挤奶方式是手工挤奶，主要是通过正压力完成，这点不同于犊牛吸吮，后者是通过负压和真空的产生而促使奶流出乳头。部分真空在乳头部位持续形成，干扰了血流在乳头部位的交换，很快就会使乳头疼痛（就像用橡皮筋勒住手指一样）。早期的挤奶机使用的是持续真空，这一问题很快就被发现，并被可以调节转换真空和大气压的脉动系统所取代。挤奶机最早出现在19世纪，仅有4个金属管和一个收集桶。每个套管插入到乳头孔内，牛奶通过其重力作用和乳房内压流出。由于套管在牛群中循环使用，造成了广泛的感染，并使乳头管水肿明显，导致当时乳房炎的发生率非常高。1851年，两位英国发明家Hodges和Brockedon设计了真空挤奶机，并申请了专利。1895年，安装了脉动系统的挤奶机问世，使挤奶过程中可以交替改变真空和大气压。脉动系统的使用减少了乳头充血，使血流在乳头管组织内可以进行有效地交换。目前使用的挤奶机，依然源于这种原理。尽管现在几乎所有的牧场都使用挤奶机，但在20世纪40年代时，仅有10%的美国牧场、30%的英国牧场和50%的澳大利亚和新西兰牧场使用挤奶设备。就未来挤奶机的发展趋势来说，实现电子控制和各种挤奶程序的自动化，将成为重点。

二、基础的设计和零部件

如果要写挤奶设备的话，需要阐述的内容太多，甚至整本书都讨论不完挤奶设备。我们研究的焦点是乳房炎，所以不能花太多的时间在细化各种挤奶部件上。对基本的部件进行一个简单的了解，可以帮助我们明确它们是怎么影响乳房炎的发生和牛奶质量的。挤奶机可以分为很多种类型，如并列式、鱼骨式、管道式和转盘式等，各自具有不同的特点，如奶牛站立的方向和角度不同，或者牛群移出奶厅的效率不同等。但总体来说，它们都具有一些共同的组成零部件，使牛奶由乳房内顺畅流入大罐，并在挤奶后完成对挤奶设备的清洗（图4-1）。

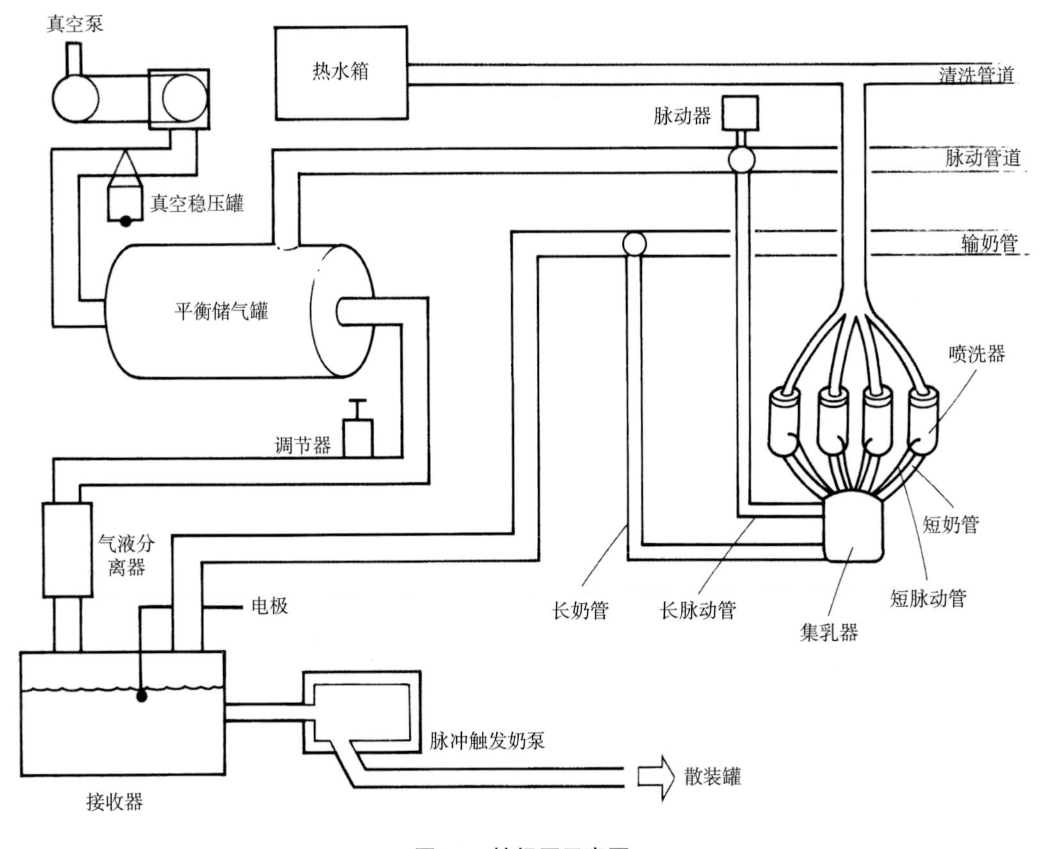

图4-1　挤奶厅示意图

1. 真空泵

通过抽取管道内空气并将其排放至外部空间，产生局部真空。真空泵必须具有抽出更多的空气产生真空储备的能力，因为它不但需要维持挤奶设备的运转，还需要维持辅助设备如赶牛器、分群门和饲喂器的运转。良好的真空泵必须具备维持足够真空度的能力（图4-2，图4-3）。

图4-2　真空泵

图4-3　变速真空泵，速度可按需求调整

2. 真空稳压罐

位于真空泵和气液分离器之间，阻止液体或者其他物质进入并损坏真空泵（图4-4）。

3. 平衡储气罐

位于阻断器和气液分离器之间，挤奶管道和脉动管道从其中传出，可以储备真空以有效地平衡或增强挤奶设备的真空储备（图4-5）。

图4-4　真空稳压罐，避免外来物质和液体进入并损坏真空泵

图4-5　平衡储气罐，储备空气平衡或增强挤奶设备的真空储备

4. 气液分离器

通过悬浮球阻隔于送奶系统和真空系统之间，防止液体进入空气系统（图4-6）。

5. 调节器

通过将空气带入真空系统中，使整个真空系统稳定。其调节能力必须与当前的真空储备值吻合，主要依赖于挤奶位数目、自动脱杯情况和是否应用赶牛器和分群门等。在调节器处需要时刻听到“嘶嘶”声，否则预示着真空储备已经用尽（图4-7）。

图4-6　气液分离器，通过牛奶和空气间的悬浮球避免液体进入空气系统

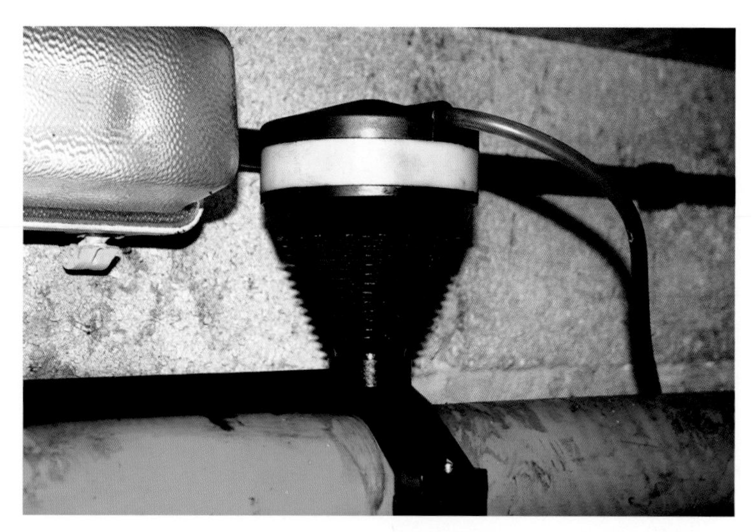

图4-7　调节器，将空气带入真空系统使其稳定，一直会有声音

6. 真空表

通过对比外界大气压和挤奶设备中的真空压，而显示出目前真空管道内的负压水平（图4-8）。

7. 计量瓶

接收、储存并测量每头牛挤出奶的装置。位于长奶管和牛奶输送管道之间，在现代化挤奶机中已经不常见到（图4-9）。

图4-8　真空表，显示与外界大气压力相比挤奶设备中的真空水平

图4-9　计量瓶，通常是玻璃的，计量每头牛的牛奶产量，不直接连接管道系统

8. 收集罐

在送奶管道中必须有此装置，暂时储备挤出的牛奶。罐内具有手动或自动计量功能，当储存一定的奶量时，促使奶泵运转，将收集罐中的奶转移至大罐内。在老式挤奶设备中通常为玻璃材质，在现代奶厅中，通常为金属材质，不易破损但是不便检查（图4-10）。

9. 奶　泵

将牛奶从收集罐沿管道泵入大罐的装置（图4-11）。

图4-10　收集罐，便于从散装罐中收集牛奶

图4-11　奶泵，工作间歇时，泵受到触发，使牛奶从收集罐进入大罐

10. 管　道

包括主真空管道（真空泵至气液分离器之间的管道）、输奶管道（气液分离器至长奶管之间的管道）、脉动管道（主真空管道至脉动器之间的管道）、长奶管（输奶管道至集乳器之间的管道）、长脉动管（脉动器至集乳器之间的管道）。

11. 脉动器

通过改变脉动室内的真空和空气比例，对奶衬的开合进行节拍性控制，以便挤奶过程具有节奏性。奶衬的开张依赖于在奶衬内外没有压力差时，橡胶本身固有的弹性（图4-12）。

12. 奶杯组

含有1个集乳器和4个奶杯（包括金属外壳和内衬）（图4-13）。内衬及金属壳通过短奶管和短脉动管连接于集乳器上。集乳器又与长奶管和长脉动管相连。

图4-12　脉动器，通过脉冲室中真空和大气压交替，开启和终断内部循环

图4-13　奶杯组，包括1个集乳器和4个奶杯（金属外壳和内衬）

13. 集乳器

通过一个存奶的“碗”，将4个短奶管和1个长奶管连接起来，同时将短脉动管和长脉动管连接起来。通过脉动器的节奏性调节，使牛奶从每个乳区中交替挤出。在集乳器中有一个通气孔，帮助牛奶从集乳器流入长奶管。集乳器的容量应该足够大，防止容器内牛奶积满，积满会导致牛奶回冲至短奶管并影响乳头末端真空的稳定度。挤出的牛奶回流导致一个乳区内的牛奶进入到其他乳区，增加了交叉感染和新发乳房炎病例的出现。尤其当伴有真空波动剧烈时，回冲力度加大，风险更大。最初集乳器的容积只有50ml，随着奶牛产量愈发升高，其容积已经增至500ml（图4-14，图4-15）。

14. 奶　衬

是挤奶设备中唯一与奶牛接触的组件（图4-16）。包括奶衬口、奶衬筒和一条与集乳器连接的短奶管。相较于其他组件，奶衬使用周期短。传统橡胶奶衬挤奶2 500次以后需要更换；含硅树脂奶衬可延长使用周期至挤奶10 000次。奶衬更换周期由挤奶牛数量、挤奶位数量和每日挤奶次数决定。除此之外，还受清洗次数的影响，因为清洗剂中的化学物质会对奶衬造成损害。当奶衬变得粗糙陈旧时，会对乳头皮肤造成磨损，同时更难清洗消毒、更利于细菌的滋生（见下述奶衬更换周期计算公式）。研究显示，奶衬在使用过程中其弹性具有明显变化，使用2 500次以后会对生产性能造成影响。奶衬弹性减弱既会影响其开张能力，降低挤奶效率；又会影响闭合能力，增强奶衬对乳头的挤压。事实证明，在使用磨损程度高的奶衬挤奶时，通常会造成产奶量下降。为了保证对乳头的损害最低，奶衬选择至关重要。奶衬口必须柔韧以保证密封性较好，从而降低漏气、奶杯下滑甚至脱杯的风险。奶衬型号必须与金属外壳、奶牛乳头大小及长短相吻合，以保证乳头末端充分休息。有些奶衬经过改进，降低了牛奶从一个乳区挤出后回冲至另一个乳区的风险，降低了挤奶过程中交叉感染的发生；有些奶衬在短奶管和奶衬筒直接安装了“隔离盾”，阻止了集乳器中奶在真空波动时回冲进入挤奶的乳头孔内；有些奶衬植入“球形膜瓣”，以达到相同的阻隔目的。奶衬的改进还包括用三角形奶衬取代传统圆柱形奶衬，这种奶衬口部有排气孔，与集乳器通气孔相同的功能相同。

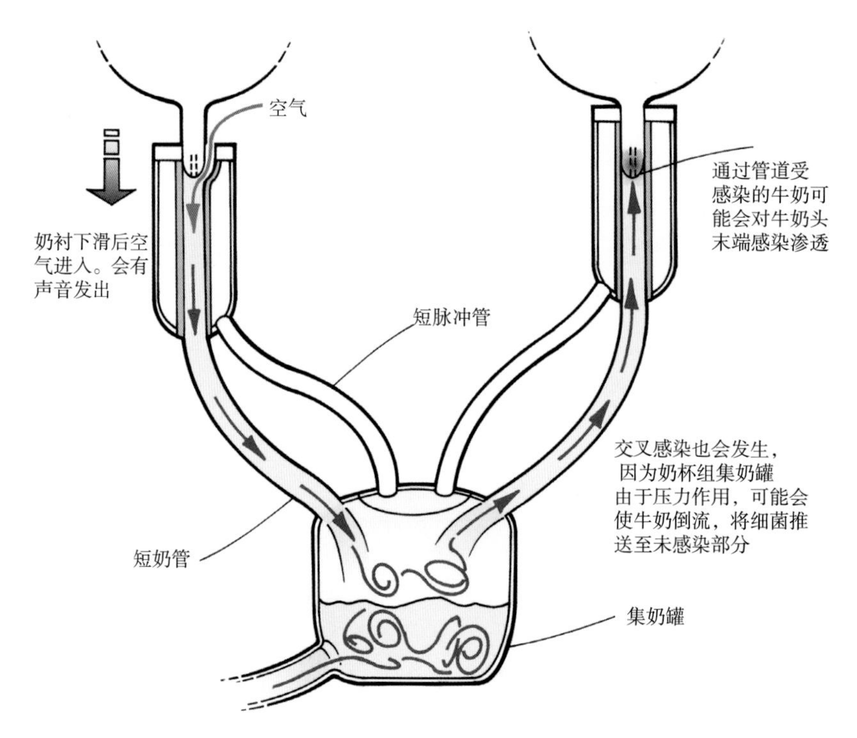

图4-14　奶衬下滑和连接也会引起交叉感染

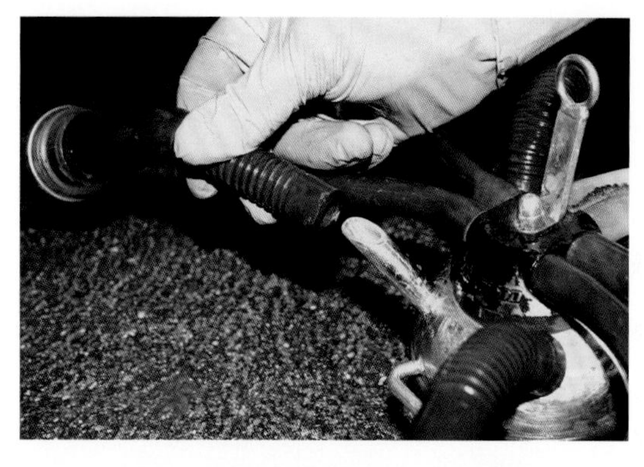

图4-15　奶爪，通过集乳器连接4个短奶管与长奶管

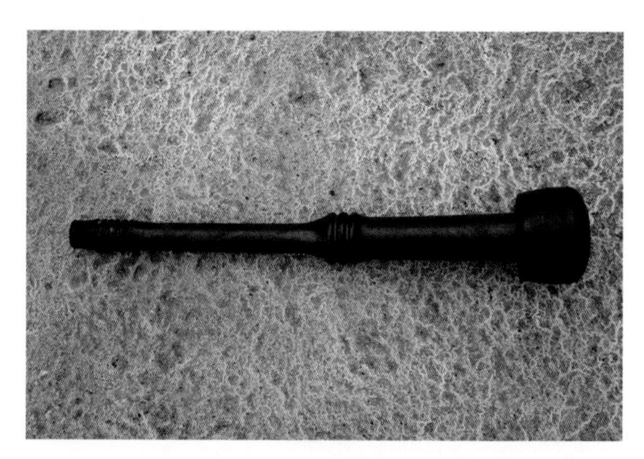

图4-16　奶衬，只与奶牛直接接触的挤奶机部分

15. 自动脱杯

在奶流速度下降到一定阈值后，通过切断长奶管内的真空，使奶杯组自动脱落，完成挤奶。实际上，在奶流下降到阈值后至真空切断的时间总会延迟。因为空气需要通过集乳器的气孔完全漏出。现在自动脱杯的改进趋势是将设定的脱杯流速调高、延迟脱杯时间缩短。这样可以在不影响总产奶量的情况下，避免挤奶过度的情况（见挤奶流程中的脱杯部分）（图4-17）。

图4-17　自动脱杯，一旦乳流量下降到一定阈值，就会关闭真空

16. 滤　器

（1）大罐滤器

即使在操作中很注意挤奶卫生的情况下，仍不可避免乳房及乳头皮肤上的污染物进入到挤奶管道（如被毛、灰土、垫料及奶凝块等）。同时，在脱杯或踢杯的时候这些污染物会被“吸入”到奶管中。滤器中可在挤奶管道的远端安装一次性滤膜，在每班挤奶结束后更换（还可使用可更换的滤器，但是需要在每班挤奶后进行完全的清洗。使用可清洗的滤器时，通常要有备用滤器）。滤膜的孔目不得小于70μm，否则将会被牛奶中的脂肪堵塞（图4-18）。

图4-18　挤奶过程中槽罐式过滤器

（2）单独挤奶位滤器用于乳房炎检测

在长奶管末端接入滤器，可用于临床乳房炎牛的鉴别。但是必须在每排牛挤奶结束后观察每个滤器的状态。同时，也用于阻隔污染物（图4-19~图4-22）。

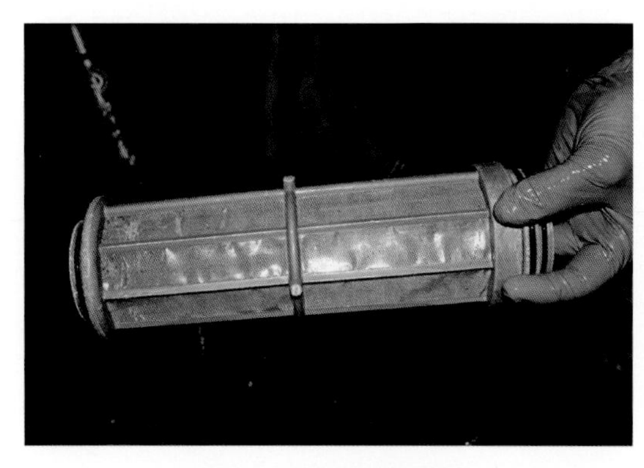

图4-19　将过滤器移除

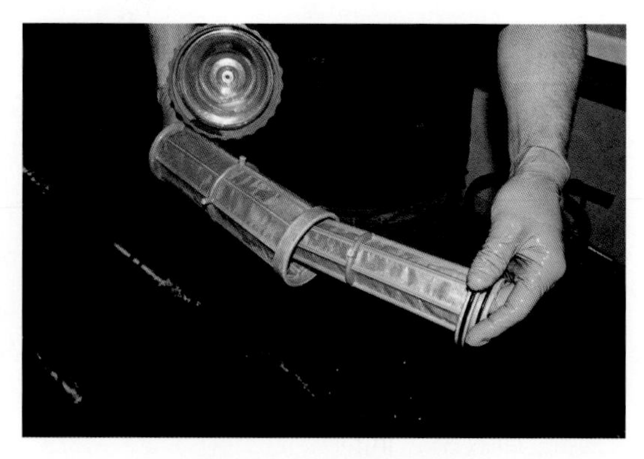

图4-20　将过滤器分离

图4-21　过滤器消毒前要用水冲洗干净

图4-22　集乳罐滤网，可以看出粪便污染情况

（3）输奶管道

在将牛奶从奶泵转入大罐时，通过一个冷却器对其进行降温（图4-23，图4-24）。

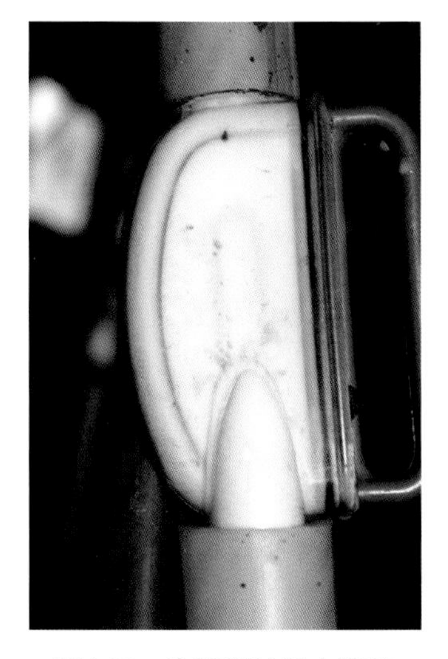

图4-23　牛挤奶过程中管线过滤器

图4-24　打开管线过滤器

（4）冷却器

通过冷水循环而形成的一个热交换器，牛奶在其内运转速度很缓慢，能够提高对奶的冷却效率，同时节能节电（图4-25）。

图4-25 冷却板，通过冷水循环给牛奶制冷

（5）大罐

具有冷却功能，在牧场中用于暂时存储待运出的奶（图4-26~图4-29）。

4-26 集乳罐，杰克老式冷藏箱

4-27 集乳罐冷藏箱

4-28 集乳罐冷藏箱可以显示冷藏过程

4-29 集乳罐冷藏箱，大型现代化设备

（6）运奶车

具有低温冷却功能，收集各牧场中的大罐奶（图4-30）。

4-30　运奶车，通过冷藏设备到牧场收集牛奶

17. 真空泵性能

根据气体的流动分为以下几部分。

（1）工作真空压

在奶衬被塞住和相关附件被接入时测定出的稳定真空度。

（2）有效存储

空泵的有效储备是在调节器工作时，允许空气低于工作真空2.0 kPa。

（3）手动存储

真空泵的人为储备是在调节器停止时，允许空气低于工作真空2.0 kPa。

18. 脉　动

指的是挤奶时包裹乳头的奶衬的开合运动。

（1）开张和挤奶相

奶衬开张时，在乳头处形成真空压，通过压力差乳汁被挤出。

（2）闭合和按摩相

脉动器将空气转入奶衬及外壳间的脉动室。导致奶衬向内被挤压，而后将挤奶相转变至按摩相。此时乳头处不再是真空状态，挤奶停止。由于在挤奶相乳头血液和体液被挤压至末端，因此按摩相的出现使血液等重新回流。如果按摩相不理想，则会导致乳头的损伤和肿胀，增加乳房炎发生的风险。

（3）脉动频率

每分钟的脉动周期次数，一般来说每分钟50～60次。

（4）同步脉动

挤奶相或按摩相在4个奶衬同时出现。

（5）交替脉动

当两个奶衬为挤奶相时，另两个奶衬为按摩相。

19. 脉 动

（1）脉动频率

在挤奶过程中，脉动的临界设置和频率很重要。如果挤奶时间短，有部分牛奶不会挤干净，会增加挤奶时间。挤奶准备短甚至没有，会使乳头水肿或挤奶不足，合适的脉动循环，应该是挤奶准备期和挤奶期比例适当，常用的是在70:30和50:50之间，60:40最为常用。理论上讲，真空在低压线路中会挤奶更快，降低时间。快速挤奶对挤奶人员和奶牛都有好处。

对乳头挤压更小时，每小时挤奶牛的数量会提升，效率提升。

（2）脉动室的脉动循环

脉动室压力变化与奶衬移动直接相关（图4-31），一个脉动循环，奶衬打开再关闭的过程，可以分为4个阶段，a，b，c，d期。

脉动频率是在挤奶期和间歇期之间的时间变化，这个变化不会超过间歇期的50%。一般来说，挤奶期会比间歇期更长，例如，60:40或者70:30。具体公式如下。

脉动频率=（a+b）/（c+d）*100%

（3）影响脉动路线的因素（表4-1）

就像b 期脉动室是真空状态，很难超过标准值。c 期最常出现的问题是时间短，且容易漏气。

c 期缩短会使空气进入脉动室或者短脉动管。尤其会增长a 期的时间，造成延迟打开奶衬。c 期增长通常会缩短d 期，阻止空气流入脉动室，空气进入受阻。空气流入缓慢，延迟关闭，会降低乳头休息的有效时间。

d 期的变化主要表现在真空水平，不满足奶衬关闭条件，空气不足，脉动过滤受阻。不完全的d 期（奶衬未完全关闭）空气变化不能达到大气压，脉动阀门没有关好，会造成污染。

a 期的增长（打开缓慢）和c 期的增长（关闭缓慢）会限制脉动管中空气的进入，如果直径太小或是长度太长，会造成脉动系统中空气移动效率降低，奶衬的开关变得易坏。

表4-1 一个完整的脉动循环

时期	奶衬的活性	影 响	时 期
a 期	奶衬开启期	奶流开始	挤奶期
b 期	奶衬打开	奶流最大	
c 期	奶衬关闭期	奶流减小	间歇期（按摩期）
d 期	奶衬完全关闭	没有奶流出，乳头处于按摩期，进行血液循环	

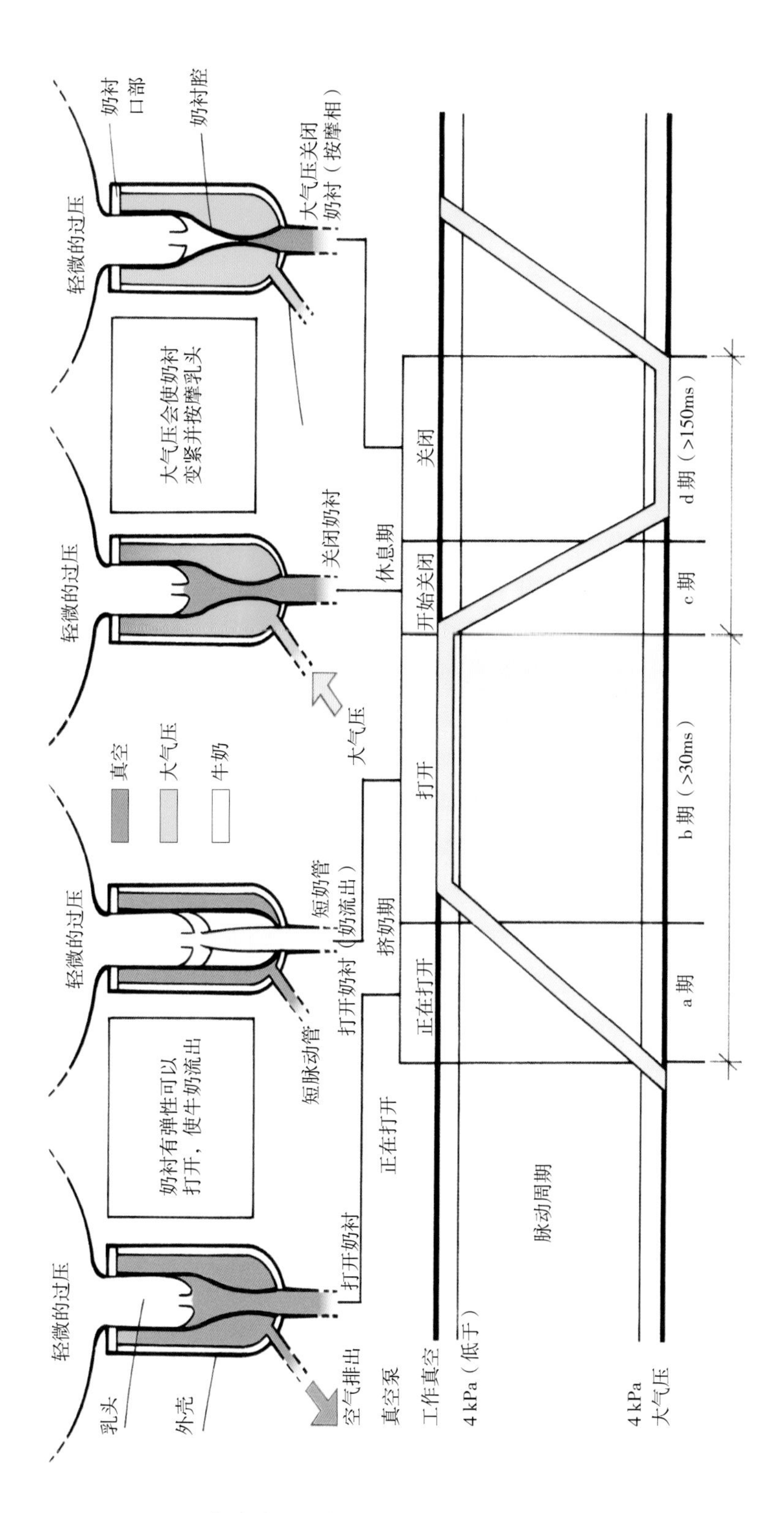

图4-31　在脉动周期中，脉动室和奶杯内的压力变化示意图

20. 常规检测和维护项目

每日检测项目　通常挤奶工人每天都需要对奶厅进行很多常规检测，如确保真空表显示正常的真空压，调节器处发出嘶嘶声，挤奶机挤奶时发出的声音正常等。每天都需要观察橡胶部件是否破裂或分离，同时检查气流是否通畅。当没有明显其他原因而发现挤奶时间延长、掉杯增加时，挤奶员需要检查设备问题（图4-32，图4-33）。

图4-32　分离，短脉动管在奶衬脱落时会关闭

图4-33　通常会限制气流使奶衬的开合有延迟

每月或每周检测项目　检测调节器或脉动器的气滤，保证其不被灰尘或污物堵塞。真空泵的润滑油和皮带张力需要检测，以保证其运转正常。同时需要检查气液分离器中是否潮湿。

21. 需要专业挤奶设备技术师进行的挤奶设备检测（图4–34 ~ 图4–37）

静态监测　在非挤奶状态下检测挤奶机是否运行正常，同时是否符合说明书的要求使用。真空泵性能、真空度、真空储备、脉动频率和脉动比率都需要进行检测，同时需要对橡胶配件进行全方位的眼观检测。奶衬状态和奶衬更换周期需要进行检查（挤奶2 500次）。

动态监测　不同于静态检测，动态检测会检查挤奶时乳头末端的真空压和波动。通常针对高产牛群进行检测，可发现奶厅中任何的不足之处。通过专业检测设备，可以检测到真空水平和稳定度、奶流、脱杯设定情况（流速和延迟时间），同时可观察奶牛的行为及挤奶后乳头状况等。

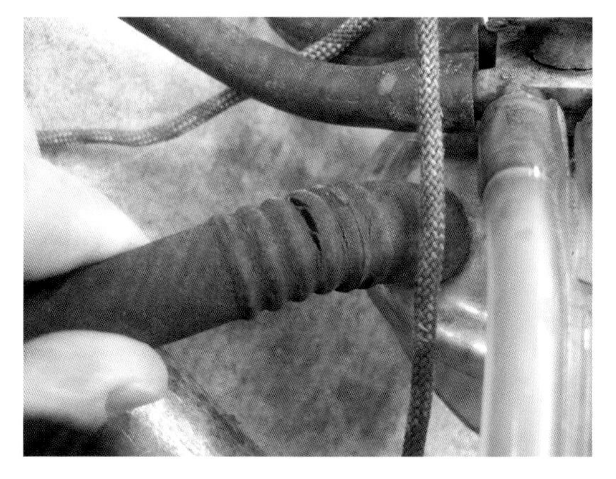

图4-34　分开短奶管

图4-35　脏的真空调整器

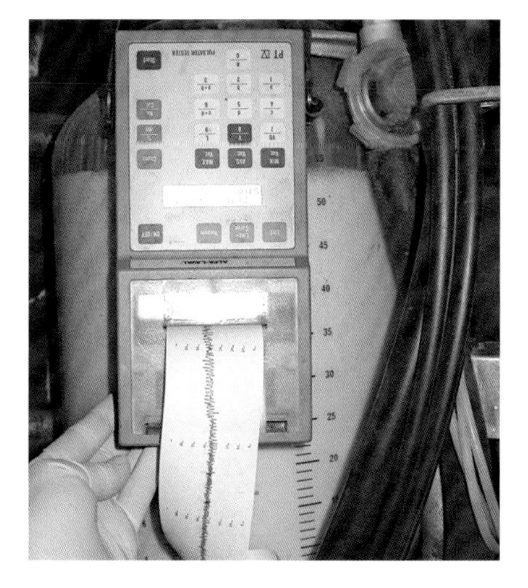

图4-36　电离真空动态检测仪

图4-37　电离真空动态检测仪的使用

22. 真空波动

奶衬中真空的波动对奶流速有重要的影响。由此造成的牛奶回流对乳房炎的发生具有重要影响。真空波动具有两种类型。

不规则波动：当滑杯或掉杯时，空气进入奶衬会发生不规则真空波动。如果真空储备不足的话，真空度恢复速度会变慢。

规则波动（周期波动）：奶衬的开张和闭合是按照脉动周期进行的，且是一个连续的过程。当牛奶流出时，会造成乳头下真空度的明显波动。这种周期性波动可以通过更换大内径的短奶管（大于8 mm）来缓解，并且需要保证集乳器的通气孔不被阻塞。

简单的检查：当挤奶设备打开时，检测真空的下降情况，来判断真空储备。可将拇指插入到奶衬孔中，检查脉动频率和奶衬闭合情况，这些都是简单迅速检查挤奶设备是否存在问题的方法。

三、卫生和有效的设备清洗

挤奶设备的清洁有很多资料可以查询，按照本书的初衷来说，不再详细地进行描述。在这里，需要突出两个基本概念，也是最常使用的清洗方式——循环清洗和酸剂煮沸清洗。对于任何的清洗过程，水本身都是一个重要的组成部分。但是很多其他因素对有效清洗同样发挥很重要的作用。清洗时，通常使用热水（热能），通常会添加化学洗剂（化学能），同时具备一定的流速保证对挤奶机进行有效的冲刷。尽管增加清洗时间可以提高质量，但是在奶厅的清洗中，这不是主要的因素。奶厅清洗有一个最优时间，使清洗剂在结束后流出时有一定的效果，如果再延长，结果反而会变糟。如果清洗步骤出现问题的话，奶垢残留和细菌会在挤奶管道中增殖，造成牛奶质量下降。必须确保输奶管道的每个部位都完全清洗，而且冲洗液量、温度和化学洗剂浓度足够。清洗时，必须将挤奶杯放置于支架上，整个清洗通道为密封状态。

1. 循环清洗

尽管现在一般应用自动冲洗系统，但是需要部分人工，比如清洗外壳、将奶杯组固定于支架上等。而且有些奶厅需要人工配制清洗液。清洗过程通常可分为3个阶段（图4-38~图4-43）。

（1）前冲洗

用微温的水，通过冲刷作用去除管道中的大部分奶垢残留。需要观察流出水的清澈程度判定是否可以结束此阶段。

（2）清洗和杀菌

用清洁剂和杀菌剂进行此阶段的循环清洗。开始时进水温度应该保持在70～90℃，结束时的出水温度应该降至40～50℃。必须注意结束时水温不能低于40℃，否则会导致形成脂肪膜。同时需要保证清洗管道中有足够的空气进入，以确保足够的冲刷力。在大型奶厅，通常会使用空气注入器来保证足够的气流进入。

（3）后冲洗

使用冷水冲去残留的清洗剂。在第二步中清洁剂和杀菌剂分开使用的奶厅，在使用清洁剂清洗后，必须进行一次后冲洗，而后使用杀菌剂清洗，再进行一次完全的后冲洗。

图4-38　可成组清洁

图4-39　奶杯组清洗

图4-40　循环清洗，先清洗牛奶过滤渣

图4-41　循环清洗，水流变清后，可开始循环

图4-42　循环清洗，循环开始后，加入清洁剂

图4-43　循环清洗，循环

2. 酸剂煮沸清洗（ABW）

虽然这种方法比较简单，但不常用。本法完全依靠化学洗剂和温度来清洗设备，没有任何循环。方法为使用大量煮沸的水。尽管化学洗剂使用量较少，清洗时间比较短，但是需要大量的沸水。

3. 清除“奶结石”

尽管对挤奶设备管道进行清洗，但在一些清洗剂不能覆盖的地方，矿物质会有残留。这些地方常会呈现粉末状，通常是由钙离子沉积形成的。磷酸洗剂可以对这些已形成的奶结石进行有效清除。

四、挤奶流程及其对乳房炎控制的重要性

美国国家乳房炎委员会（NMC）建议的挤奶操作流程包括以下步骤。

① 为奶牛提供一个干净、应激少的挤奶环境。

② 检测前几把奶和乳房，判断是否有临床乳房炎。

③ 使用乳房洗剂清洗乳房，或使用有效药浴剂进行乳头前药浴。

④ 使用单个毛巾对乳头进行完全擦干。

⑤ 在开始刺激后，2 min内上杯挤奶。

⑥ 挤奶过程中调整奶杯位置。

⑦ 在移除奶杯前切断真空。

⑧ 奶杯移除后，马上进行有效的后药浴。

1. 一般概念

牛奶是由乳房深部的泌乳组织（腺泡）分泌的。大部分的奶储存在这些腺泡里和

腺泡小管中，剩余的牛奶存储于大导管和乳池中。为了使牛奶从乳房中挤出，无论是挤奶机还是犊牛吸吮，奶牛需要得到明确的“是时候让奶释放了”的信号。从生理上讲，对乳房及乳头皮肤的直接触摸以及奶牛对光和声音的反应，都会导致催产素由垂体释放，并进入血液，促使泌乳信号的产生。因此，要避免奶牛在挤奶前变得紧张或害怕，并且需要保证上杯前处理过程顺畅而舒适。不完全的挤奶信号产生，会增加挤奶时间，使乳头末端肿胀（由更多的挤奶时相出现而导致），最终会导致乳房炎发生风险的增加。最佳的上杯前乳房刺激时间为1 ~ 2 min。如果长于这个时间，血液中的催产素水平下降非常明显，泌乳刺激信号减弱。并且需要足够的挤奶前乳头准备时间，一方面保证清洁程度，另一方面也是为了给奶牛最强的泌乳信号。

2. 挤奶工准备

一般卫生：要生产高质量的牛奶，挤奶厅的清洁和挤奶工的清洁非常重要。通常挤奶工需要洗手并且穿上干净的挤奶服。挤奶服要方便操作、防水。奶厅中乳房炎的传播通常和3个方面相关：挤奶工的手、擦拭毛巾和奶衬。

手套：佩戴手套可以显著降低乳房炎病原菌的传播。原因无需过多解释，主要是因为挤奶工的手平时由于手工操作很多，不可避免的粗糙，为病原菌在其中的滋生提供很好的机会，并且挤奶工的手长期浸泡消毒液会造成化学刺激。而手套表面非常光滑，细菌不易滋生，便于消毒，从而保证乳房炎病原菌在奶厅中的传播风险降至最低。挤奶时佩戴手套的类型也非常重要。非一次性手套通常比较厚，不利于挤奶的操作。腈制手套通常为绿色、紫色或蓝色，比白色乳胶手套更舒服。后者通常有乳胶蛋白或粉末在内面，可能对挤奶员的手有一定刺激作用。尽管白色乳胶手套便宜，但常会导致腕部有一圈白色印记。挤奶用的手套通常在挤奶结束后丢弃，在每班挤奶开始前，更换新的手套。

3. 非诊断乳房炎检查

（1）牛旁检查——现状及未来发展

观察以下几方面的一点或者几点是否存在改变：乳汁本身有肉眼可见变化，乳房发生肉眼或触摸的变化，奶牛行为发生变化。上述变化中，有的很容易发现，即使没有多少经验的挤奶工也能发现。而有的变化需要的不仅仅是基础的观察技巧，而且需要挤奶工真正了解正常乳房的形状、充盈度及正常牛的行为特点。实际上奶牛很善于通过其行为习惯表达自己，并且应该很享受挤奶的过程。牛群一般总是会以非常相似的顺序进入奶厅挤奶。如果一头奶牛患有乳房炎，其进入奶厅时所处的位置通常会发生变化，同时在挤奶前及挤奶过程中会表现出明显不适。比如，一头总是在前面进入奶厅进行挤奶的牛，因为乳房炎而引发了不适后，其很可能改变顺序，排在最后进入奶厅进行挤奶。以上所说的对乳房炎的观察，其意义已不局限于改善生产或者动物福利，而是扩大到了食品安全的范畴。因为牛奶是人类的消耗品，非正常奶不应该进入人类食品消费环节（图4-44~图4-46）。

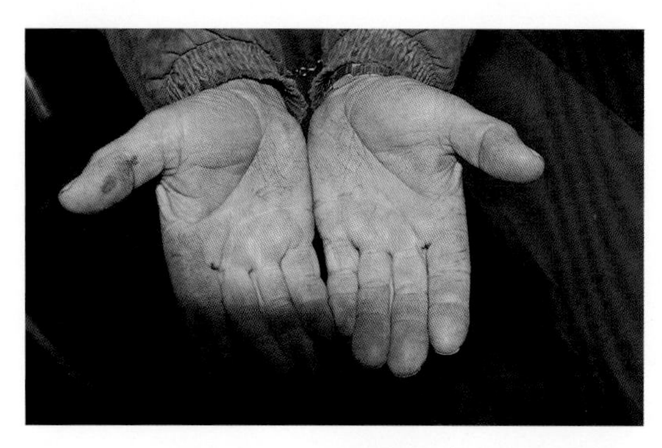

图4-44　直接手挤，手会隐藏细菌，很难洗干净

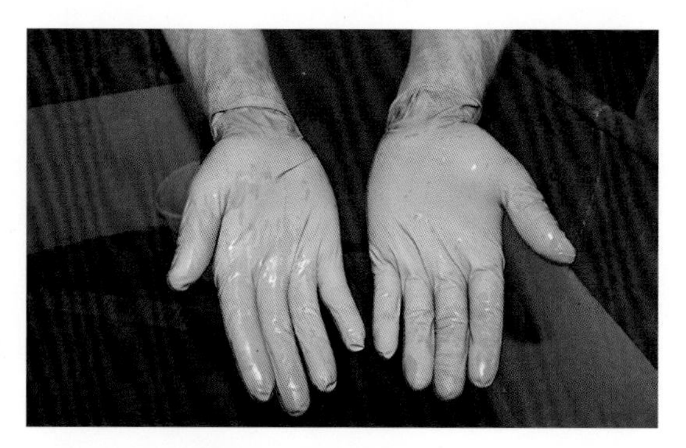

图4-45　新手套，一个挤奶过程至少一双，要随时更换

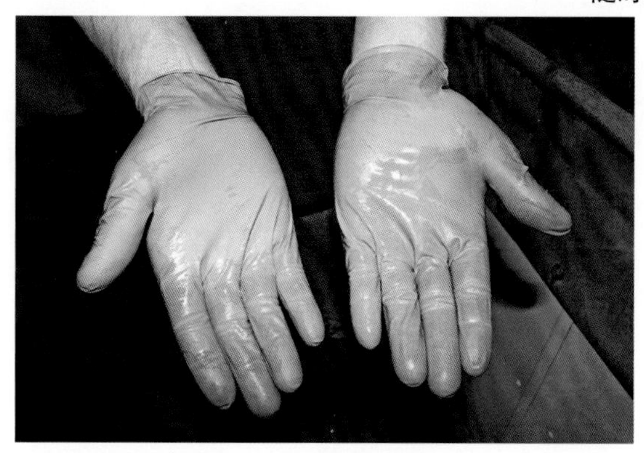

图4-46　用过的手套

（2）法律要求

《乳制品管理规则》（1995）明确规定，在挤奶前，挤奶工必须检查乳汁性状，非正常奶不得进入人类食品消费环节。因此，挤奶工有责任去检查牛奶质量，发现其中是否含有血、凝块或颜色改变。检测牛奶的方法包括以下几种。

① 手工验奶。

② 电导率、颜色检测系统。

③ 透明度检验。

④ 长奶管过滤器。

⑤ 计量瓶。

因此，挤奶前对乳汁的检查可以通过验奶发现，也可以通过连接奶厅预警系统发现，或者可通过肉眼检测长奶管连接的滤器或观察计量瓶中的奶而发现异常情况。

验奶：可作为上杯前常规处理的一个环节，常常用于乳房炎的检查。如果乳头卫生情况尚可，通常建议在乳房准备前进行验奶（挤出前4、5把奶）。这样的话，大量寄存于乳池底部的病原菌会被挤出，并且乳头孔的细菌会被随后的前药浴杀灭。如果乳头卫生状况不佳，在清洁乳头后进行验奶，并保证在验奶后再次进行药浴。验奶的好处不仅在于检测临床型乳房炎，也有利于泌乳反射，并且前几把奶中含有大量细菌，因此也降低乳房炎的发生风险。

肉眼观察：发现乳房炎的几种肉眼观察的方式，但是不敢保证挤奶工可以针对每头牛进行这方面观察。方法包括在挤奶中观察乳房肿胀情况或颜色改变，观察计量瓶中奶的形态，观察长奶管连接的滤器状况等。整体来说，如果乳房炎的检查工作不佳，进入大罐前的滤器滤膜中会观察到有乳凝块。

自动检测系统：通常在有挤奶监控的奶厅中使用。通过比较本次和之前挤奶相关数据，得出差异，从而进行分析。通常在自动挤奶（机器人挤奶）奶厅中很有意义。这种奶厅通常没有人介入，因此要能够检测乳房炎的系统以确保食品安全。一般使用电导率数值作为评估乳房炎发生的预警工具。同时也要对奶量和颜色监测。目前，在自动挤奶厅中使用CMT、乳糖脱氢酶、急相蛋白和乳汁淀粉样蛋白A等物质的自动监测也变得越来越有可能。

（3）检查或者诊断（图4-47）

目前有很多种有效的检查方法，在某种意义上来说，也是能够定性的诊断方法。当怀疑一头牛患有乳房炎时，必须对借助这些方法来鉴定是否其确实患有乳房炎、哪个乳区患有乳房炎，并能够进行细菌分析、持续监控和采取有效治疗措施。因此，这些检测方法正在逐步用于乳房炎的明确诊断。能够用于诊断的检查方法包括CMT、电导率检测和利拉伐体细胞计数仪等。其他的包括细胞内ATP检测、急相蛋白如MAA检测也可以作为明确乳房炎诊断的方法。

图4-47　乳房肿大的部分

（4）CMT

CMT诊断法很常用，并且很方便操作，通常几秒就能得出结果。尽管具有这些优势，但其仍然不够精准，不能作为最常规的检测工具。CMT是通过化学试剂和表面活性剂来使体细胞破裂，内部DNA发生变性而发生胶状反应，而预估体细胞数的。许多CMT诊断盒中还含有pH值指示剂——溴甲酚紫。乳房炎的乳汁pH值通常会升高，溴甲酚紫就变成黑紫色。CMT法具有检测的局限性，如果检测单个牛只水平的奶样，由于4个乳区样品混合在一起，即使有一个乳区SCC升高，在稀释作用下，最终结果也可能为阴性。因此，最好将CMT用于单个乳区的诊断。可以用于在干奶前或者在产犊后（最好3～5天后）监测乳汁体细胞数来判断牛只感染状态。同时，CMT法还可以用于检测乳区是否已经人为治愈或者发生自愈。由于此法操作方便，费用低，可以进行常规重复来监控发病牛的单个乳区情况。一般来说，当检测结果为弱阳性时，就有90%诊断正确的可能性。为了减少假阴性结果，在多次检测中即使有一次检测为弱阳性，即可判定为隐性乳房炎（图4-48，图4-49）。

图4-48　机器或自动挤奶系统（AMS），可在管道内测定牛奶电导率（AMC）

图4-49　瓶装CMT

（5）手持式电导率测定仪

在很多国家都在使用。检测的精确性变化差异较大。有研究显示71%的检测阳性样品为细菌阴性生长。11%的电导率检测阴性样品中培养出了细菌。因此在检测乳区样品时，CMT和体细胞计数法都优于电导率法。但是对同一头牛的4个乳区对比来说，如果两次检测差异非常明显或者一个乳区与其他3个乳区差异明显，则具有很高的诊断价值（图4-50，图4-51）。

利拉伐计数仪：DCC可在牧场对牛奶样品SCC进行快速的定量检测。将约1μl样品注入卡夹中，在卡夹内完成染色，然后将其插入小型计数仪中。整个过程在1 min内，检测范围在10 000～4 000 000个/ml，相对来说比较精确。

未来的发展：乳房炎检测方法上所受到的约束正在逐步减少，但是要想实现自动、精确、快速、无伤害的检测方法，仍有许多壁垒需要克服。目前，在乳汁的观察方面，也出现了从肉眼到电导率的转变，以期做到乳房炎的早期诊断。其他乳房炎症状检测方法，也正在不断的发展、更新和评估。

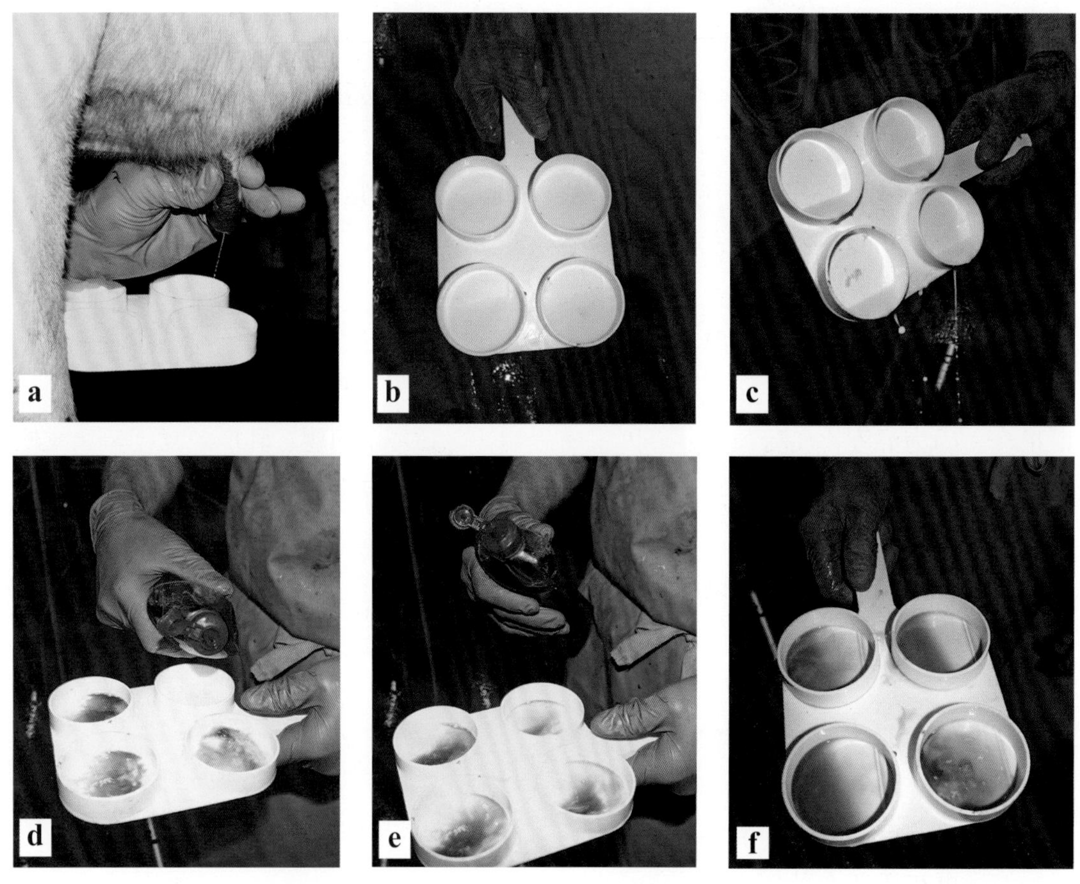

图4-50　牛奶检测（a）收集每个乳头的牛奶；（b）检测盘中每个乳头对应一个盘；（c）倾斜检测盘，使牛奶位于盘下方；（d）加入反应剂立即观察；（e）混匀牛奶和试剂；（f）最终结果

图4-51　手持电导率测定仪

淀粉样蛋白A：细菌感染引起的乳房炎严重程度与乳汁中急相蛋白正相关，如淀粉样蛋白A。已经有淀粉样蛋白A与SCC的相关性研究。两者具有很好的相关性，同时，淀粉样蛋白A的数值有一个明显优势，就是其不受泌乳末期产奶量降低的影响。而SCC即使在没有炎症的情况下，也会随着泌乳末期产量的下降而升高。有研究还显示，淀粉样蛋白A的检测甚至可以预示是哪种细菌感染，是一个很好的诊断工具。

细胞中ATP检测：正在发展中的一项技术。无论是牛只水平样品还是乳区水平样品都可检测。很多人希望这种方法可以商品化、实时、简便，并且和SCC吻合度好。

皮温测定仪：乳房炎病例出现时，患病乳区通常有温度升高的倾向。目前正在开发此项技术，通过红外线技术测定乳房皮肤表面温度，作为其是否发生炎症反应的早期指标。因为温度检测受很多外界因素的影响，包括环境问题、乳房湿度甚至光线的强度等。因此，将皮温红外探测与环境温度检测结合并自动输出分析结果，就能够显示奶牛是否发生了乳房炎。自动挤奶系统需要应用更多的乳房炎自动检测系统。目前，乳房炎的自动检测还是以电导率检测为主，但前面已经提及这种方法有很多局限性。挤奶工通常在输出检测结果后，发现可疑牛只数量太多。需要将电导率检测和产奶量结合在一起来提升检测的精确性。

自动CMT检测：在具有自动挤奶系统的奶厅，目前已经有部分引入了自动CMT检测工具。但不仅分析软件成本太高，检测试剂成本也大大提升。目前有人认为在使用电导率检测后，阳性样品再通过自动CMT进行检测。将这两种自动检测方法结合起来，似乎更有意义（表4-2）。

乳糖脱氢酶（LDH）检测：很多试验都在开展，以期寻找成本低、迅速的乳房炎检测方法。LDH检测方法具有自动、实时的特点，并且操作便利，但是成本偏高。一个好的乳房炎检测方法既要保证检测的灵敏性，又要保证特异性。分析软件可以将实时得到的LDH检测结果与其他相关因素如产犊后天数、品种、胎次、产量、乳房特性、其他疾病记录、电导率和牛群特征等结合在一起，进行总结。这种多风险因素相结合的方法能够保证乳房炎检测的灵敏性达到82%，特异性高达99%。目前有很多正在进行的关于实现自动、实时的乳房炎检测方法的探索，究其趋势，多种方法相结合（如电导率结合CMT、LDH和产奶量等），使用乳房炎管理软件进行总括性分析，正在成为主流的检测理念。

表4-2　CMT分级试验：CMT分数及估算SCC值

CMT分数	特征描述	SCC估值（个/ml）	分　析
阴性	混合物是匀质液体，搅拌后没有变浓或有沉淀	<200 000	没有乳房炎
T（有迹象）	轻微变浓，继续搅拌后消失	200 000~500 000	疑似乳房炎
1+（弱阳性）	显著变浓，但几乎没有成为凝胶状。在长时间搅拌后可能消失	400 000~1 500 000	疑似乳房炎
2++（中等）	混合物立即变浓。继续搅拌会有凝胶析出，并可有明显边界	800 000~5 000 000	乳房炎
3+++（强阳性）	非常明显的凝胶，会沿着搅拌棒形成明显的凝块	>5 000 000	乳房炎

3. 乳头准备

众所周知，乳房炎的发病率与乳头皮肤及乳头孔的细菌数关系非常密切。很多文章都提到关于奶厅的清洁度、牛体清洁度和BMSCC有直接关系。通过降低乳头表面污物附着量，可以降低尤其如大肠杆菌和乳房链球菌的乳房炎发病率。具体作法包括：保持奶厅的高清洁度和对乳头进行挤奶前清洁及消毒工作。同时，从食品安全角度来说，牛奶中细菌含量需要被降至最低。因此，在挤奶前，必须最大限度的去除乳头表面的污粪等，因为乳头更脏的情况下，无论乳房炎发病率还是大罐奶细菌量都会明显升高。通过对乳头清洁和前药浴消毒可以显著降低其载菌量。因此，可以用检测大罐奶细菌含量（TBC/TVC）来判断一个牧场奶厅中乳头前处理工作是否理想。乳房前处理方法见表4-3，其中处理效果、需花费的时间等均会不同。必须明确的是，乳头前处理明显优于其他方式。当考虑乳头准备工作时，很多因素需要去考量，包括花费的成本、花费的时间（劳动量）、效果和处理前奶厅和乳房的清洁卫生状况等。由于一次性纸巾生产成本较高，并且废弃后对环境污染较大，因此，更提倡使用消毒并且干燥的毛巾。在计算成本时，甚至毛巾的消毒机、清洗机和烘干机都需要考虑在内。从效果角度来说，无论是纸巾还是毛巾，都必须做到足够无菌、一牛一巾。奶牛的整个乳头包括乳头末端，都必须完全清洁和擦干，这样可以减少滑杯的发生率。

表4-3　挤奶前乳头准备

方法	项目
无	N/A
擦干	戴手套的手或毛巾擦下
单独浸润消毒擦干	如果不用纸巾擦干，就等待自然风干。根据挤奶厅的结构按顺序通过，避免拥挤
冲洗、干燥	用水管冲洗，用单独的纸或毛巾擦干
用单独的纸或毛巾擦干	为了避免牛奶中混入喷雾剂等，如果乳头不是很干净要先用水冲洗
机器旋转冲刷	半自动—手动控制。或者自动的如AMS，消毒剂处理、刷子清洁并迅速干燥乳头

（1）是否要洗

这个争论持续了很多年——那就是在挤奶前是否对乳头进行清洗。当夏季奶牛放牧饲养时，或者牛舍卫生管理非常好，乳房及乳头非常清洁的情况下，不建议清洗乳头，因为这样会导致乳房炎的出现和牛奶质量问题。需要注意的是，如果你清洗了乳头，那么一定要把它完全擦干。如果没有擦干的话，清洗过后的水中含有大量的细菌会聚集到乳头末端，造成乳房炎发病率增加。因为乳头是垂直向下的，最终的清洗污液会聚集覆盖到乳头孔，而即使将乳头表面完全擦干，如果不单独处理乳头孔的话，也会使大罐奶中细菌含量陡然增多。同时，乳头孔中附着了大量的细菌污液，会增加其进入乳头管的机会，造成乳房炎的发生。尽管在有些牧场会清洗乳房，但是只是清洗乳头本身效果更好且更常用。如果乳房非常脏并且表面潮湿（如奶牛在进入挤奶厅时滑倒），就必需对乳房进行处理。但是必须在清洗后对乳房和乳头都进行擦干，才可以进行下一步操作。否则大量的污物会趁机进入到奶衬中。但如果这样处理，所需要花费的时间和精力就会非常大，还会造成挤奶时间延长。因此，若想解决奶牛乳房清洁度的问题，必须从牛舍环境和奶厅环境入手（图4-52，图4-53）。

（2）乳头准备流程——水洗法

大家都知道乳头清洗后擦干可以显著降低牛奶中细菌含量。使用消毒剂进行清洗可以进一步降低细菌含量。但是化学消毒剂的选择需要慎重。如果消毒剂浓度过高，则会对乳头皮肤造成伤害，反而增加乳房炎发病。低压喷洒清洗乳头的方法更为方便，且由于其不是洗剂循环使用，更值得提倡，同时这种方法可以减少水资源的浪费。在奶厅中清洗乳头，必须保证清洗区域尽量限于乳头。同时，必须保证4个乳头都具有足够的清洗质量。但是清洗越完全，后期擦干所付出的精力就会越多。使用消毒桶清洗乳头的方法是不推荐的，因为清洗液并不能杀灭所有细菌，用一桶洗剂清洗很多牛，可能使乳房炎的传播更加明显。我们有时能碰到在待挤厅对奶牛的乳房和乳头进行从下到上的喷淋，然后使乳头自然风干后进行挤奶。这种做法也是很错误的，因为会极大的增加环境性乳房炎的发病率。

图4-52　乳头清洁巾，每头牛一条，使用前清洗并烘干

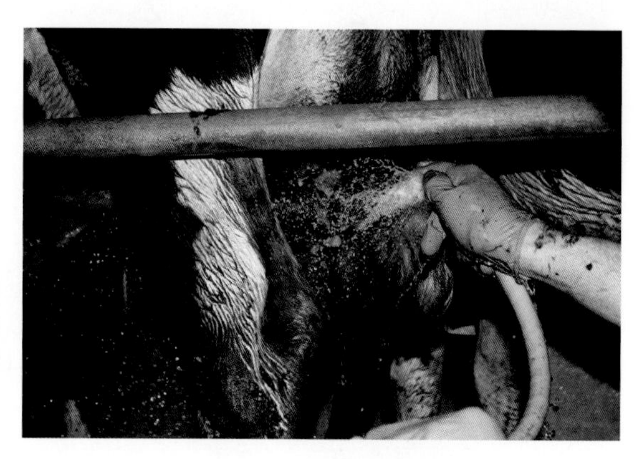

图4-53　清洁脏的乳房

（3）乳头准备流程——干处理或不处理

和水洗法对应的是，很多挤奶工直接用干燥的手（戴手套）来清除乳头上的污物，或者根本不进行处理。实际上，这种做法倒不见得比水洗法更差——至少在乳房炎防控角度来说。美国的一项研究显示，即便肉眼见到乳头已经很清洁，以上3种做法后，乳头上的细菌含量仍然比经过最理想处理的乳头细菌量高3 ~ 16倍。

（4）理想的乳房准备

综上所述，最理想的乳头处理程序应为以下两种（可选）。

①使用混有消毒剂的水对乳头进行喷洒清洗，在喷洒后，需要人工对乳头上附着的污物进行清除，随后立即用毛巾擦干。

②使用无菌的湿毛巾进行乳头清洁，随后用干毛巾进行擦干。从以上两方面来看，无论清洗过程如何，都必须在之后进行乳头的擦干工作（图4-54）。

（5）其他方法

去除乳房被毛——剪除或火燎，乳房上的长被毛很容易使污泥粪便等粘上而不利于清除。乳房被毛和尾被毛都可以用电剪进行刮除，便于整个牛后驱和乳房的清洁。长被毛的清除不仅有助于防止污泥和粪便粘到乳房和乳头上，减少额外的乳房和乳头准备工作，同时还有助于降低乳房炎发病率，提升牛奶质量。同时，也有助于降低副结核病从母体到犊牛的传播几率（图4-55~图4-59）。

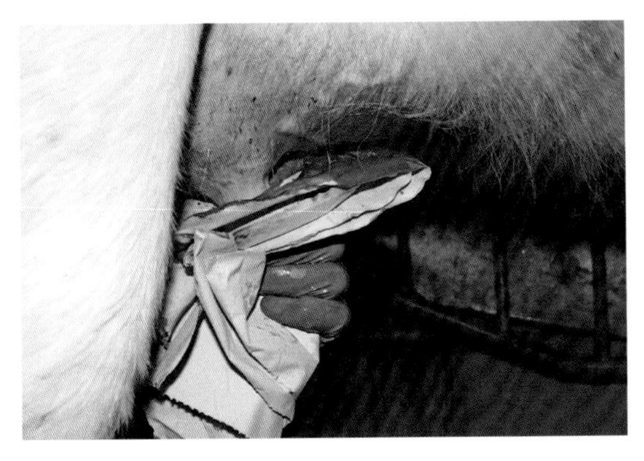

图4-54　清洗后擦干

图4-55　冬天圈舍内，用电动剃刀去除尾部牛毛

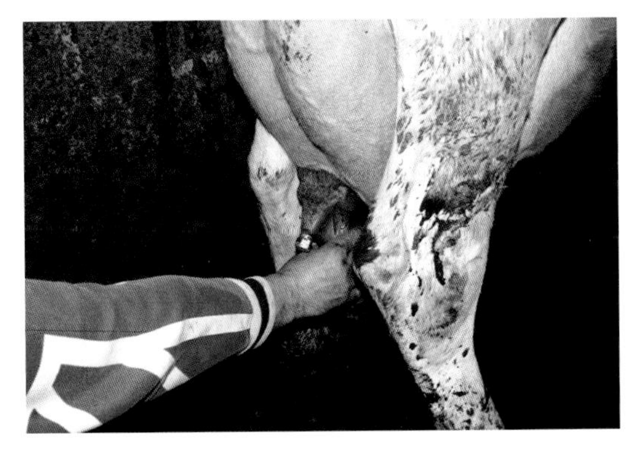

图4-56　乳房下部，通常也要去毛

图4-57　乳房下部，乳房周围也要剃毛，要进行2~3次

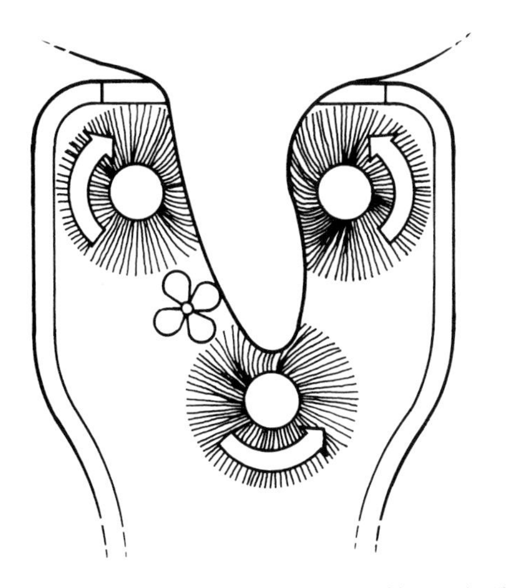

图4-58　在挤奶准备时，常用手持旋转刷进行乳头清洁

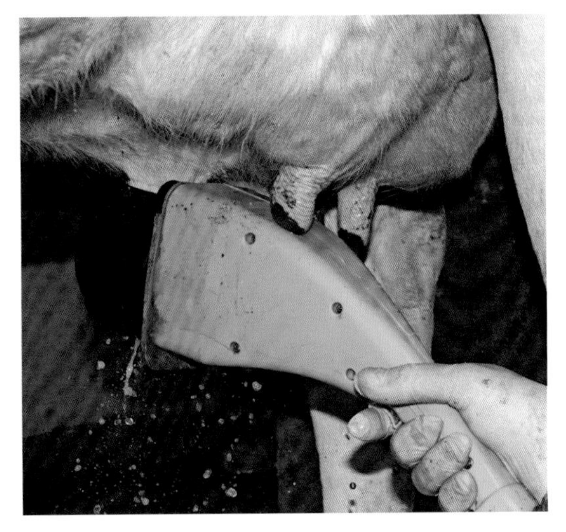

图4-59　电动刷通常在清洁干燥无水的情况下使用

（6）自动或半自动乳头准备流程

乳房的自动准备法主要应用于自动挤奶厅（AMS）。半自动乳头准备也有应用。方法为用一个手持式自动旋转刷对乳头进行处理，其具备清洗、信息传递、消毒和擦干功能。这个工具可以将挤奶信号传递给奶牛，使其发生泌乳反射。自动旋转刷有3个刷子，两个位于顶端，主要用于处理乳头表面及根部；第3个刷子位于末端，用于处理乳头末端。同时，它含有快速杀菌物质，如过氧乙酸。释放消毒剂1s后，刷子开始自动旋转，开始清洁乳头并进行干燥，从其底端可以随时排出清洗后的废液。通常来说，每头牛的处理时间为10～15s。

（7）乳房前药浴（PrMTD）

既可以采用蘸杯方式，也可以采用喷洒药浴方式。相对于后药浴来说，前药浴是一项快速发展并值得推荐的步骤。后药浴则已经应用了很多年，并且已经作为NIRD五项关键步骤的一个环节。后药浴主要目的是控制传染性病原菌传播，并且有改善乳头皮肤状况的功能。而前药浴主要是为了降低乳头皮肤表面的环境性病原菌，并且降低大罐奶中的细菌含量。但是无论前药浴还是后药浴，都只能降低细菌量，而非完全清除细菌。因此，前后药浴只是为了降低细菌通过乳头孔进入到乳房内的风险。后药浴无法控制因为挤奶间隔期间环境性病原菌感染乳房炎的风险，想做到这一点，只能借助前药浴的使用。相较于挤奶前乳房的清洗，前药浴具有很多优点。首先减少了水的浪费，同时仍可以最大限度地降低乳头表面细菌量，减少了乳房炎的发生风险。已证实奶牛在进入挤奶厅时，其乳头上携带的细菌对乳房炎的发生具有重大的影响。无论当滑杯时发生漏气，还是由于乳头真空压的波动，都会造成挤出的奶反冲至乳房内，而引发乳房内感染。当集乳器由于各种原因而导致牛奶运转不畅，而短奶管中奶流量太大，也会造成挤出的奶浸泡乳头孔，造成交叉感染。如果进行前药浴，必须使用单独的毛巾进行擦干，这样的目的不仅在于去除乳头皮肤上的污物，还为了降低药浴液进入牛奶的风险。因此，如果没有擦干这一步骤的话，千万不要使用前药浴。如果乳头太脏污染太大，在前药浴之前必须进行乳头的清洗处理。前药浴液必须保证直接作用于乳头皮肤而非附着于粪便上，以提升其杀菌的效果。在挤奶后保证奶牛站立1～2 h，使其乳头皮肤在完全干燥后再躺卧，能够保证乳头皮肤的清洁程度，最大程度的发挥前药浴的作用（图4-60~图4-62）。包含前药浴的乳头处理流程如下。

① 必要的话，清洗乳头。

② 弃掉前几把奶（也可以在前药浴后进行）。

③ 用有效的消毒剂进行乳头前药浴。

④ 等待15～40 s，保证杀菌效果。

⑤ 使用一次性纸巾或消毒毛巾进行乳头擦干，一牛一巾。

⑥ 为干燥的乳头上杯。

以上步骤可简化为验奶、药浴、擦干和上杯。

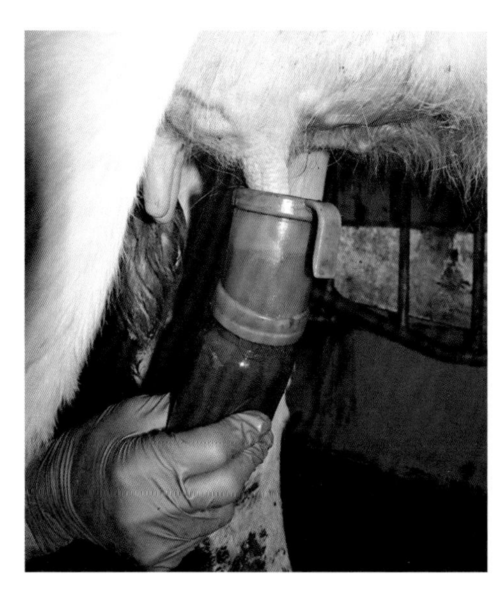

图4-60　乳头消毒杯

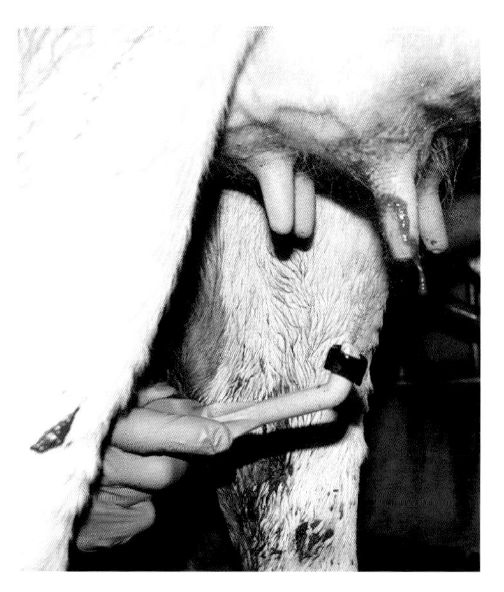

图4-61　乳头消毒喷头

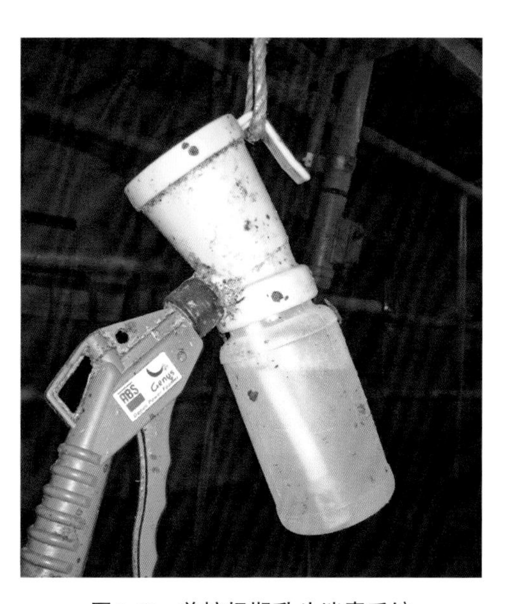

图4-62　前挤奶期乳头消毒系统

在有些奶厅中，挤奶工采取先药浴、后挤奶的方法。这样做的好处是可以通过人工按摩乳头，促使药浴液更好地渗透进入乳头皮肤。但乳头清洁度很差的话，上面有大量的污粪附着，都必须对其进行完全的清洗去除。因为药浴液是无法透过污染物作用于乳头皮肤的。药浴时必须保证所有乳头的外表面完全覆盖药浴液。通常远离操作者的乳头面上总会存在药浴不完全的情况。在药浴时必须保证15～20 s的杀菌时间。当牧场环境性乳房炎高发时，需要提升药浴液的作用时间（30～40 s）。一般操作下，对每头牛来说，药浴操作需要3～6 s，擦干操作需要6～8 s，验奶操作需要4～7 s。即使充分的前药浴可能会延长擦干时间，也必须坚持。尤其对环境管理不佳、乳房卫生不好、奶牛乳头潮湿的牧场来说，高质量的前药浴可以降低50%的环境性乳房炎发病。同时，整个挤奶前处理流程可以加强泌乳反射，缩短挤奶时间。

由于前药浴对降低乳头皮肤细菌有显著作用，因此，对环境性乳房炎高发的牧场，建议采取这种方法。但前药浴液的选择非常重要，一定要在规定的浓度下使用。近期开始使用发泡药浴液，这种药浴液浪费少，且便于擦干。但是前药浴只是其中一个重要环节，需要和其他操作配合进行，如过脏乳头的清洗处理、挤奶后进行后药浴等。所有这些操作环节完美的结合在一起，才能形成很好的乳房炎防控方案。

4. 擦干乳头

这是一个非常关键的处理环节。在乳头清洗或药浴后擦干乳头可以保证牛奶质量、避免药浴液残留和降低乳房炎发生。必须明确的是，擦干的部位不仅是乳头皮肤，还包括乳头末端（图4-63）。

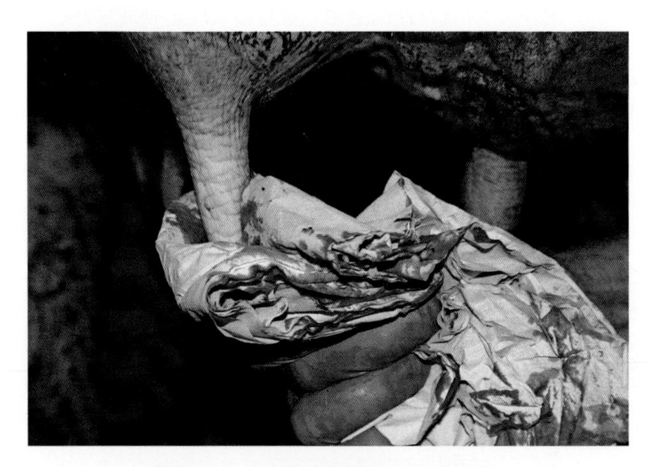

图4-63　乳头擦拭需要从末端开始

泌乳反射和延迟上杯：必须对乳头准备和上杯操作之间的时间进行严格把控，这样做有利于增强泌乳反射。这段时间称为“延迟上杯时间”。延迟上杯时间即从第一次进行乳头操作到上杯操作的这段时间，其必须和催产素的释放时间相吻合。在挤奶的最初阶段，是乳池中的奶被挤出；延迟上杯的目的是为了乳池奶被挤出时，泌乳腺泡中的奶迅速释放至乳池，保证奶流的连续性和速度。如果延迟上杯时间不理想，乳池奶挤出后，腺泡奶不能很好地挤至乳池中，则会导致挤奶流速造成中断，泌乳曲线中出现双峰。在出现此现象后，在挤奶初期，就会发生“过挤”的现象。过挤时乳头处于高度真空下，在大型奶厅中这种情况更为常见。需要指出的是，如果在延迟上杯时间太长，催产素在释放后很快降解，同样会出现泌乳曲线双峰的情况。乳池中存放的奶是在挤奶间期随着时间的延长而不断增加的，因此在挤奶完毕后最初的时间段，乳池中的奶量很少，随后快速增加。乳池存奶量多少是和奶牛产量和泌乳阶段密切相关的。在泌乳晚期的牛，乳池存奶量约1~2 L，对于新产牛来说，乳池存奶量约3~4 L。

目前，延迟上杯时间对优化挤奶效率来说至关重要。尽管最优的延迟上杯时间是随着产奶量和泌乳阶段而变化的，但是通常来说，这个时间设定在60 ~ 90 s是普遍接受的。在一个设计很好的挤奶流程里，乳头准备时间和延迟上杯时间都需要优化。美国的一项研究显示，乳头准备时间达到20s，可以缩短90s的挤奶时间（专指乳头套上奶杯的时间）。挤奶时间的缩短，不仅可以保护奶牛乳头免受更大的刺激和伤害、降低乳房炎的发病率，还可以节省挤奶员的工作时间。

5. 上　杯

正确的上杯方式格外重要。对奶牛乳头前处理完毕，应将挤奶杯细致、连贯地套于乳头之上，以减少奶牛的应激，并尽量避免空气进入到挤奶系统中。尽管在上杯时，完全避免空气进入是不可能的，但是应该使进入量降至最低。空气进入量可以根据听到的噪声很好地评估。当上杯时短奶管应该在集乳器上方处于“卷缩”成一定角度的状态（图4-64），避免空气冲入挤奶机造成真空的波动，同时，要保证奶杯是以垂直状态套入乳头。

图4-64　连接奶杯，套环可以控制空气进入短奶管

6. 奶杯调整

在上杯后，挤奶员需要调整奶杯的位置，操作完后才可以进行下一头牛的套杯。

理想状况下，集乳器应该处于尽可能水平的角度，这可以确保集乳器上的通气孔通畅，使其内的牛奶更容易进入到长奶管中，而不引起短奶管中的奶量过多而浸泡乳头。奶杯的位置良好可以降低滑杯现象的出现，尤其在慢速挤奶阶段；同时可以提升挤奶效率。不同的奶厅构造具有不同的挤奶杯位置评判标准——挤奶机长奶管和长脉动管可能位于“两后腿之间”或者在“两后腿之前”。有些奶厅中使用了长奶管的固定装置，能够帮助维持理想的集乳器和奶杯组位置，有些奶厅中挤奶员通过固定挤奶机的牵拉绳来调整奶杯位置。如果奶牛的乳房很大并且下垂，则很难调整挤奶杯的位置至理想状态；导致奶杯位置不佳、滑杯比例增加，如果这种牛的比例较多，建议适当延长短奶管的长度，以确保正确的挤奶杯位置（图4-65~图4-66）。

图4-65　长奶管需要时常进行调节校准

图4-66　长奶管调节校准的支持系统

7. 挤奶配合

整个牛群的挤奶速度（用单位时间内挤奶头数衡量）完全受到挤奶员人数和挤奶位数量的影响。对一头牛挤奶时，一般来说挤奶时间相对固定，想要提高挤奶效率很困难。同时，如果进行前药浴和浸泡挤奶杯的话，对每头牛来说都会增加相同的额外时间。在鱼骨式奶厅和转盘式奶厅中，每小时的挤奶牛头数还受操作流程的影响（验奶、药浴、擦干等），尤其是奶厅里面有多位挤奶工时这种影响更明显。为了提高挤奶厅的生产效率，很多文章都提出了如何提高大型奶厅挤奶员的配合度问题。常规来说，大型奶厅中不同挤奶员配合主要有两种方式：一是不同的挤奶员各负责其中一个操作环节，配合操作完或整排待挤牛。另一种是将一排待挤牛分组，每个挤奶工负责其中几头，在分组内每次完成一个环节后进行下一个环节，直至挤奶结束。在现代化奶厅中，由于规模较大，一般都是采取几名挤奶员相互配合的方式进行。详细说来，主要有4种挤奶配合模式（表4-4）。配合方式的选择需要考虑到挤奶牛数量、乳头准备时间、挤奶厅类型、挤奶员数量和挤奶位数量等。最终的原则就是能够保证每头牛在挤奶前有理想的上杯延迟时间，保证泌乳反射足够理想，不产生双峰，从而避免在挤奶过程中出现过挤导致乳头损伤，同时提高挤奶效率。

表4-4　挤奶配合模式表

路线类型	方　法
成批挤奶	通常只有一个工作人员。所有奶牛都有挤奶设备配件。从第一头牛开始，一头接一头的进行。这可能会导致延长滞后时间，奶牛通常按鱼骨状排列
成列挤奶	当一个挤奶器进行挤奶程序时，一个人员挤一头牛后，另一个挤奶员进行之后挤奶程序（之前的第一个挤奶员已完成），连接挤奶单元，然后让奶牛放松
局部挤奶	一个挤奶员处理所有的挤奶程序，一般一组有6~8头牛，首先挤奶员在鱼骨排列的奶牛一侧，避免时间延长滞后，所以需要挤奶员的数量较多，都只负责自己的区域
成组挤奶	成组挤奶时在很大的鱼骨排列，与局部挤奶相似，但是每个挤奶员除了负责固定区域挤奶外，还要处理这些区域的检设备配件

8. 挤奶顺序

奶牛进入奶厅通常具有一定的规律，如常常进入同一侧挤奶位。这个原因很复杂，涉及牛群地位、产奶量和胎次等。胎次通常代表了挤奶的总时间，是和牛群地位联系在一起的。奶牛进入挤奶位的顺序常常和其采食的顺序具有一定相关性，这都是其在牛群中地位的象征。保持奶牛这种合理的秩序通常有利于防止乳房炎病原菌在奶厅的传播。必须明确的是，无论奶厅中的操作多么理想，也不可能完全杜绝乳房炎的发生。但是，我们可以尽量减少病原菌从被感染牛群传播给健康牛群的机会。将乳房炎奶牛最后挤奶，有助于做到这一点。尽管在现代化的大型奶厅不常这样做，但是根据“乳房内干净程度”，将牛群进行划分，排出挤奶顺序，是一个非常好的做法。通常划分的依据就是混合样品（4个乳区混合）中SCC的高低。通常进行DHI检测每个月才能一次，而用CMT对每头牛进行测定耗费工作量太大。因此，这项工作实际上也具有一定难度。作者发现，即使做好了这两项日常的检测工作，乳房炎的发生率或者BMSCC升高的情况仍时有出现。因此，到底如何衡量一个乳房是否有细菌感染，仍然需要进行深入的考量和研究。通常来说300 000 ~ 400 000个/ml的牛只就是感染状态，而100 000 ~ 150 000个/ml的牛只乳房相对干净。将牛群用这种方法进行分群，先挤干净牛群，再挤污染牛群，细菌从感染牛群传播给健康牛群的机会就会降低。

9. 挤奶频率

现代化牛场中，奶牛一天通常挤两次奶，而一些高产牛群通常会挤3次。实际上，在挤3次奶时，无论在饲喂成本还是人工成本上，都会有提高；但是由于产奶量也会提高，因此并不好衡量挤3次奶或两次奶的优劣。在英国，当实行牛奶配额制的时候，为了提高产奶量，一些牛场通常会调整为每日挤3次，来完成其配额。在这种情况下，提高牛群产量的根本还是优化饲料配比和改善管理，而非只是单纯的通过挤奶来完成。在一些大型的牛场，根据产量来对牛群进行分组，仅对那些处于泌乳早期的高产牛群每日挤3次奶。一般来说，每日挤3次奶的情况下，乳房炎发病率通常会有所下降，而产奶量通常会提高10%～20%。如果牛群从泌乳期开始到结束，一直实行每日挤3次奶，则泌乳末期的牛群产奶量会有明显的提升。至于乳房炎发病率的下降，既表现在临床乳房炎降低，又表现在SCC的下降。反之，如果一个牛群每天挤一次奶，则其产量会下降40%～50%，SCC会升高。关于这个现象，有不同的机理可以解释。改变挤奶次数即使在几天内其产量就会发生明显变化，这称为即刻效应。主要原因是“乳房内后压力”移除的次数增多，释放化学信号促进乳汁分泌。从长期的影响来看，主要是泌乳激素分泌更多，导致泌乳细胞分化更多，泌乳组织更丰富，从而保证了乳汁分泌量增加。

10. 挤奶间隔

两次挤奶间隔的受制因素主要是人为因素，通常10h—14h这种间隔比12h—12h更常见。如果长于14h挤奶，由于“乳房后压力”作用，会限制乳汁的产生。10h—14h挤奶模式的执行通常是为了让挤奶员不必起床过早，保证其在夜间的休息。整体来说，这两种时间间隔所产生的总奶量差别不明显。当然，这种模式的实行会使早班挤奶的总产量会高一些。不仅仅是产量，早班奶的SCC还会有所下降，一方面可能是由于乳房后压力导致白细胞渗入乳腺内的量更少，另一方面可能由于产量增多引发的稀释作用。

11. 脱　杯

在挤完奶后，需要将奶杯脱落，分为人工脱杯和自动脱杯两种。

（1）人工脱杯

人工脱杯时，需要对处于挤奶末期的牛进行严密的关注。当挤奶员认为奶牛已经完成挤奶后，首先要切断真空，然后再取下挤奶机。在很多奶厅中，挤奶员都喜欢用扭曲长奶管的方式切断真空，尤其在那些低产牛群、低真空压奶厅中（新西兰模式）。通常，人工脱杯依赖的是挤奶工的准确观察和判断，但是过挤和挤不干净的现象时有出现（图4-67，图4-68）。

图4-67　ACRs 不关闭真空，使用手动夹时很危险

图4-68　一些挤奶员，尤其在低真空下，移开连接前，移动长奶管很危险

（2）自动脱杯（ACR）

设置一个脱杯流速，当奶流速度低于这个设定值时，自动切断真空，进行脱杯。但仍会存在延迟脱杯的现象，即奶流速度到达脱杯流速后，需等待一段时间才会脱杯。在一些奶厅中，脱杯流速和延迟脱杯时间都是可调节的。对其进行调节可以改变整个挤奶时间和挤奶后乳房内剩余奶量。通常奶流速度低于200ml/min时，就认为其已经挤奶完全了。延迟脱杯的设定也会对此产生明显的影响。所以在关注脱杯流速时，千万不要忽视计算延迟脱杯的时间，只有把两者结合起来考虑，才能够真正有效判断脱杯时机是否合适（图4-69）。

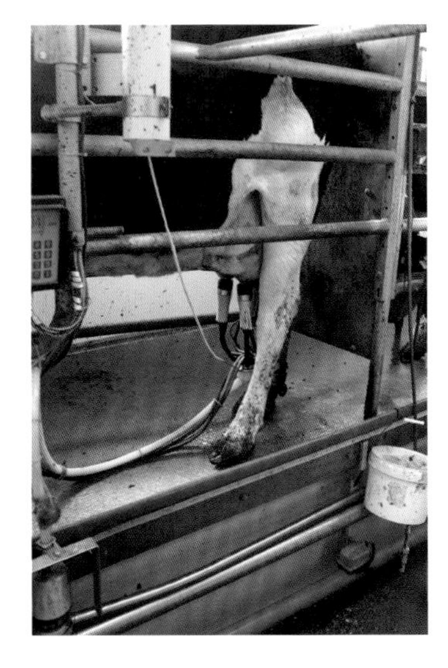

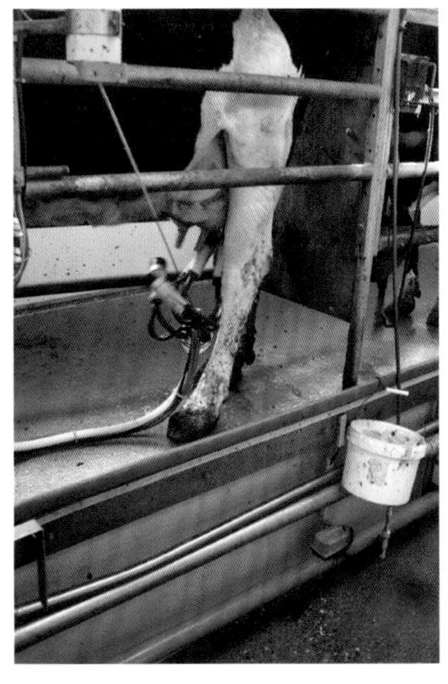

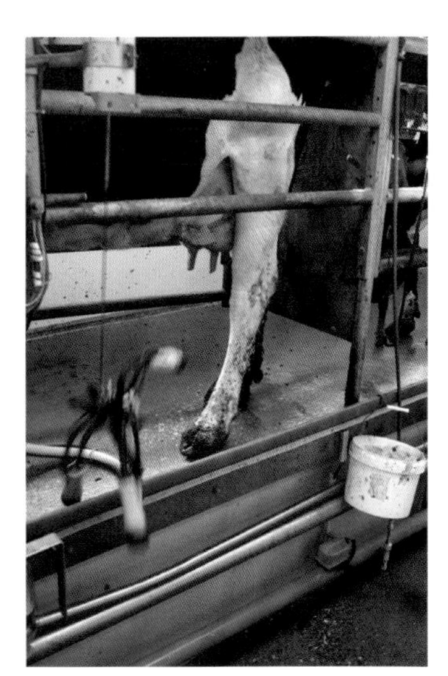

图4-69　ACR 显示集乳器移动过程

（3）过挤和挤奶不尽

脱杯流速设定和剩余奶量测定。想要把乳房中的奶完全挤出是不可能的，尤其在挤最后极少量奶的时候，需要花费很多的时间，并且会使乳头处于长时间的真空压下，大大降低奶厅生产效率和挤奶员的工作量。相反，如果脱杯过早，会导致更多的奶没有挤出而遗留在乳房内，最终会降低产奶量。存留在乳房内的奶量是可以通过脱杯后进行手工挤奶而测定的。通常会选择一定比例的牛，在脱杯后立即手挤1min（每个乳区15s）。计算总共得到的剩余奶量，这是由脱杯流速及延迟脱杯时间决定的。由此可以判断奶厅中的脱杯流速和延迟时间设定是否合理。如果每头牛的剩余奶量在150 ~ 250 ml，说明这些牛挤奶比较完全（有些研究提出对于高产牛来说剩余100 ml也是可以接受的）。然而，如果牛群中乳房剩余奶量大于250 ml的牛只比例超过10%的话，说明牛群挤奶不尽，需要进行调整以利于奶厅产出更多的奶。与之相反，奶厅中也常常存在过挤的情况。判断方法主要是观察脱杯后乳头是否发生变色、乳头根部是否有圆环出现、奶牛在挤奶末期是否出现烦躁不安和踢杯等。如果一个牛群中长期存在过挤的现象，会导致乳头末端的角质化严重、外翻、圆环形成甚至乳头开花。如果怀疑过挤，则可以通过提高挤奶流速和降低延迟脱杯时间来改善。丹麦的研究显示，将脱杯流速从200 ml/min提升至400 ml/min，延迟脱杯时间从12 s降至7 s，则整个套杯挤奶的过程从7.8 min降至6.4 min，产奶量从39 kg/d升至40 kg/d。总之，目前的趋势是适当提升脱杯流速，缩短延迟脱杯时间，以缩短挤奶时间，利于奶厅的生产效率最大化。

12. 机器后挤

一般不推荐机器后挤，压力会从集乳器向奶头末端施加，既不是因为重力，也不能替代手按摩促进将奶挤净的作用。这样很可能导致过挤奶和过度角质化，并有可能造成奶衬卡住，进而形成新的乳房内感染。

13. 乳房炎牛的处理

如果奶牛已经诊断出患有乳房炎，需要将奶挤至单独的容器内。为了保证牛奶质量，不可输入大罐。同时，需要记录临床表现、感染乳区、时间、牛号和治疗方法。同时，在牛体上做好标记。在挤奶结束后，需要对这头牛进行合适的治疗（图4-70，图4-71）（第七章）。

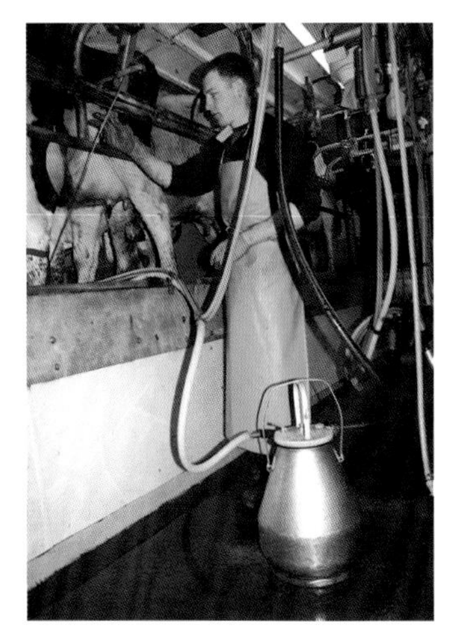

图4-70 倾倒桶，通常用来处理乳房炎牛奶，一般不倒入大罐中

图4-71 一般用来识别治疗牛，提示挤乳员这些牛奶需要丢弃

14. 挤后药浴

降低感染的传播 在挤奶结束后，药浴乳头可以防止细菌通过挤奶机内衬等传播给这个乳头，引起新的感染。让挤后药浴起到作用的就是尽快治疗或干奶那些患有乳房炎的奶牛，或者瞎掉单个乳区甚至淘汰问题牛。传染性乳房炎在牛群中主要是通过挤奶机尤其是内衬来传播的。因此，在挤奶后消毒挤奶机也可以降低感染风险。尽管病原菌的传播能力之间有差异，但是无论细菌在乳房内还是乳头皮肤上寄存的时间越长，其感染其他健康牛群——准确的说是其他乳区的风险就越大。即便是作为环境性的大肠杆菌，也可能会由于一头临床乳房炎牛经过挤奶后，大量的病原菌存在于奶衬中，由此传播给下一头挤奶牛。而一头牛挤奶排出金黄色葡萄球菌后，此菌会在以后7～8个挤奶批次中，存在于奶衬中，造成感染风险的加大。

后药浴 挤后药浴的主要目的有两个，一个是杀灭挤奶后存在于乳头上的细菌，这些细菌有可能来自挤奶机，也很可能来自相同挤奶位前一头乳房炎牛的牛奶；另一个是改善乳头状况。对于后药浴来说，其含有的杀菌剂类型、浓度和护肤剂的种类及比例之间的差异很大。因此，杀菌剂和护肤剂之间比例的平衡很重要。如果保护乳头皮肤能力增加的话，很可能杀菌能力就有所降低；如果增加杀菌能力，很可能对乳头护肤能力有负面的影响。一般来说，湿润、光洁的乳头对细菌的抵抗能力更好，可以降低乳房炎发病率。所以，根据传染性病原菌在牛群中的流行程度（用BMSCC衡量）和目前乳头皮肤的状况，杀菌或者保护皮肤的后药浴液可以进行针对性选择。最近利用能够封闭乳头孔的药浴液正成为一种流行趋势，可以有效地防止挤奶间期环境性细菌感染乳房。在这种药浴液的开发过程中，难点是找到一种既能持续黏附在乳头皮肤上，又在挤奶时方便去除的产品。通常这类产品选择不当的话，可能会因为在乳头皮肤上形成的“塑料膜”去除不佳而阻塞挤奶管道滤器并降低牛奶质量。最近，已经出现了一些可以快速杀灭细菌、保湿性能好、能够很好地覆盖乳头孔并不硬化成膜的产品。这些产品据说即使在药浴液干燥后也能够维持功能，尤其是奶牛躺卧在潮湿的垫料、淤泥和污粪中，药浴液会发生再水化而起到再次杀菌和保护乳头的功能。

通常来说，后药浴消毒方式包括喷洒和蘸杯两种人工方式（图4-72~图4-75），目前也有自动后药浴的使用。一般来说，后药浴消毒应该在脱杯后尽快进行，以防止乳头上的细菌沿着开张的乳头管进入到乳房中。目前，一些药浴杯设计成可以减少药浴液污染或者减少浪费的模式。这类药浴杯通过隔层分为两个腔，一个作为储存药浴液的腔，另一个则行使药浴功能。挤压储存腔，药浴液会流至功能腔，但是由于负压作用，功能腔的药浴液在使用后可以自动反吸至储存腔。这种药浴杯即使在奶厅中打翻，也不会造成药浴液的浪费。而喷洒药浴的使用则需要在奶厅中安装很多固定药浴枪，使奶厅中每个挤奶位点的牛都能够接受药浴。这类药浴枪必须能喷出足够力度的药浴液来保证消毒质量。在有些情况下，挤奶员使用手持式喷雾器对每头牛进行后药浴。通常来说蘸杯药浴比喷洒药浴要更有效，因为前者药浴液和乳头的接触更充分。在正常使用下，喷洒药浴液使用量比蘸杯方式多，前者每头牛使用约15 ml，而后者约10 ml。

图4-72　牛乳头浸杯

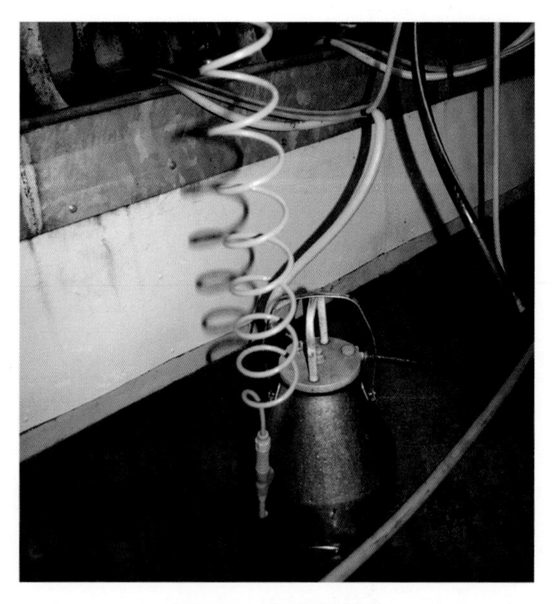

图4-73　牛乳头喷雾

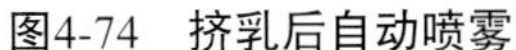

图4-74　挤乳后自动喷雾

图4-75　手持喷雾器

自动后药浴　使用特殊的药浴液输送系统，在奶牛挤奶后对乳头进行自动药浴；目前，已经开发挤奶后通过奶杯内衬释放出药浴液的自动药浴系统。

奶厅外的自动后药浴：这种药浴方式由于其局限性并不常用。主要方法是在奶牛挤后通道中安装一个具有感应功能的自下而上的喷洒器。当奶牛在挤奶后走出奶厅的过程中，感应器识别奶牛，然后将药浴液喷洒至4个乳头表面。主要缺点在于挤奶脱杯后到进行喷洒药浴的间隔时间延长；感应器有时候存在漏掉药浴的情况；药浴的准确度不够高等。

奶厅内的自动后药浴：通过挤奶系统本身对乳头进行后药浴。

自动后药浴和冲洗（ADF）：由RDI开发了一项挤奶后自动药浴和冲洗系统。在奶衬内口处有一个小孔，在挤奶后药浴液和清洗液可以通过小孔喷出。简单来说就是这个奶衬是特殊设计的，有一个管道将奶衬和集乳器相连。并且集乳器和长奶管、长脉动管也有特殊管道相连。药浴液和清洗液可以经此管道由长奶管运送到集乳器中。一旦奶流速度降到一定阈值，真空关闭，在挤奶机脱杯前乳头可以进行药浴。在此期间，挤奶机杯组和乳头处于完全接触状态，因此，使用的药浴液量相对较少（6～8ml），而结果较佳，且药浴面广。药浴液不但可用来消毒乳头，还可以对奶杯内衬进行一次提前冲洗和消毒。脱杯后，小孔内又喷出清洗液（清水或者消毒液），对其进行冲刷和消毒。冲刷奶衬中的药浴液残留，使其不进入大罐奶避免造成污染。毋庸置疑，避免药浴液进入挤奶管道而污染牛奶非常重要，在这项自动药浴和自动冲洗功能成熟之前，一直使用人工的清洗方式。ADF的使用有很多潜在的好处。包括避免了人工的介入，保证了在挤奶后立即进行药浴，保证了药浴质量，减少了药浴液的使用量。同时，减少了挤奶员后药浴操作的工作量，使其有更多精力关注其他的操作细节，同时保证了挤奶效率，缩短了牛群挤奶时间。值得注意的是，不像其他的常规集乳器，ADF自动牵拉绳是位于集乳器顶部而非底部，所以更便于上杯时的操作。但是自动系统需要更为精确的提前设定，否则不能很有效的工作，包括真空的切断时间、药浴液的传送、脱杯的把握等，这些对保证药浴质量、避免乳头末端受损和药浴液的冲刷等都非常关键。这些环节的调控都是通过ADF中控制箱完成的。有时尤其是在使用药浴后自动冲刷功能时，后药浴的选择常常会有一些额外的考量。使用过氧乙酸冲洗剂，挤奶杯的消毒工作非常有效，在选择后药浴液时，通常选择长时间保护乳头皮肤的产品。这就像使用不同组分和功能的前、后药浴液进行搭配一样。用于消毒奶衬的消毒液和前药浴液大体类似。这类药浴液的“快速杀菌”作用非常重要，因为在奶杯消毒后很快就进行冲刷，留给奶杯消毒剂的作用时间很短。是否可以在很短时间内杀灭大量的病原菌，起到有效作用，是衡量奶杯内衬消毒剂的重要指标。总的来说，当选择使用乳头皮肤保护能力强、作用时间长还是快速杀菌效果好的前、后药浴液时，有必要对其进行综合考量。（图4-76~图4-82）

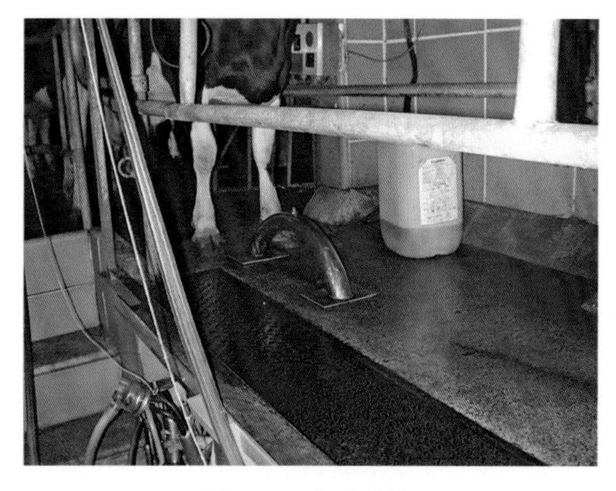

图4-76　自动喷雾

图4-77　ADF放松阀

图4-78　ADF奶杯组

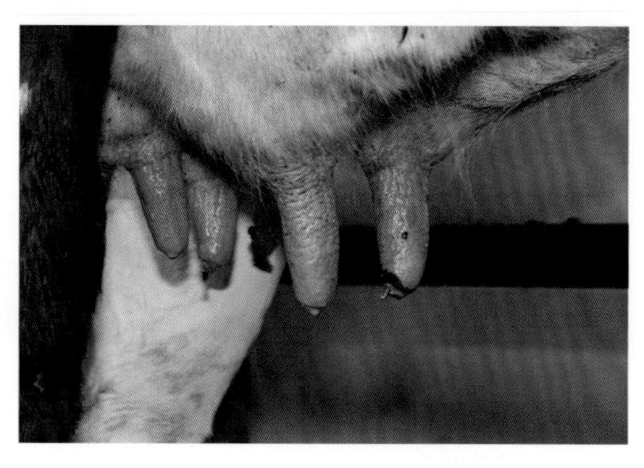

图4-79　ADF乳头浸入消毒

图4-80　ADF 先清洗乳头浸杯中的清洁剂

图4-81　ADF 后续清洗

图4-82　ADF控制箱

当使用ADF自动药浴和清洗系统时，这两部分实际上是不可分的，必须相互配合才能发挥出好的效果。ADF通常选择能够保证后药浴质量的产品，同时对奶衬进行消毒也常能起到额外的作用，必须指出消毒挤奶杯肯定比不进行任何针对性操作效果要好（这一点在挤奶杯消毒部分会再提及）。大多数的ADF应用都会在自动药浴步骤以后辅以清水或者消毒剂清洗（最常用的是过氧乙酸），以加强挤奶间期奶杯组的消毒效果。在这种情况下，奶杯组的细菌量通常都会很少，因此，乳头后药浴液的选择可以倾向于使用乳头保护能力强的。这两个步骤几乎是在很短时间内顺序完成，并且不需要花费额外的人工，对于目前的规模化牛群数量越来越大、挤奶厅的工作压力不断增加的现状来说，能够大大提升挤奶厅的工作效率。奶牛养殖业的规模还在扩大，而且人工成本越来越高，自动处理系统如自动脱杯、自动后药浴和自动冲洗内衬等技术非常受欢迎。在选用这些技术的同时，也不要忘记，如果设备维护不好的话，会起到负面的效果。比如自动脱杯流速发生变化导致过挤或挤奶不尽，又比如说使用ADF自动药浴系统时对奶杯内衬的消毒不佳等，这些都会导致乳房炎的增加。任何使用自动化意味着省时省力，而前提则是设备的设定和维护都很好的情况下；反之，如果维护不好，则产生的负面影响会较人工处理更为严重。

当乳房炎病牛挤奶后，在挤奶机内衬中肯定会存留含有大量细菌的牛奶；当下一头牛挤奶时，无论是乳头直接浸泡在污染的牛奶中，还是通过牛奶的晃动或反冲作用感染到乳头，都会增加乳房炎的发生风险。一头乳房炎牛在挤奶后，如果对奶衬不做处理，会增加接下来在相同挤奶位的6～8头牛乳房炎感染风险。挤奶机内衬、挤奶员的手和用于多头牛擦拭乳头的毛巾，都是这类传染性乳房炎在牛群中传播的媒介。

挤奶后的奶杯消毒和冲洗（图4-83~图4-89） 通常来说，一个操作卫生的挤奶流程对乳房炎在牛群中的传播非常重要。以前，乳房炎在牛群中通常都是由挤奶员的手和用于擦拭乳头的毛巾来进行传播的。随着挤奶员形成了戴手套的习惯并且一牛一巾，这类乳房炎的传播风险大大降低。另外，在挤奶结束后，对挤奶杯和内衬进行消毒，也降低了乳房炎经由挤奶机进行传播的风险。但是，在乳房炎控制常规注意的“五点事项”中，目前还不包括奶杯的消毒。“五点事项”与之相关的一步是要求在挤奶结束后立即进行乳头后药浴，以杀灭脱杯后粘在乳头皮肤上的任何病原菌，让它们没有机会侵入到乳房内而引起乳房炎发病。尽管进行后药浴这一步骤的操作十分重要，同时在挤奶前戴上手套并使用“一牛一巾”的擦拭方式对乳房炎控制非常有效，但不可否认的是对挤奶杯进行消毒，在近些年来越来越受到广泛重视，这是能够降低传染性乳房炎在牛群中传播风险的另一有效步骤。

对挤奶杯消毒包括消毒内衬口和内衬里、冲洗和消毒内衬外壳。在此基础上执行正确的乳头处理及挤奶操作流程，就能够最大限度地预防病原菌的传播和乳房炎的发生。据本书作者现场观察，在挤奶机消毒操作这一步，越来越多的奶厅正在安装自动消毒系统，取代目前的人工消毒。但是当挤奶机自动消毒后对其进行观察，令人吃惊的是有很多残留牛奶仍然存在于内衬中。留在奶衬中的2～3 ml牛奶，很可能就是导致乳房炎在牛群中广泛传播的重要因素。对挤完奶的奶衬进行观察，发现在奶衬的内口处总是有不断积聚的残留牛奶。如果不巧这正是一头乳房炎奶牛的牛奶，里面还有大量传染性病原菌，那么下一头挤奶牛的乳头与之直接或者间接的接触，将是最佳的传播途径。研究显示，如果不做任何处理，乳房炎牛奶和其含有的大量细菌会在内衬中停留很长时间，可以传染给其后6～8头用此内衬进行挤奶的牛。因此，当我们在挤奶前对乳头进行很好地清洁处理和前药浴，将干净的乳头放于这种奶衬中，以前所做的工作等于完全白费。当乳房前刺激时间不足或过长，导致泌乳反射下降的情况下，上杯后乳头处真空压的波动会很明显，导致奶流反冲进入乳房，这部分乳房炎残留奶也会随之进入乳房内，感染的可能性也就变得更大。最常用的奶杯消毒剂就是低浓度的过氧乙酸（0.2%），具体配制方法为50 ml的过氧乙酸原液加入到25 L水中。也可以将浓度提升至0.5%，在这个范围内使用都是安全的。通常在牧场里会使用0.3%的过氧乙酸溶液。在有些牧场中，通常前药浴和奶杯表面的消毒清洁做得都不错，但是残留牛奶的情况很常见，因此，选择何种奶杯消毒剂、浓度设定值为多少都需要考虑。为了使奶杯消毒更方便、有效并且浓度准确，无论是人工消毒还是使用自动消毒系统的奶厅中，都需要为消毒器安装特殊的计量泵。如果消毒剂使用量过大或浓度过高，会影响大罐奶的质量，甚至不能通过乳制品场的检测。需要注意的是，传统的后药浴液如果用于前药浴或者奶杯消毒，往往是无效的，反而会引起奶中化学制物质的残留（图4-90~图4-104）。

图4-83　挤奶后奶衬口部的牛奶

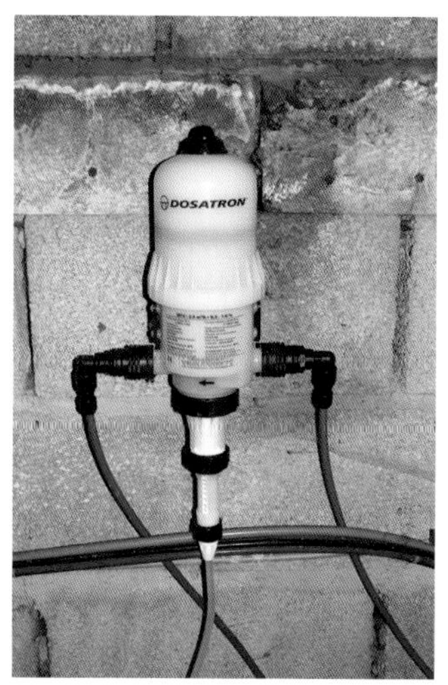

图4-84　加入消毒剂（一般已知浓度），常用过氧乙酸

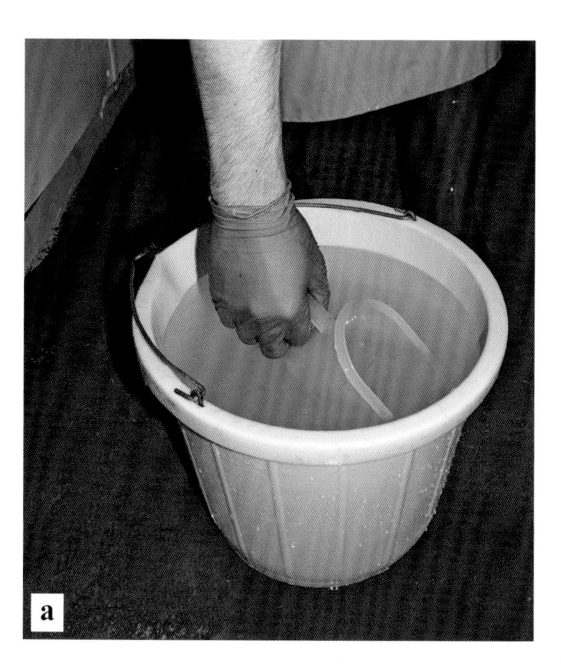

图4-85　奶杯组清洁（a）取出清洁液；（b）将奶杯拿到清洁液上部

图4-85 奶杯组清洁（c）奶杯浸入；（d）奶杯完全浸入

图4-86 交替浸入，在两个浸入的同时，另两个可放在桶外

图4-87 交替浸入，换另外两个

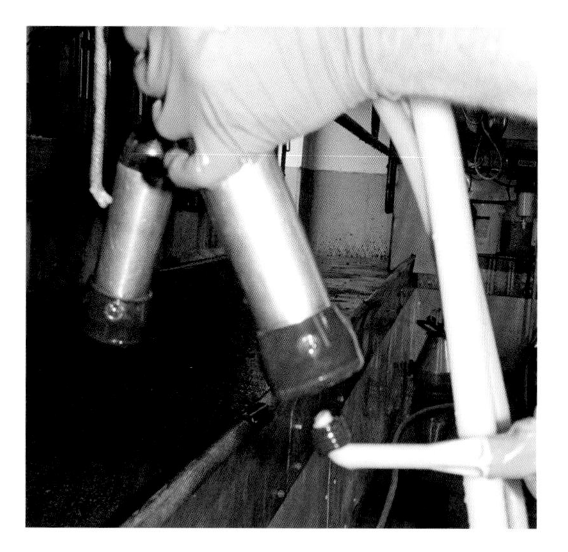

图4-88　奶杯倒置，清洁内衬

图4-89　乳房炎牛挤奶后，长奶管会受损，尤其在管道过滤器用水和清洁液清洗后

图4-90　清洗机控制设备

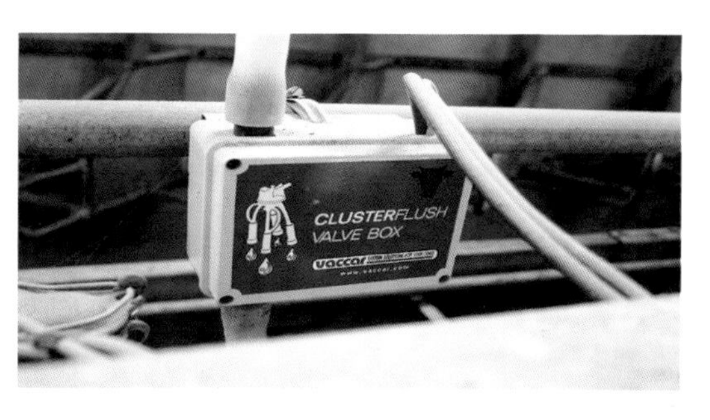

图4-91　清洗压力设备

图4-92　清洗设备通过“Y”形管连接长奶管

图4-93　清洗设备先洗出的是牛奶

图4-94　清洗设备二次清洗和最终清洗

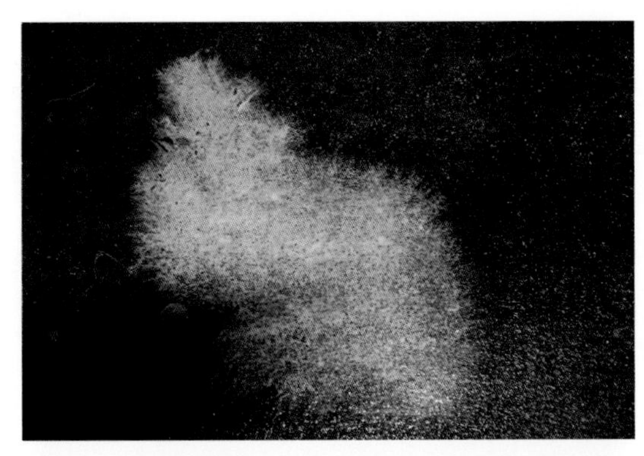

图4-95　清洗外壳中大约50便士硬币大小的空间

图4-96　机器或自动挤奶系统（AMS）

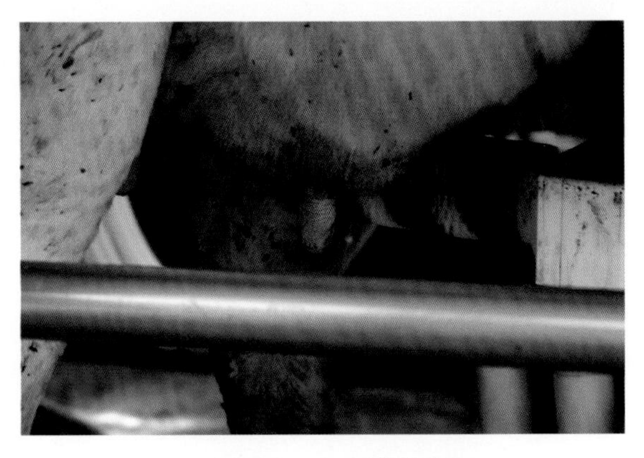

图4-97　AMS乳头准备

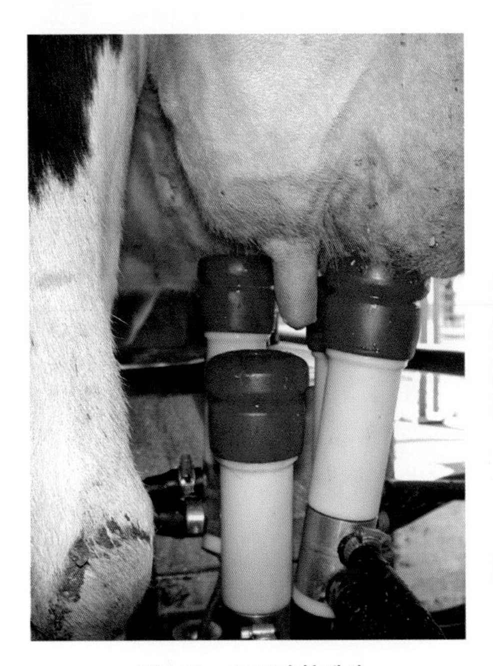

图4-98　AMS连接乳头

图4-99　AMS挤奶

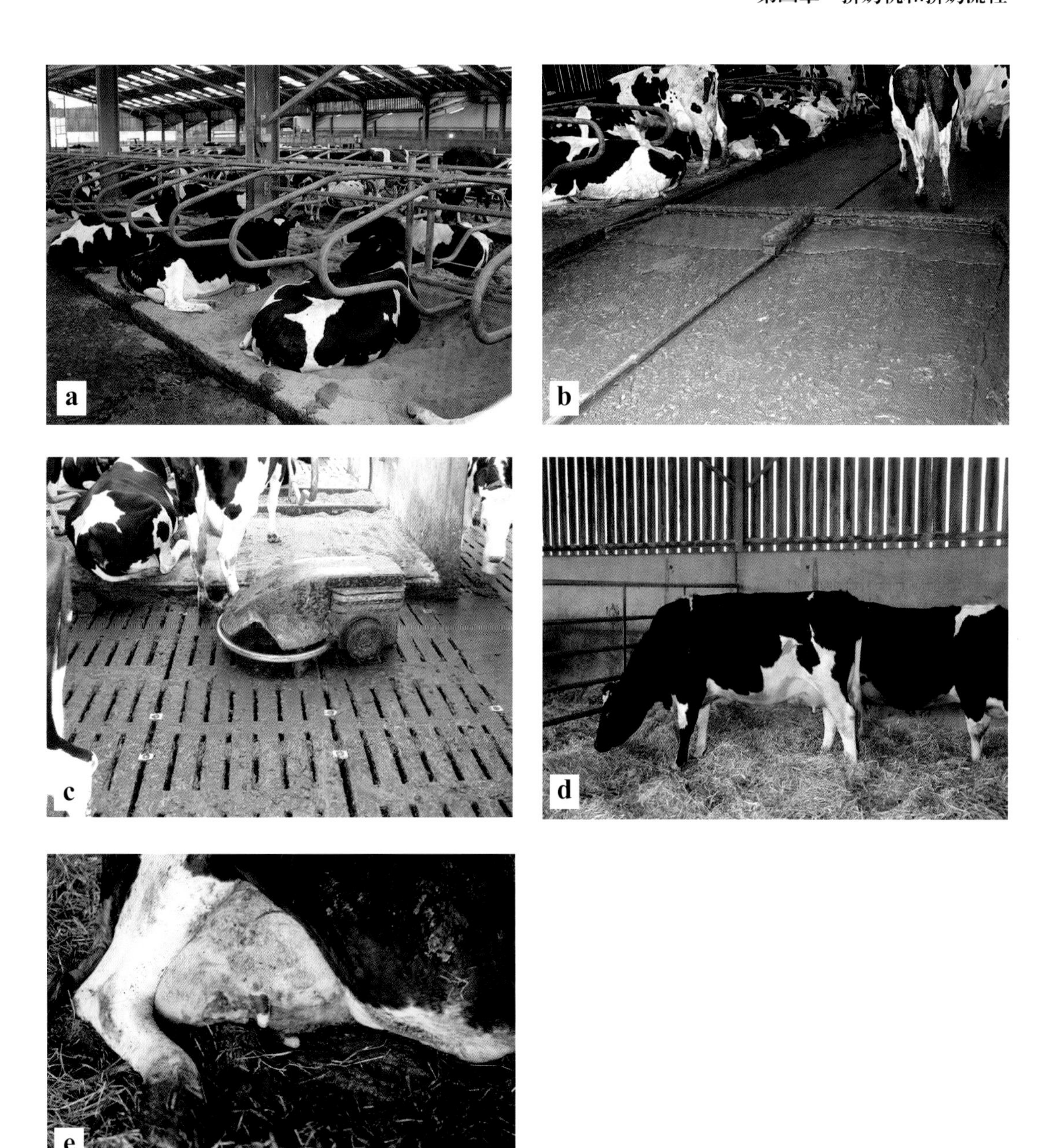

（a）牛很舒适 （b）自动清理 （c）机器清理（d）干草 （e）脏的牛床

图4-100　圈舍很重要

图4-101　清洗容器保持清洁

图4-102　牛挤奶后自动清洗

图4-103　清洗连接设备很重要，是挤奶过程的基础

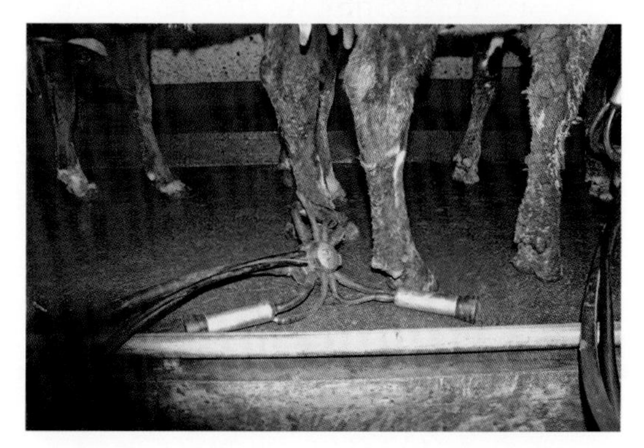

图4-104　连接脱开，增加了牛粪便污染的机会

第五章　乳房炎的记录和用处

一、乳房炎的记录和目标

（一）记　录

与乳房炎相关的记录是变化的、可获得的，一些是法律要求的还有一些是自愿的，有些还需要一点花费如每头牛的SCC。

1. 散装奶的体细胞计数（BMSCC）

对所有的牧场，法律要求每月取四五次，这些数据用来预测月数据，月数据会用于预测3个月的几何平均数。几何平均数可以消除任何的非典型的、高得离谱的结果。把SCC转化为对数，将对数平均化，然后将结果转化为一个数据来预测几何平均数。也可以观察BMSCC更长一段时间，12个月的滚动平均数是显示长程趋势的有用数据。

2. 临床型乳房炎病历记录

准确的临床型乳房炎记录可以提供真实的病例发生率（季度治疗数量）和乳房炎发生率（每100头牛中的病例数）。牛的身份、季度感染、使用的治疗方法等详情，伴随理想状态下的治疗反应，会使记录变得更加有用。之后可以计算重复率和复发率。复发率是需要一次或更多重复治疗的病例部分，并且与慢性感染相关，特别是传染性病原。重复率包括所有的重复治疗，它可以对现有感染的持续时间和疗效给予提示，但是重复率明显受到扑杀政策的影响。也就是在扑杀之前允许重复的次数。

记录可以记在纸上也可以记在个体牛记录卡上，或者把它们记录在牧场或兽医计算机系统，例如Interherd，1-Stop和Uniform Agri。基于网络的记录系统正逐渐被开发用于牧场健康记录，例如北爱尔兰的CIS和FarmWizard。

首次购买者的个体牧场散装奶质量报告，显示了取样时间、乳脂（BF）、尿素（UREA）、蛋白（PRT）、体细胞数（SCC）、细菌总数（BAC）、潜在的抗生素侵害（ANT）和收集量（表5-1）。

表5-1　Torridge Vale 公司实验室记录（第9页）

参考	时间	BF	UREA	PRT	SCC	BAC	ANT	
	07/02/2006	3.730	0.043	3.190	161.000	47.000		517.000
	15/02/2006	3.700	0.051	3.160	265.000	35.000		520.000
		3.720	0.047	3.180	220.350	47.000	0.000	518.500

3. 管子的使用和购买

所有的农场必须记录所有泌乳牛和干奶牛使用的管子，即必须从兽医实验单据上购得。但这确实有局限性，因为每个乳房炎病例所使用的管子数是有变化的，且对于已经治疗的乳房炎病例数量不能给予准确地指示。对于干奶期奶牛的治疗，并不是所有的牛都需要治疗，乳头内部封闭疗法是一个复杂的因素，可以作为一种替代或者联合使用。

4. 亚临床型乳房炎记录

个体牛的SCC　SCC指示了患有亚临床型乳房炎牛的数目和详情。见图5-1和SCC细节部分。

Health: Animal Cell Counts

NMR

Herd No.　　　Recording Date

ANIMAL Name	Line	LACT No.	LACT Days	Mastitis Cases - No - Last Case	PREVIOUS TESTS Lact Ave.	No > 200	18 JAN	22 FEB	24 MAR	CURRENT TEST 24 APR	% Contrib To Herd	FARM USE
ANIMALS WITH LATEST TEST 200,000 OR ABOVE												
S L DEBBIE 118	0541	1	212		254	3	179	102	81	955 +	1	
S JELT MYRTLE 44	0671	2	30		955	1				955 +	1	
S BLACKBEAUTY 17	2020	11	325		745	10	802	589	1196	793 ++		
S MANAT JEAN 207	0948	1	93		620	2		445		769 +	1	
S SARGENT BARBARA 25	0203	3	281		280	8	497	240	280	766 ++		
S CRACKER DEBBIE 139	0931	1	49		409	1			62	710 +	1	
SANDYRIDGE AGATHA 47	2410	4	219		152	1	60	82	88	695 +	1	
S PRINCIPAL JEAN 178	0369	3	14		694	1				694 +	1	
S R AARON RUBY 29	0048	3	275		136	1	72	124	43	686 +	1	
S ROYSTON AGATHA 65	0596	1	261		236	4	186	163	239	669 ++	1	
S JUCKU BARBARA 36	0731	1	250		140	1	00	30	78	669 +	1	
S FATAL DEBBIE 106	0189	2	315		176	2	150	56	573	663 ++		
S SNOWDROP 80	2090	9	161	1 23 Feb	1102	3	91	5274	549	635 ++		
S PAULA 46	2302	6	558	1 14 Jan	384	11	435	352	527	618 ++		
S PRINCIPAL RUBY 35	0343	3	180		234	3	33	213	152	599 +	1	
S L DROP JEAN 198	0832	1	46		374	1			95	599 +	1	
S P AGATHA 64	0569	2	59		312	1			82	587 +	1	
S RAPTURE JEAN 138	2479	4	342		585	5	5354	133	1164	582 ++		
S LUCENTE JEAN 200	0893	1	30		576	1				576 +	1	
879 S M DEBBIE 136	0879	1	30		559	1				559 +	1	
S ROYSTON DEBBIE 117	0516	2	189		245	2	89	117	96	557 +		
S HELEN 60	2094	10	260		175	4	107	284	288	557 ++		
SANDYRIDGE JEAN 108	2241	7	450		191	5	235	103	1311	555 ++		
S JEAN 136	2445	5	193		522	6	689	99	586	529 ++	1	
S ASTRE BLACKBIRD 89	2547	4	69		775	3		1444	685	526 ++	1	

NOTES: A cell count of "9999" means the test result was 10 million cells/ml or greater　　' +' means the result was over 200,000 this month, but not last　'++' means the last two months were both over 200,000

Health: Animal Cell Counts　　Version: 2.22　　Date Printed:

图5-1　牛SCC记录表

（二）细菌学研究

1. 样品结果

取自临床型病例、亚临床型病例（高体细胞数的牛）和收集罐（包括不同的）的奶样结果是有效的。总的来说，结合牛群的历史，兽医需要对结果做出解释。

2. 挤奶机保养

挤奶机保养记录可以显示使用的频率和上次使用的时间。检查衬垫更换时间间隔，对于标准的橡胶衬垫最佳使用期是2 500挤奶量。

3. 目　标

见表5-2和表5-3。

表5-2　亚临床型乳房炎的目标

参　数	目标	冲突
BMSCC × 1 000个/ml	<100	150
微生物 × 1 000个/ml	<20	30
小母牛SCC数目>200 000个/ml	<5%	10%
二胎牛及以上SCC数目>200 000个/ml	<10%	20%
出现新的亚临床感染病例数目（ANSI或者新的）	<5%	10%
初产牛SCC 数目>200 000个/ml（第一）	<15%	25%

表5-3　临床型乳房炎目标

参　数	目标	冲突
乳房炎发病率（每100头中的病例数）	30	40
种群感染率	20%	30%
复发率	<10%	<15%
每牛每年	1.5	2.5
每例用管数量	4	6
乳房炎淘汰率	<2%	5%
干奶期乳房炎发生率（夏季乳房炎）	<1%	5%

二、牛奶生产质量

目前和以往的控制牛奶质量的措施

曾经，在牛奶生产上提高食品卫生标准已经有所反映，1982年10月，牛奶销售局（MMB）以TBC的形式将细菌计数引入并作为付款参考。牛奶销售局当时采购英格兰和威尔士的所有牛奶。所以使用软硬兼施的鼓励方法（正如SCC一样）来推动奶质改善。从最初的TBC到最近和今日根据细菌总数来调整牛奶的价格，以作为奖励或处罚的依据。1982年10月，TBC 使所有的奶农为人类消费生产牛奶在4个月前开始支付方案实施， TBC最佳时期牛群的数量从25%升高到接近75%。

直到1994年11月1日英国解除牛奶市场管制后，监测牛奶质量的平板计数法渐渐取代TBC。由于行业放松管制，来自农场的原料奶开始直接销售。1995—1997年，个人企业将平板计数法用于支付测试。在英国大部分城市现在仍使用平板计数法，虽然不同于TBC，没有设置限制。但在英国法律设置了100 000个/ml 的规定。根据他们提供的牛奶平板数值，奶农获得不同的价钱。一般根据两个月的几何平均数计算。

三、牛奶生产的卫生检测

1. TBC/TVC

通过测定每克或每毫升（视情况而定）总细菌数（TBC），可以很容易监控粮食和粮食产品包括奶制品如奶、奶酪和酸奶的质量。过去TBC用于监测牛奶卫生，支付罚款系统用于鼓励卫生的牛奶生产。这种方法涉及培养活菌计数，因此，在食品工业和食品界更广泛使用总活菌计数（TVC）这个术语，事实上，对于牛奶来说，TVC是个更恰当的词。监测细菌培养类型例如TBC/TVC是非常耗时的，要花费数天而非几分钟，会受到某些类型的细菌影响如厌氧菌和耐冷菌，它们会不生长和细菌凝集使细菌计数偏低。在细菌培养章节的散装奶部分，我们会探讨一种可用于评估牛奶中几种细菌来源的特异性TBC。

2. 细菌总数测定仪

这是一个更快速的系统，只需花费几分钟就可以对所有活菌体进行计数，不需要通过传统的实验室条件将细菌接种在平板上进行计数。因此，可以更准确地计数厌氧菌和耐冷菌，凝集问题也变得很少，所以这种计数结果会更高，更能代表真实的细菌数量。

3. 大肠杆菌计数

食品标准局（FSA）一直致力于改善食品安全问题，建议必须将总大肠杆菌计数引入原奶供应的支付罚款制度。虽然O157的流行率在牛上通常认为是很低的，且大部分被消费的奶都经过了巴氏杀菌，但是这个提议是为了减少大肠杆菌O157的威胁，很符合FSA风险预防原则。

4. 体细胞计数（SCC）

SCC表示的是每毫升奶中体细胞的数量，其逻辑上可以作为一种乳房健康的间接测量方法或指示物（但需要说明的是其他非感染因素可以影响SCC），因为SCC主要由免疫细胞组成，免疫细胞在感染乳腺中可以大量产生。因此，SCC的变化可以当作感染的预警。

四、SCC的作用与意义

体细胞来源于希腊语somatikos，意思是“躯体的”。大约95%的体细胞是白细胞，其余部分主要是上皮细胞，上皮细胞会间歇性排泄并进入奶中。牛奶中两个总体的绝对数量和不同类型的白细胞比例会随一些因素而改变，包括泌乳阶段，一年的不同时候，昼夜变化，挤奶频率、间隔和压力，但是最明显的改变见于对感染的应答，在SCC上引起变化。

绝对数量　市场上用SCC来确定乳房健康水平，并且通过使用来自4个乳区的混合牛奶样品来测定。当讨论感染对奶SCC的影响和确定感染可能的阈值水平时，在一个单独乳区的水平上测定SCC更加适合。普遍认为未感染乳腺的奶中SCC总是低于100 000个/ml细胞，反之奶中SCC大于100 000个/ml细胞意味着这源于感染的乳腺。除此之外，有证据表明非常低的SCC可以增加乳房内的感染风险，体细胞不但可以对乳腺内感染提供防卫，还是一个提示。

比例　正常牛奶里的主要体细胞是巨噬细胞（65%～85%），其他为白细胞，包括淋巴细胞（10%～25%）和嗜中性粒细胞（0～10%），还有独自充数的上皮细胞（0～5%）。来自感染乳腺的奶含有超过90%的中性粒细胞，上皮细胞的比例不变，其他为巨噬细胞和淋巴细胞。

1. 经济影响

SCC的升高在产量和质量方面带来的经济影响一直未受到奶农关注。只有当经济处罚更直接，降低牛奶价值，支付处罚，奶农才会注意利益与体细胞计数相关。在本书第一章可以寻找更多经济学信息。

2. 如何测定体细胞数?

SCC最简单的测定方式是在显微镜底下观察和计数（直接显微镜计数），但这种方法非常耗时并且很显然不适合乳制品行业的高吞吐量需求。自动化最初由一个库尔特计数器引入，其对大于一个固定大小的颗粒进行计数；当然这可能包含了上皮细胞、细胞碎片和气泡。当乳制品行业转向Foss，即现在的方法时，显示散装奶体细胞计数有轻微的减少。全世界大部分的SCC方法都基于Foss技术，使用氟光电原理，通过荧光手段而不是利用粒子大小来对细胞进行探测和计数。这种准确性的提高是因为荧光染料溴化乙锭可以穿透白细胞细胞壁，并且与核物质DNA形成一个复合体。

3. 影响SCC的因素

乳房炎性细菌　大部分病原菌可以引起非常明显的SCC升高，并且很有可能>200 000个/ml细胞。少数病原菌可以导致SCC明显升高至50 000个/ml细胞或者更少，这可能很难检测，特别是在奶牛水平上（混合样品）。

挤奶频率　尽管当牛群由每天挤奶两次转变为每天挤奶3次时，BMSCC可能出现一过性的升高，但是大体而言每天挤奶3次的牛群的BMSCC将低于每天挤奶两次的。

挤奶间隔　延长挤奶间隔往往得出一个较低的SCC，部分原因是背压降低细胞渗出；部分是由于延长挤奶间隔增加绝对产量，导致现有体细胞被稀释；因此，早晨奶的SCC比晚上奶要低。在英国一些牛奶记录公司使用“因子分解”，用一次挤奶的奶而不是两次挤奶的混合奶来分析产生每月的牛奶记录数据。调整（分解）产奶量、脂肪和蛋白质以便计算每天的数据，但是这对于SCC是不可能的。作为分解过程的一部分，连续数月交替上午挤奶和下午挤奶使蛋白质、脂肪和产奶量正常。因此，在牛群（BMSCC）更重要的是在奶牛水平，SCC会有明显的改变。在奶牛层面新的感染和恢复率会随着昼夜的变化而失真，而不是通过改变奶牛的SCC。

季节变化　夏季形成升高的BMSCC，在季节性产犊牛群的泌乳后期，可见与泌乳期升高无关。这种机制还不清楚，但是在全世界的很多牛场可以观察到。随着气候的变化，夏季BMSCC有些升高可能与热应激有关，特别是在盛夏，牛在牛群中树下蜷缩着的时候。

昼夜变化　初乳的SCC最高。在泌乳后的几个小时，SCC渐渐降到最低水平，这可以发生在随后的挤奶前。

泌乳阶段　不管牛是否感染，产犊后SCC立即升高可能与应激有关，特别是小母牛。SCC升高可以持续两周，因此，在此阶段需要对升高的SCC作出解释。一些牛SCC升高一段时期后开始降低，而后在余下的整个泌乳期SCC都趋于升高。生理现象可能不是主要因素，而是说明这些牛面临和发生亚临床感染的几率增加，并伴随着产奶量下降，导致体细胞的稀释度降低，特别是在干奶期前。在泌乳后期SCC的升高对亚临床感染牛来说是非常重要的，因为，许多牛的SCC直到干奶期维持在50 000个/ml细胞以下；当大部分牛接近干奶期时，将这用于季节性产犊牛群的BMSCC升高，可能就有点过度了。这可能预示着有更高的亚临床感染患病率，在这个季节大部分牛产奶增加，且体细胞被稀释时需要及早检测。

年龄 SCC升高的牛，年龄是因素之一，更是有机会增加乳腺感染的一种表示，并且是有效的间接揭露方法。大体上，年龄越大的牛乳腺更有可能被感染，因为它们被挤更多次，但是这与年龄本身没有什么关系。很多年龄大的牛会有一个较低的SCC。

应激 应激会使SCC升高，尽管有时很难确定是否有其他因素。应激是由新的牛群混合引起的，在围场孤立个体奶牛或者用狗追赶提示可以提高SCC，这种最大提高发现于以前的奶牛乳房炎历史。常规月度挤奶记录大型数据库的一些初步工作显示，低牛奶蛋白与SCC升高可能有联系。低牛奶蛋白可能预示着因为低膳食能量引起的营养应激。

日常 与任何生物系统一样，SCC会有一些虽小但有时很重要的日常变化。有一点需要记住，牛在不停地与入侵的细菌战斗并且获胜。为了达到这一点，牛体将不时地需要募集大量的体细胞来赢得斗争。如果在那时检测SCC可能会记录到一个很高的结果，一个小时或几天以后检测结果会非常地低或甚至正常。牛有“不愉快的日子”且需要注意，可能会有一个没有意义的高的SCC结果。如果这是一个持续感染的开始，有很重要的意义。

五、什么样的牛奶需要检测?

因为人类消费，牛奶从收集奶到单个乳区的样本都可以进行SCC检测。通常收集奶来源于牧场的散装奶罐，即个体牛的样本。根据样本的重要变化和对感染检测的敏感性，可以了解每种奶的特点。一般来说，不同检测的结果变化，会使感染检测的敏感性随之变化。牧场大罐奶的12个月均值或是3个月均值，都可以通过牧场收集罐奶进行检测。可以准确了解每月（每周）每头牛，甚至每个乳区的数据。

1. 牛群或散装奶体细胞计数（BMSCC）

个体奶牛的奶都进入散装罐，因此，牛群或散装奶罐的SCC实际是由个体奶牛的SCC组成的。这可以用来估计这些牛的普遍感染情况。尽管在BMSCC上对个体牛的影响依赖于产量和SCC的综合，这可以评估100 000个/ml细胞在 10%的发病率中的增长。为了人类的消费每月必须有4或5个“每周”散装罐样品，这些经常以文字信息方式发送给奶农。从这些结果中分析每周的BMSCC数据，计算滚动的3个月的BMSCC均值，这些均值相反还可用于质量支付。通过将每月数据转换为对数来计算3个月均值，把它们平均化，然后用反对数把它们转化回一个可视的SCC。这个的效果在于可以消除一个离谱的、单一的、高的BMSCC的影响，因此，可以将奶农支付用的数据平稳化。虽然不是用于支付目的，但对于观察长期趋势和监控乳房炎健康计划进程，滚动的12个月平均BMSCC是一个有用的数据。

BMSCC仅仅说明牛当时把它们的牛奶加入到了散装奶罐。显然，这不包括当前的干奶牛，也不包括奶被散装罐存留的牛。这些可能包括正在治疗的牛、刚产犊的牛和高SCC的牛。这就是说从奶牛群售出牛奶（来自于牛奶允许进入收集罐的牛）的BMSCC是一个“操作数据”，并且通常会低估了牛群的BMSCC。因此，不能反映牛群真实的乳腺健康状态。对于那些每月定期做个体牛泌乳记录的牧场来说，更好用的数据是计算BMSCC，因为通常正在泌乳的牛都奶记录，即使这些牛奶被禁止混入收集罐。通过计算理论上的BMSCC 和每头牛的产量及SCC，就可以获取一个更实际的BMSCC，得出更确切的牛群乳房健康状况。

2. 个体牛体细胞计数（ICSCC）

每月定期的个体牛记录可能是体细胞计数最常见的用处，并且其几乎专用于4个乳区的混合奶样。在说明结果上这确实是采用了综合体，因为这代表了4个乳区的平均值（假设所有乳区有相同的产量）。牛有感染乳区却没有被发现，是非常危险的。特别是当牛只有一个乳区被感染而其他乳区的SCC却很低时。例如，有一头牛的SCC是180 000个/ml细胞，这个值低于200 000个/ml细胞的临界值（大多数农场主非常高兴有这样子的牛群），可能是3个乳区的SCC是50 000个/ml细胞，一个乳区的是570 000个/ml细胞[(50 × 3)+(570)=720，然后除以 4等于180]。

不应该对此感到惊奇或担忧，这仅仅用于解释个体牛SCC的局限性。通常人们可接受的敏感性和特异性大约在75%。或者换句话说，有75%的感染牛的SCC＞200 000个/ml细胞，SCC＜200 000个/ml细胞的牛中有75%是未被感染的。

增加的成本和收集四倍样品的实际问题使每月定期的个体乳区SCC检测，只对研究项目可行。混合样品可作为在乳区水平上使用Cow-side方法例如CMT作进一步测试的一个指标。

解释：考虑到影响SCC的很多因素，可以看出它们只是感染状态的一个指南。任何与由SCC的感染状态制定决策必须依据多个结果。当评估感染状态时，对于任何检测，重复的结果和趋势可以提高准确性。在售牛在泌乳证书上使用的泌乳阶段通常是非常误导人的，除非他们很低（图5-2）。感染阶段更有用的指标是最后3个SCC结果，因为这是当前感染阶段而不是过去的阶段，清除感染可以延长泌乳阶段，否则会更糟糕，一头干奶期的牛目前已被感染，但是在这个阶段更早的由充足的低SCC记录数量来维持低的泌乳平均水平。

改变SCC临界值：200 000个/ml细胞是一个很好的通用工作临界值。但伴随75%

的敏感性和特异性，我们预期的临界值是可以改进的。与很多检测一样，改变临界值来提高敏感性将会以降低特异性为代价，反之亦然。如果更加确定牛被感染，例如，需要选出牛来取样或治疗，那么临界值可以升高到300 000个/ml细胞（见下面的牛群指南）。如果这个话题是个重要优先的事，并且需要确定牛没有被感染，也就是说，要运营一个“洁净的”低SCC牛群或者如果要运用对感染牛进行乳腺抗生素干奶处理和未感染牛进行乳头封闭中的任何一个干奶牛政策，那么临界值可以降低至150 000个/ml细胞或甚至到100 000个/ml细胞。以确保一旦有问题，那么很有可能一个未感染的牛会被认为受到感染。在这种“洁净的”环境下，可能意味着未感染牛会进入不洁净的牛群（对牛群是个错误），但是这比感染牛进入“洁净的”牛群要更好，在这个牛群这种错误会通过对洁净牛群的感染进行传播而被混合。在这个二选一的方法中，未感染牛可能会接受抗生素治疗，这通常会发生在进行乳头封闭前，这总比感染牛被遗漏了要好，感染牛要在在最佳时机通过乳头封闭治愈而不是抗生素干奶疗法。在后面的示例中，现在的情况是很多牛群无疑将对所有牛联合使用乳头封闭和抗生素干奶疗法当作来帮助防止在干奶期已治愈但在产犊前有感染的情况。

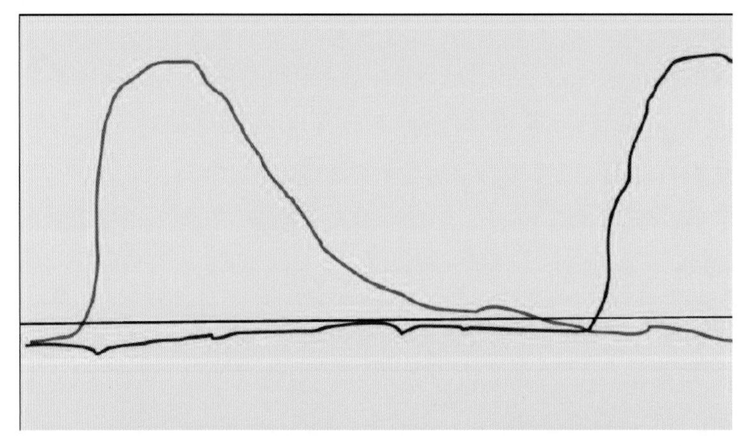

图5-2　哺乳期平均水平可以评估牛的水平（平均值很低的情况除外）

绿线：牛哺乳早期有问题，但干乳期正常　红线：牛哺乳早期没问题，但干奶期有问题

两牛的哺乳期均值相似，那么会选择买哪头牛呢?

3. 个体牛SCC可用来做些什么？与生产记录一样，个体牛SCC主要用于两方面

首先，他们可以用来制定需要采样牛的措施列表或一些进一步的措施。根据新感染病例使用SCC一个更复杂的方式、恢复的牛和干奶期表现来监控个体牛SCC变化的总体情况，在这种情况下被称为感染力度的研究。因为大部分记录公司把他们的数据存入电脑，实际上一个牛群的牛奶记录数据量是相当大的，因此，已经开发了多种的软件程序来解析牛群的感染力度、对牛群进行比较和制定措施列表。有一种叫牛群伴侣的软件程序是由来自于雷丁大学兽医流行病学和经济学研究单位（VEERU）的詹姆斯·汉克斯和安德鲁·詹姆斯开发的。目前奶农和兽医可以在互联网www.nmr.co.uk/使用这款软件程序、链接到牛群伴侣，可以查看可手动下载示范牛群的图表和数据。将在下一章节讨论细节和方法问题。

六、牛群伴侣

1. 目　标

通过使用解析性计算机软件来控制和管理已记录的牛群的个体牛每月体细胞计数。

2. 概念的演进

在全球，在每月例行的基础上个体牛SCC是可用的。在英国，大约在1986年，个体牛体细胞计数数据就已经使用了，此后多年牛奶记录公司已经给奶农和兽医提供大量的文书工作，这些经常被保存在塑料包装内并存档在农场办公。随着现在技术的发展，例如电子邮件和短信，保证了结果能迅速传给奶农和兽医，直到最近才使得通过解析数据来评估泌乳期和干奶期的新的感染率和恢复率成为可能。

通过200 000个/ml细胞临界值来识别牛可以监控的，即SCC上不是升高（出现新的亚临床感染病例[ANSI]）就是降低。监控这样的数据不仅可以用来对需要注意的牛创建措施列表，而且群趋势可用于基准关键领域，例如泌乳期的新的感染率和干奶期的表现。通常分析每月个体牛SCC数据也可以识别最近体细胞数超过200 000个/ml细胞临界值，并且随后的一个月里仍然处于感染状态。确认、治疗没有痊愈的、新的亚临床感染病例。其直接的好处包括缩短亚临床感染的时间，对此，反过来在泌乳期将会减少临床病例。

我们希望通过消除亚临床感染来确保提高产奶量，但并非经常如此。间接的好处包括降低牛群内部感染乳区（感染的大熔炉）的发病率，可以减少传播的机会，由此也可以产生降低新感染率的倾向。监控和消除持久性新感染病例，在适当的情况下将限制牛群内慢性感染病例的发展，反过来会进一步降低其他牛群的感染压力，并且可能减少牛群临床突发状况的机会。长期控制SCC需要在对快速诊断细胞计数升高的牛时有一个重点。密切监测新感染的牛，可以保证及时治疗那些无法自我痊愈的牛。

BMSCC数据和每头奶牛每月的SCC产奶记录对体细胞数进行了初步统计；牛群指南注重体细胞数动态变化的本质，强调奶牛的状态变化，不仅要在泌乳期记录，还要在干奶期和随后的产犊期进行记录。牛群指南记录了干奶期的各项指标，而

BMSCC数据和SCC产奶记录则记录了产奶期的新发感染和恢复率的检测情况。当使用200 000个/ml细胞作为感染临界值，需要考虑到产奶记录确保检测的体细胞数不在特定的时期（如产犊期、干奶期）。因此，在每月定期的产奶记录中对于数据的解释具有一定的局限性，因为SCC数值跟奶牛所处的不同时期有关。奶牛SCC数值升高可能已经自愈，在SCC结果有效的时期（通常5~7d）低SCC奶牛可能已经发生感染。在泌乳期通过观察一系列有效的SCC数据和使用CMT可帮助评估奶牛的状况。在泌乳期和干奶期奶牛的最后一次产奶记录中，或者在产犊期和泌乳期的第一次记录（两个阶段最多可长达4周），对感染状况和干奶效能的估测不会对假定感染产生影响。作者认为在整个牛群水平，这种影响是微乎其微的。

3. 泌乳期感染的动态变化

根据现在的SCC数值和先前的产奶记录，目前所有奶牛状况可被分为7个组。其中4个组包含最可能感染的奶牛（最近的SCC数值＞200 000个/ml细胞），其余3个组则是最可能的非感染奶牛（SCC数值＜200 000个/ml细胞）。

（1）高水平SCC（＞200 000个/ml细胞，可能发生感染）

新发升高：在泌乳期的非第一次的产奶记录中首次出现高水平SCC。

首次升高：在泌乳期的第一次产奶记录中即具备高水平SC。

反复升高：尽管在先前的产奶记录中SCC水平不高，但随后在泌乳期中SCC增高出现至少两次。

慢性升高：在这次和先前产奶记录中均呈现高水平SCC。

（2）低水平SCC（＜200 000个/ml细胞，可能未发生感染）

首次降低：在泌乳期的首次产奶记录中即具备低水平SCC。

康复性降低：低水平SCC出现在高水平SCC之后。

未感染：在这次和先前产奶记录中均呈现低水平SCC。

4. 现在的慢性感染奶牛源于何处?

作者和James Hanks博士在英国国家乳品记录（NMR）中（2006年12月1日至2007年1月21日的奶牛的初步记录）获取了相关资料。这些资料囊括了来自5 174个牛群的585 277头泌乳牛，代表了英格兰和威尔士大约40%的奶牛和牛群（乳品发展委员会，2007）。根据以上定义，资料中记载的近两次产奶记录中SCC数值＞200 000个/ml细胞的奶牛即为慢性感染牛。只包括泌乳初始SCC＜200 000个/ml细胞（泌乳开始后发生慢性感染），而那些开始泌乳SCC即大于200 000个/ml细胞的奶牛，可能在干奶期甚至先前的泌乳期就已经发生了感染。

在资料中的所有奶牛中，105 330头奶牛（18%）当前SCCs超过200 000个/ml细胞，76 920头奶牛（13%）则为高SCC的慢性感染牛。推测56 082头奶牛（占所有奶牛的10%，慢性感染牛的80%）是源于泌乳期的感染。继续追溯这些奶牛在此次泌乳期的第一次SCC＞200 000个/ml细胞的产奶记录，大多数（70%）第一次SCC增高值低于500 000个/ml细胞，超过50%低于350 000个/ml细胞，24%在200 000~250 000个/ml细胞。获取的资料显示，最新一期的SCC分布中60%的奶牛SCC仍低于500 000个/ml细胞，这些本次泌乳期发生慢性感染的奶牛SCC峰值（从首次SCC＞200 000个/ml细胞之后的SCC最高值），有36%仍未超过500 000个/ml细胞。

5. 感染的自动扶梯效应

假定奶牛开始泌乳时乳区未受到感染，而一旦发生感染SCC即可发生多样性变化。受到感染的奶牛看似坐上了自动扶梯，SCC的增高（SCCs＞200 000个/ml细胞）导致加速上升或者下降。如果SCC降至低于200 000/ml细胞，不管是自愈或者药物干预，奶牛相当于跳下了扶梯。利用人为干预的有效的SCC管理方式（如治疗，放任或者淘汰）必须考虑到成功率，对不同的牛采取合适的干预办法最关键。区分不同奶牛的窍门是，如果治疗要确保奶牛跳下感染的扶梯，否则不要浪费时间，而且要考虑到相应的药物、废弃的奶的成本。

6. 未来的考虑

准确的早期感染鉴定最关键。随着技术进步，早期感染鉴定越来越精确、及时和有效，就会发现明显的乳房炎苗头从而进行早期治疗。对感染的早期治疗乳房炎更容易，但是要具备一个基本的理念去阐释治疗之于牛本身自愈的问题，显然有时需要做出让步。如果通过合理的推论，去监测和鉴定明显的、新发的和亚临床的病因微生物，在预防阶段有计划实施就可以进行治疗。根据SCC高的奶牛的乳区进行乳样的培养结果鉴别出明显的、新发的和亚临床感染，要证实在适当的环境下相应的治疗是可行的，且能在早期感染阶段消除感染。做决定时要考虑到诸多因素，如要治疗要考虑到如下一些情况，如涉及的病原类别，牛群中SCC升高相近的奶牛数量，感染蔓延给其他牛的风险，治疗和弃奶损耗的成本以及潜在的BMSCC升高所致的罚金亏损。SCC持续升高的奶牛也应如此评估。

（1）早期治疗的优势（假定早期检测是准确的，假阳性诊断没有或极少）

① 改善奶牛福利（乳房炎甚至是亚临床乳房炎伴有疼痛）。

② 降低牛群中感染的蔓延（大多数明显是由传染性病原所致）。

③ 降低生产损失。

④ 提高临床细菌感染的治愈率和体细胞的恢复。

（2）早期治疗的劣势

可能会出现对可自愈病例的治疗，对于假阳性病例的治疗。

7. “坏掉的”奶牛不必治疗

纵观奶牛业历史，养殖和兽医人员大多重点关注那些SCC最高的奶牛，认为主要是它们“破坏”了BMSCC，特别是那些产奶量高的奶牛。它们中多数奶牛发生慢性感染，对泌乳期时的治疗反应不明显，而在被淘汰或者等到干奶期治疗（此时治疗成功率较高）之前应该做相应的处理（如最后挤奶或者大群消毒）。在大量资料中慢性感染的奶牛开始和持续性的SCCs水平一般会被大部分养殖和兽医人员所忽视。事实上，70%的慢性感染的奶牛开始感染时SCC低于500 000个/ml细胞，60%维持在低于500 000个/ml细胞。这些慢性感染牛在牛群中是主要的感染储存器，尤其是从日常产奶记录中获取的所有SCC数值，它们可以反映牛的4个乳区的状况。因此，由于受到其他3个未感染乳区的乳汁稀释，从一个单独感染乳区获取的乳汁（一般奶牛不是只感染一个乳区）SCC就会相当高。

8. 干奶期绩效

干奶期绩效要面临4种情况。200 000个/ml细胞的临界值用来判定奶牛状态的变化，此时观察奶牛是不是需要注意防范、治疗，受到感染或者一直处于感染状况。它可以最后一次判定产犊前奶牛是否发生其他感染，并且是否需要在干奶期进行治疗。在整个干奶期持续感染的奶牛是无法辨别的，因为SCC记录只有泌乳期末和下一次泌乳期开始时的数据，SCC只在奶牛泌乳期进行检测。

低低：未感染奶牛在干奶期也未受到感染。

低高：奶牛在干奶期受到感染。

高低：奶牛在干奶期感染被治愈。

高高：奶牛在干奶期一直持续性感染。

此段源自牛群指南，细节的报告超出了本书的范围，但是作者已经刊出了一篇指导性文章 *Getting the most from cell counts*，BCVA，Cattle Practice，2005，vol.13 (2)，pp.177-84。

（1）每月工作清单

SCC高于200 000个/ml细胞的奶牛列在4个异常SCC感染组（新发、首次、反复、慢性）的相应位置。最重要的新发和首次感染的组别，因为它们是最近发生的，可能也证实了用CMT鉴定采样和/或治疗的有效性。作者用300 000个/ml细胞作为临界值，用CMT对这4组的奶牛进行检测，可以提升检测的特异性。许多额外的信息，如产犊天数和本次及上一次的泌乳期超过200 000个/ml细胞的记录样本数，都包含在数据分析的报告中。

非康复报告可能是最重要的工作清单，记录了上个月（和在本月SCC仍高于200 000个/ml细胞）所有新发和首次感染（近期感染）的奶牛的最新的SCC数据，所以，所有高SCC的奶牛都可以鉴定出来。

干奶期细则记录了产犊牛在它们新泌乳期的首次泌乳记录中，高SCC可被鉴定出来。

（2）目标和干预水平报告

报告提供了产奶记录的牛群概况，附有7个泌乳状态组（4个感染组和3个非感染组，以SCC 200 000个/ml细胞为临界值）的奶牛数量的摘要数据，例如，新发感染率[ANSI]（目标为泌乳牛的5%）和首次感染率（目标为产犊牛的15%）可能会受到监测。

干奶期概要提供了干奶期低SCC奶牛的保护率和高SCC奶牛的治疗率。

（3）牛群趋势指示图

3个图表可概括牛群绩效。

SCC摘要图表显示了7个泌乳状态组的滚动趋势，监测7个参数，如新发感染率或者慢性感染流行情况。

新发感染图表则展示了新发感染的康复率。

干奶期图表显示了正在进行的对产犊牛的保护率、治愈率、发生感染率和持续感染率的比例的观察。

（4）计算机解释软件的未来

软件资料库利用SCC测试的变化来指示可能的感染状况。如果未来发展发现一个新的改进乳房内感染的测试方法，这个基础的资料库仍是有效的。例如，如果乳汁淀粉样蛋白A或LDH发现可以更好的测试乳房健康，只要附带上从非感染到感染的变化的临界值和在旁边设置好的目标和干预水平，这款软件同样可以正常使用。

第六章　乳房炎诊断

一、牛旁“诊断”

对于牛旁检测来说，即时的结果才有用。这对进行诊断试验的研发人员而言是一个巨大的挑战。若是挤奶员能在奶牛离开挤奶厅之前就能对其进行合适的治疗，获取诊断结果的速度就变得没那么重要了。大部分所谓商业化的牛旁测试是以细菌培养为基础的，并且花费的时间超过12 h甚至达到48 h才能得到结果，所以在速度方面与常规的商业化实验室诊断没什么不同。但有些牛场比较偏远，不方便把样品送到实验室进行检测。常用的牛旁试剂盒有Tymast，Eazyculture和Petrifilm。

也有其他牛旁诊断，如通过观察来区分不同的乳房炎类型。有研究显示，由革兰氏阴性菌（如大肠杆菌）引起的乳房炎牛全身呈现“病态”或“极度病态”，并伴随奶产量降低的情况，比革兰氏阳性菌（例如金黄色葡萄球菌）要多。研究发现，利用产奶量和行为来预测微生物的革兰氏反应总准确度几乎达到78%~79%。研究结果表明这种观察的总准确度较高，并建议把乳房炎牛的临床症状作为区分相关病原微生物可能分型的有效参考。这种方法与常规的检测方法相比，或许可以制定更好的治疗方案。

1. 未来的牛旁诊断测试

在第四章讨论过的牛奶淀粉样蛋白A（MAA，milk amyloid A）可能更适用于牛旁检测而不是诊断。尽管一些研究表明，MAA能为病原菌的判断做出指示，使其更接近于诊断而不仅是检测。

多聚酶链式反应（PCR，polymerase chain reaction）是一项能对遗传物质（通常是DNA）进行扩增的技术，用来鉴定测试结果。PCR是一种高特异性的诊断方法，将来也许能成为一项几分钟显示结果的牛旁检测方法，并应用于挤奶厅。这项技术应用广泛，例如法医进行人的DNA序列鉴定后能够匹配到个人，而利用细菌或病毒的DNA就能进行迅速诊断。目前，这个测试需要花数小时（而不是一天甚至更长时间来培养细菌），对于牛旁检测来说不够高效迅速。PCR诊断也有一些限制，它能够检测出细菌或病毒DNA的部分片段，而细菌或病毒是否存活，是否为一个完整的病原或数量多少对于诊断没有影响。这个已经牵涉牛奶样品的问题，因为样品中含有一个或两个细菌不能说明这个乳区曾被感染过或正在感染病原菌。PCR仍在发展，实时PCR（real-time PCR）技术（测定DNA在扩增时的增加量）能半定量的指示在原始样品中所检测到的病原菌的数量。

2. 细菌学培养——黄金标准

环境中的细菌能引起奶牛的临床型乳房炎，增加体细胞数（SCC，somatic cell count）或细菌总数。有许多不同的细菌能够产生如上的后果，对不同细菌经常需要不同的控制方法。传染性和环境性病原菌有非常明显的区别，个别细菌类型间有微妙的区别。不同类型的细菌可能对任何一头牛造成影响，以上3种类型的细菌或者再加上临床型乳房炎，都能够增加SCC和细菌总数。所以，如果要控制，必需要知道引起具体问题的主要病原菌是什么。通过对奶样的细菌培养来测定细菌，其诊断的有效性取决于取样的质量以及样品送达实验室时的质量。温度和运输至实验室的速度很重要。污染样品的细菌能很好地掩盖病原菌并误导结果，因为不能保证引起乳房炎的潜在细菌是来源于乳房内。不充分的诊断结果和污染的样品，都是浪费时间和金钱。

牛奶样品的采集 ① 如果有需要，清洗/擦干；② 药浴/等待；③ 擦拭；④ 涂抹；⑤ 除去；⑥ 涂抹；⑦ 取样。

采集干净的乳区奶样（图6-1）

（1）准备工作

标记灭菌的样品管，提前填写所有表格。

确保双手洁净，再戴一双干净的手套。

（2）清洗乳头

用消毒过的乳房洗液清洗乳头，再用单独的毛巾擦干乳头。

前药浴（如果可以）药浴与皮肤的接触时间维持30s。

用单独的毛巾擦去乳头药浴。

重复清洗乳头，再用浸泡过消毒用酒精或甲基化酒精的棉拭子对乳头进行消毒；重复擦拭直到出现无任何东西的干净区域再丢弃棉拭子，舍弃头几把奶（喷射5~6次）。

（3）取样

用浸泡过消毒用酒精或甲基化酒精的棉拭子对乳头末端进行清洗和消毒；如果采集多个乳区或 4 个乳区混合组成的样品，从距离最远的乳头开始到最近的乳头；每个乳头使用一个新棉拭子。

采集奶样的时候尽可能保持样品管的水平，不要让任何东西与瓶口或瓶盖内部接触。

每个乳区采集一两把奶，从距离最近的乳区开始，直到最远的乳区。

（4）运送至实验室

送达实验室前冷藏样品；如果样品在24 h内无法到达实验室，可以送至实验室前冷冻。

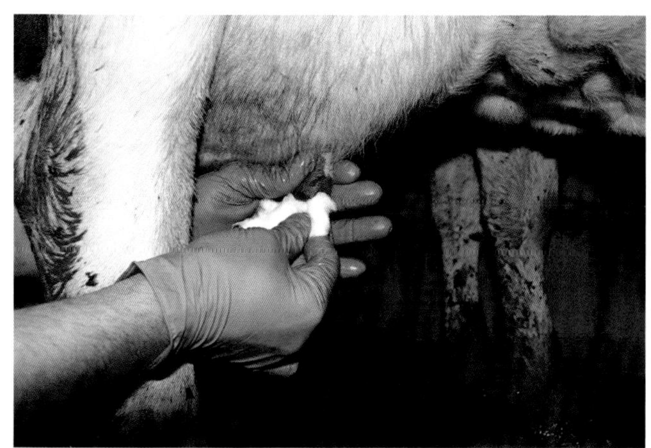

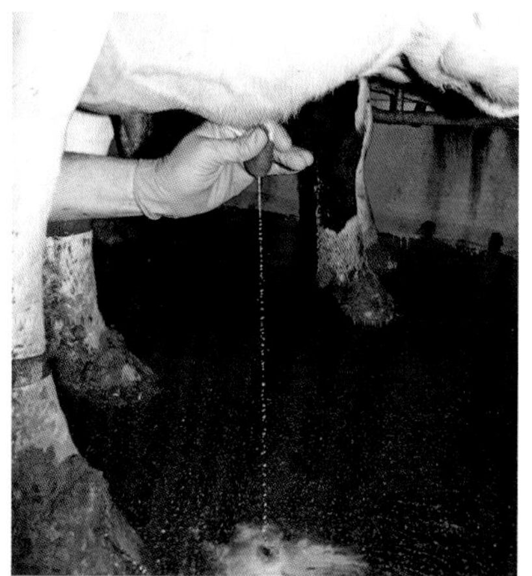

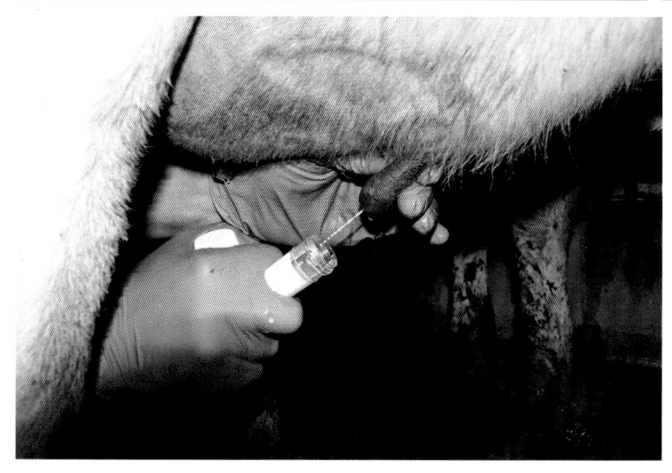

图6-1　清洁示范，从顶部到底部：从乳头的末端开始擦拭，乳头管内注射也适用。去除开始的奶，也适于乳头准备。按压乳头底部，确保奶可被挤入瓶中

3. 如何采集干净的大罐奶样品

（1）准备工作

标记灭菌的样品管，提前填写所有表格；确保双手洁净，再戴一双干净的手套；如果到老式奶罐内部舀取样品，可以用长型的直肠检查手套。

打开奶罐的搅拌器搅拌2 min至牛奶完全混合。

（2）取样

老式的结冰式奶罐，常常有覆盖整个奶罐的巨大罐盖；打开罐盖，小心地把一个灭菌管放入牛奶里直到充满，尽可能避免奶样从瓶内流出。

现代奶罐在上表面常常有不适合取样的小开口；打开收集牛奶的阀门使奶样流动几秒钟，然后收集中间段的牛奶；运送至实验室。

运送至实验室前冷藏样品；把样品置于冷却袋或冰上运至实验室。

4. 涂板，培养和鉴定（图6–2~图6–4）

涂板指的是把一小部分奶样转移至生长培养基上，经过培养过后，细菌单菌落得以生长并能进行鉴定。奶样内常常含有较少的细菌，所以在涂板之前常增加最初的接种量以确保单菌落的生长。

血平板琼脂、爱德华（Edwards）和麦康凯（McConkey）培养基是最常见的用于乳房炎细菌学的培养基，当怀疑为金黄色葡萄球菌时还会用到贝尔德·帕克（Baird Parker）培养基。区分肠杆菌科时，会用到SIM（sulphide production，indole production and motility）联合培养基和西蒙氏（Simmons）柠檬酸盐培养基。利用Iso-sensitest琼脂做的抗菌谱，能用于测定细菌菌株的抗生素敏感性。

平板置于37℃培养，分别在24和48 h之后检测生长情况。有许多鉴定细菌的方法，包括可肉眼观察到平板上的菌落形态和它的形状、大小以及显微镜下观察到的不同染色结果。

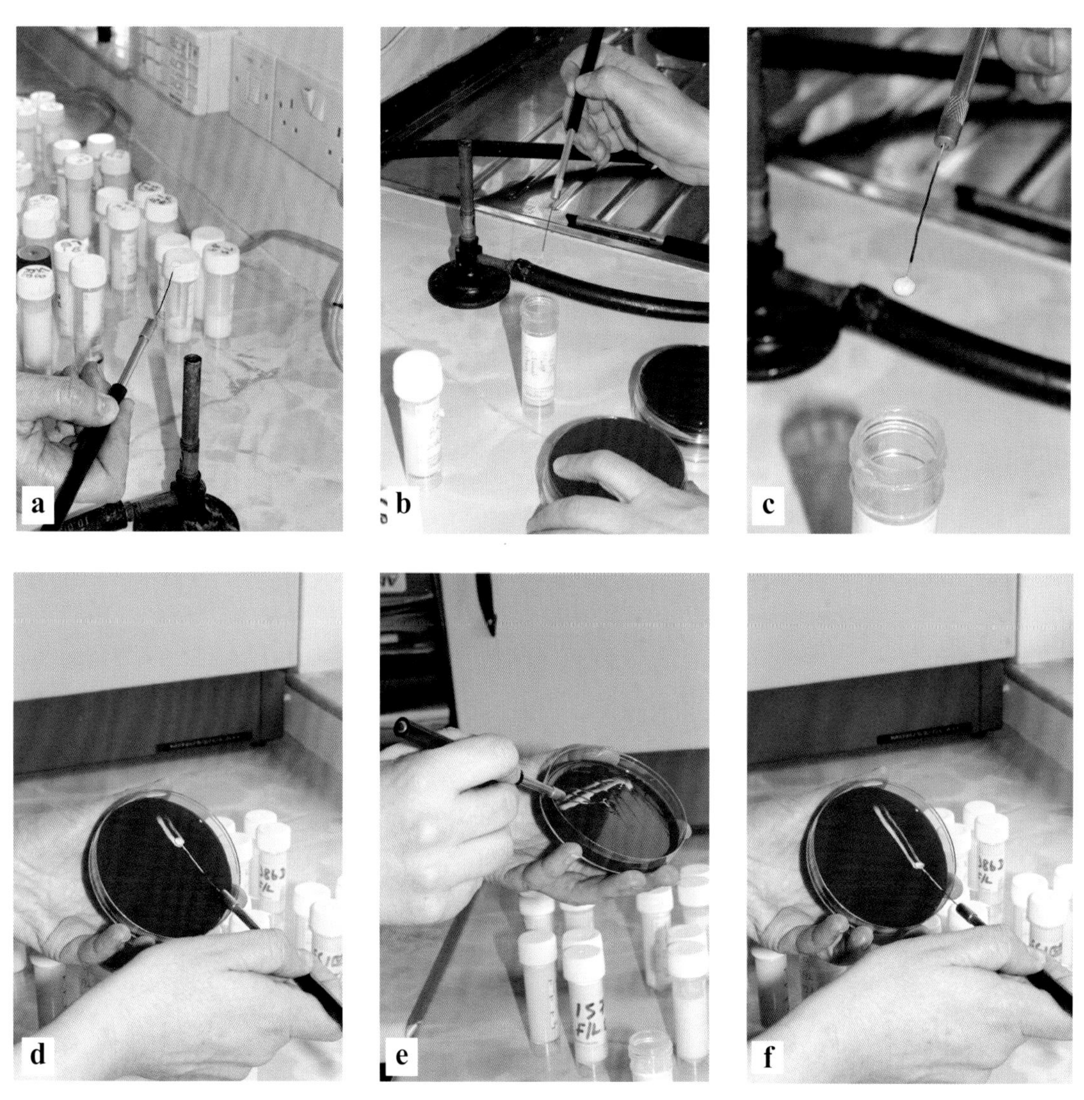

图6-2　平板培养（a）接种环火焰消毒；（b）接种环蘸取3 μ l牛奶；（c）取出牛奶；（d）在平板上划线；（e）迅速接种；（f）稀释接种以便形成单独菌落

图6-3 牛奶细菌生物学培养基：试管SIM培养基，上排从左到右：爱德华培养基、麦康凯培养基、Barid Parker培养基，第二排：血平板琼脂培养基、柠檬酸琼脂培养基、分离琼脂培养基

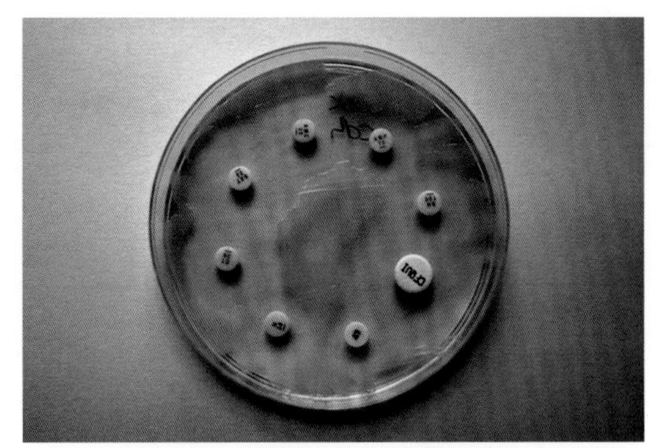

图6-4 抗菌试验，抗菌敏感测试

图6-5 恒温箱

革兰氏染色（图6-6）

用一滴蒸馏水重悬细菌菌落后，滴在载玻片上，然后用煤气喷灯加热烘干使细菌稳固在载玻片上。

用1%的结晶紫覆盖载玻片后，静置1 min。

用自来水轻轻冲洗载玻片后，用革兰氏碘液覆盖，静置1 min（革兰氏碘液不是染色剂，但可以作为媒染剂帮助结晶紫染色的固定）。

用自来水轻轻冲洗后再加几滴脱色剂，例如丙酮，脱色几秒钟（如果细菌是革兰氏阳性，将会保留结晶紫，仍为紫色；如果细菌是革兰氏阴性，将会去除结晶紫，载玻片变为无色）。

用自来水轻轻冲洗后用苯酚品红覆盖，静置1 min（革兰氏阴性菌将会变成粉红色，而革兰氏阳性菌则会保留结晶紫的紫色）。

用水冲洗后，用纸巾吸干水或在空气中晾干。

最后，用显微镜的油镜观察载玻片。

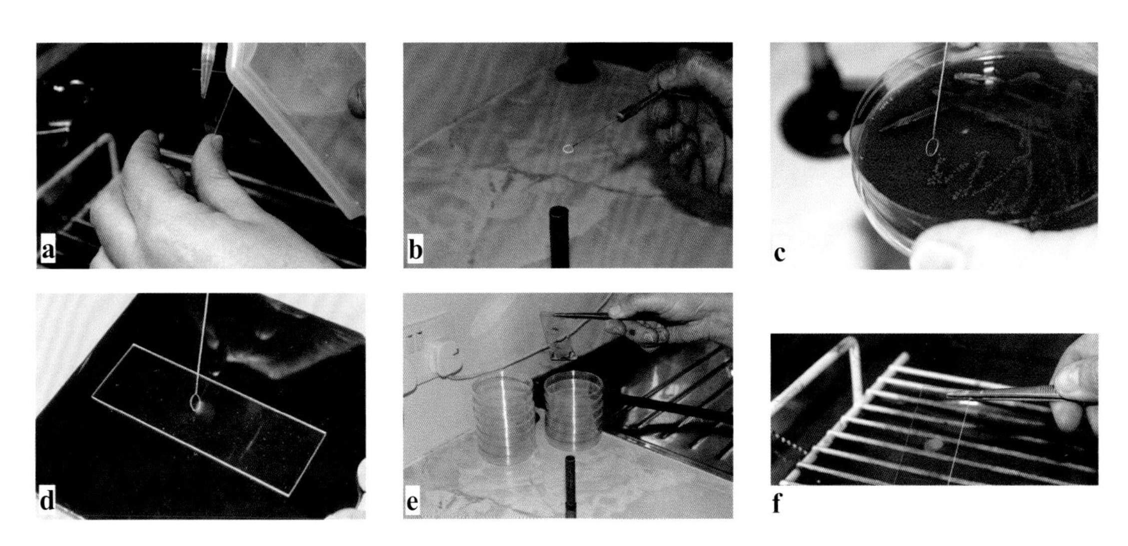

图6-6　革兰氏染色（a）将玻璃片放在显微镜下，放一滴水；（b）接种环火焰灭菌；（c）选取单独菌落；（d）将菌落在水中稀释；（e）用本生灯干燥；（f）晾干后准备染色

乳房炎基本上只由细菌引起。细菌可分许多类，可以在不同水平应用这些分类方法，最简单的是观察细菌的形状：圆形的称为球菌，棒状的称为杆菌，介于两者之间的称为球杆菌。另外一些简单的分类方法根据它们的染色情况，例如革兰氏染色。细菌的形状（球菌或杆菌）和颜色（革兰氏染色），已经成为一种乳房炎细菌鉴定的基本部分，而且不仅仅局限于乳房炎。

以鉴定乳房炎细菌为目的，进行形状和革兰氏染色的分析是一个很好的出发点。一般来说，革兰氏阴性（粉红色）杆菌大部分是环境细菌，大肠杆菌可能是最好的例子。革兰氏阳性（紫色）球菌常常与能够扩散的感染模型相关，金黄色葡萄球菌和链球菌就在此列（图6-7，图6-8）。没有革兰氏阴性球菌引起牛病的记录，但是革兰氏阳性杆菌确实能引起许多疾病，其中就包括乳房炎，这类菌包括棒状杆菌和芽孢杆菌种。

尽管形状和颜色鉴定是一个很好的出发点，进一步的诊断则需要种水平的鉴定。有许多已验证过的测试利用细菌的代谢特点，如发酵某些糖类（API培养基、SIM培养基或Simmons柠檬酸盐培养基）或产生某些酶，如过氧化氢酶或凝固酶。一般而言，这些测试在应用之前需要先进行鉴定分级，因为其中有许多结果对应的不仅仅是一种细菌类型。例如，过氧化氢酶测试能区分金黄色葡萄球菌和链球菌，但这是以革兰氏阳性球菌为前提的，因为一些棒状杆菌种（革兰氏阳性杆菌）也能产生过氧化氢酶。

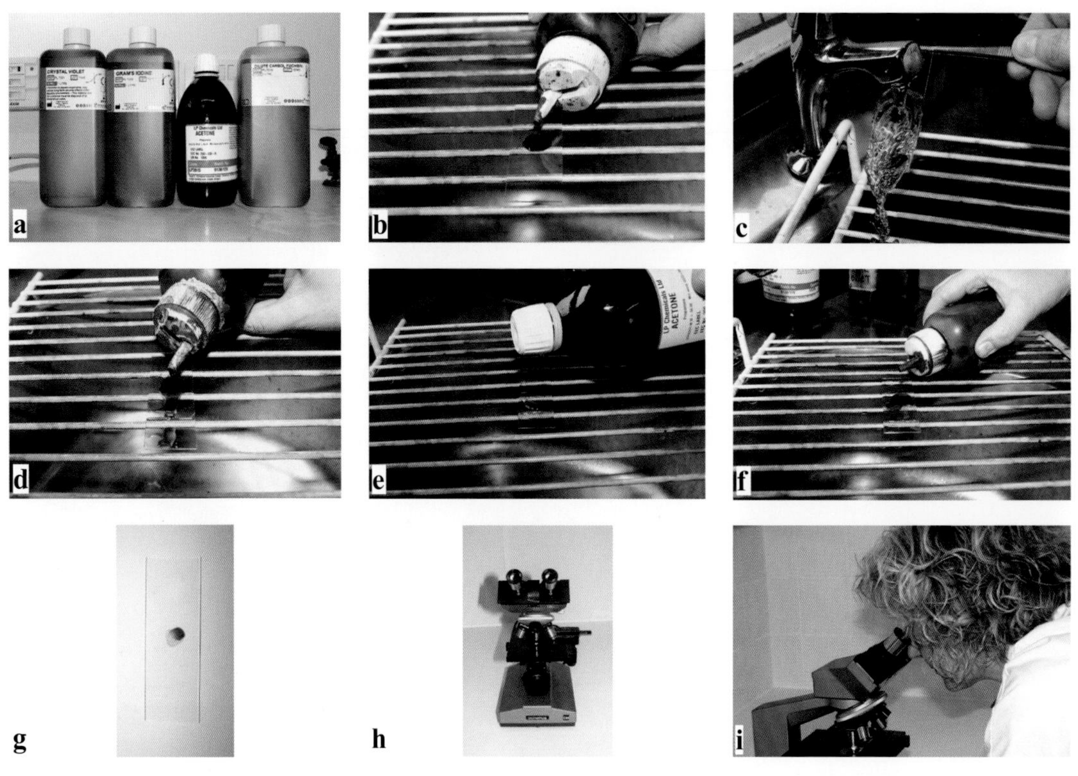

图6-7　革兰氏染色过程(a) 革兰氏染料准备；(b) 结晶紫染色；(c) 水冲洗；(d) 革兰氏染液复染；(e) 丙酮；(f) 苯酚品红；(g) 最终染色片；(h) 显微镜；(i) 显微镜观察

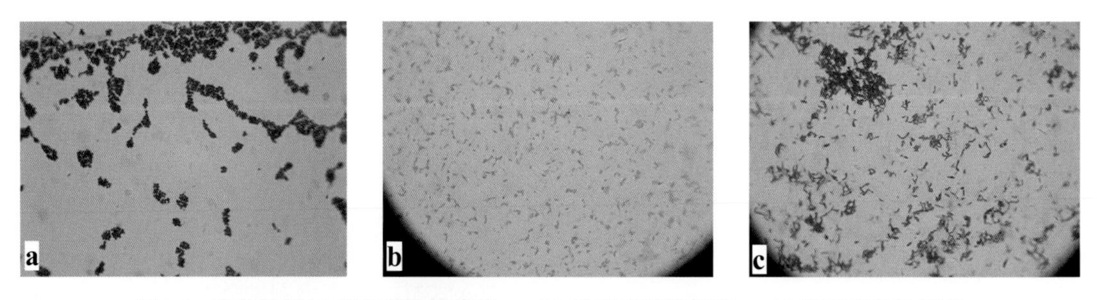

图6-8　染色结果(a) 革兰氏阳性球菌；(b) 革兰氏阴性杆菌；(c) 革兰氏阳性杆菌

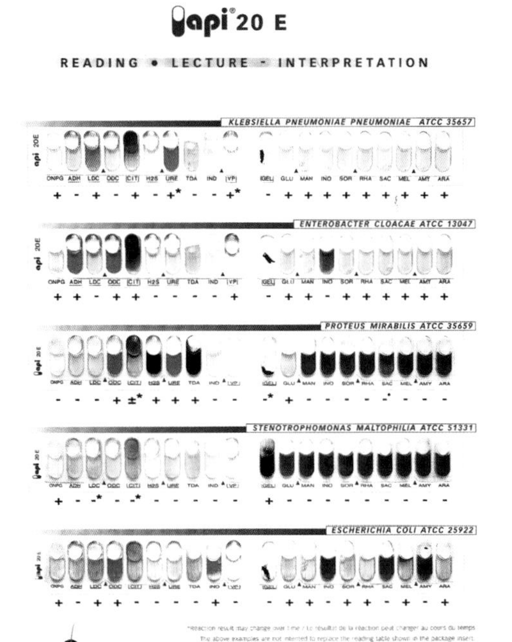

图6-9　API检测条可以鉴定特殊种属类型，本图就是肠杆菌科的细菌鉴定

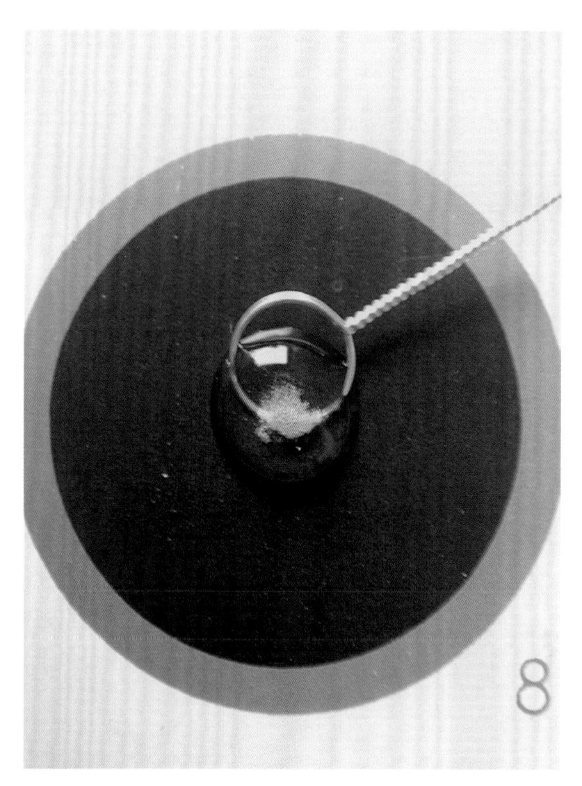

图6-10　过氧化氢酶试验

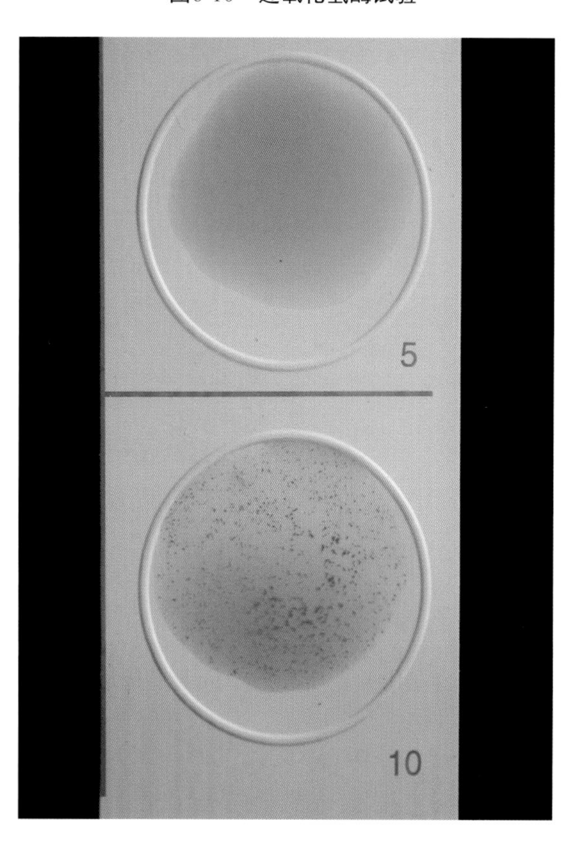

图6-11　凝固酶试验

5. 结果分析

一般来说，进行半定量分析时，菌落形成单位（Cfu，colony-forming units）应该要考虑在内。重复纯化和培养奶样，即使使用标准的接种体，也会造成不同的Cfu数量，所以对结果的分析应该基于生长趋势而不是绝对的数量。同样的，一个样品中不同种类的病原菌数量也会极大地影响每一种病原菌的显著性分析（表 6-1）。某些病原菌在分离出来时被认为很显著，却没有考虑其他同时分离出来的病原菌。一般来说，分离得到的感染性病原菌主要来自受感染的乳区。金黄色葡萄球菌是一个例子，它经常作为一个显著性的发现，表明它在牛群中的存在，却不能证明它的普遍性。单独一头奶牛或单个乳区的样品只能表明牛受到感染，而散装牛奶样品培养的阳性结果能预示牛群中是否有金黄色葡萄球菌。因此，常规的散装牛奶样品的培养能检测牛群中是否存在金黄色葡萄球菌。

表6-1　综合（混合）SCC相同的两类牛的各乳区SCC比较

可能的感染状况	乳区细胞计数				综合SCC（牛）
	FL	FR	BL	BR	
感染牛	50	50	50	570	180
未感染牛	180	180	180	180	180

散装牛奶样品能够预示金黄色葡萄球菌在牛群中的存在，但其敏感性不高，所以建议重复取样。因间歇性排毒是感染金黄色葡萄球菌的特点，所以能造成单次培养的假阴性。环境病原菌的分离结果是否有显著性更难解释，因为此种病原菌大部分都来源于环境。大肠杆菌属和乳房链球菌就是如此，对于它们的分析大部分取决于是否有其他病原菌的存在，更具体地说是其他病原菌的属性（数量和种类）。就环境感染的菌株而言，样品的种类也会影响最终的分析。如果通过纯培养或与其他病原菌的混合培养，发现散装牛奶样品中存在大肠杆菌群，不大可能与提供样品的牛的乳房健康状况有关系，但可以反映出乳头在挤奶时受到粪便污染而使牛奶的质量受到影响。然而，如果在临床型乳房炎中发现纯的、且显著的大肠杆菌群，例如大肠杆菌，这极有可能就是致病因素（表6-2~表6-6）。

表6-2 基于个体牛 SCC的措施列表

对选定问题牛的措施	对牛或牛群的影响
不采取措施 保留牛奶 (或饲喂小公牛)	牛不受影响。牛群的风险一直存在，因为在挤奶厅仍然对牛的感染乳区进行挤奶*
治疗	牛有希望治愈，牛群风险降低/ 消除
提早干奶 乳区干奶/切除乳区	牛可能会痊愈 牛群风险降低/ 消除**
屠宰牛	牛被去除并且牛群风险消除**

*因为高SCC奶不能进入奶罐，因此，通过处理可以降低BMSCC。尽管一些群体消毒方式或持续挤奶可以起到一些作用，但是，传播感染的风险仍然存在

**通常，慢性感染牛确定可以将疾病传染给其他牛，所以尽管屠宰可以消除感染，但是当把它装上卡车时，它的脸上会出现一个得意的笑容并且自言自语说到，“我已经感染了27号牛，下周它将会出现高的细胞数，并且下个月至少有3头牛也会出现这样的情况”

表6-3 细菌的鉴定，API检测条可以鉴定特殊的种属类型。在进行特异的API检测之前需要先进行遗传鉴定

测试名称	方法	用途	测试之前要确定的
API	在首次培养后，把菌落接种到含特殊糖类的不同胶囊内进行培养，不同的测试板是以脱水形式准备的，在加入细菌悬浮液后才能发生反应。在培养之后，阳性结果以7位数的数值（属性）进行评分。细菌的鉴定需要用相关的累计属性密码本或软件进行比对	综合了不同糖类的测试板能够区分细菌的分型，例如肠杆菌科、葡萄球菌属和链球菌属	利用形态学检查和革兰氏染色以及过氧化氢酶测试来鉴定到属水平，例如肠杆菌科、葡萄球菌属和链球菌属

表6-4 对革兰氏阳性球菌的附加诊断

测试名称	方法	用途	测试之前要确定的
过氧化氢酶测试	给载玻片上或暗色瓦片上的菌落滴加3%的过氧化氢。过氧化氢酶阳性的菌落会立即产生氧气和气泡。这个测试不能用血液琼脂板进行，因为血液本身就含有过氧化氢酶	区分葡萄球菌属和链球菌属	利用革兰氏染色来确定革兰氏阳性球菌
凝固酶测试	随着敏感性和特异性的不同而不同。试管，切片或胶乳凝集。浑浊或凝集表明结果为阳性	区分金黄色葡萄球菌和凝固酶阴性葡萄球菌	利用革兰氏染色来确认革兰氏阳性球菌，并用过氧化氢酶测试阳性来鉴定葡萄球菌属

（续表）

测试名称	方法	用途	测试之前要确定的
链球菌分型测试	不同试剂都能引起不同分型的凝集，表明结果为阳性	用来区分链球菌的种	利用革兰氏染色来确认革兰氏阳性球菌，并用过氧化氢酶测试阳性来鉴定链球菌属
爱德华培养基（七叶苷）	配糖体七叶苷加入到血液琼脂板中增加血液七叶苷，即爱德华培养基 七叶苷在紫外光下会发出荧光，但当分解七叶苷的链球菌属把配糖体分解为七叶苷和葡萄糖时，荧光会消失	区分分解七叶苷的链球菌属（例如乳房链球菌，粪链球菌和牛链球菌）和不能分解七叶苷的链球菌属（NASC，non aesculin-splitting Streptococcus）（例如无乳链球菌和停乳链球菌）	利用革兰氏染色来确认革兰氏阳性球菌，并用过氧化氢酶测试阳性来鉴定链球菌属
贝尔德·帕克培养基	金黄色葡萄球菌是直径为1~1.5mm，黑色的、凸面的和有光泽的菌落。周围常常围绕一圈透明的区域，但透明区偶尔也会形成不透明区。其他细菌也可以在该培养基上生长，但与金黄色葡萄球菌很容易区分，因为它们不会形成黑色的菌落	分离和计算金黄色葡萄球菌（凝固酶阳性葡萄球菌）	利用革兰氏染色来确认革兰氏阳性球菌，并用过氧化氢酶测试阳性来鉴定葡萄球菌属

表6-5　革兰氏阴性杆菌的附加诊断

测试名称	方法	用途	测试之前要确定的
乳糖发酵 SIM培养基和Simmons柠檬酸盐培养基能够进行如下的鉴别测试			
Simmons柠檬酸盐培养基			
柠檬酸盐	初次培养后，再于Simmons柠檬酸盐培养基上培养48 h。阳性反应会把培养基从绿色变成亮蓝色	肠杆菌科的鉴别基于是否能利用唯一的碳源柠檬酸盐	利用形态学检查和革兰氏染色来鉴定肠杆菌科到属水平
SIM培养基——3个测试合而为一 在初代培养后，利用一根直的金属线把细菌接种到试管内培养基厚度的1/3处，培养18h或更长时间			

（续表）

测试名称	方法	用途	测试之前要确定的
运动性	方法见上 非能动性的菌仅仅沿着接种线生长。能动性的菌的生长表现为弥散性，甚至是从接种处向外扩散或者使得整个培养基浑浊	区分不同的肠杆菌科	利用形态学检查和革兰氏染色来鉴定肠杆菌科到属水平
硫化氢	方法见上 阳性产物使接种线变黑	区分不同的肠杆菌科	利用形态学检查和革兰氏染色来鉴定肠杆菌科到属水平
吲哚	方法见上 把细菌接种到试管后，加入0.2ml 柯凡氏试剂，静置10 min。阳性反应是试剂显示为暗红色	区分不同的肠杆菌科	利用形态学检查和革兰氏染色来鉴定肠杆菌科到属水平
		进一步的鉴定	
氧化酶	在初次培养后，把菌落放在滤纸上，加入试剂。紫色表明结果为阳性	对假单胞菌或巴氏杆菌和肠杆菌科进行区分	利用形态学检查和革兰氏染色来鉴定肠杆菌科到属水平
		非乳糖发酵 对于非乳糖发酵菌（NLF，Non-Lactose-Fermenting）的进一步区分	
尿素	初次培养后，接种到尿素琼脂上。淡黄色变为亮红色表明细菌能分解尿素	区分NLF菌，例如分解尿素的变形杆菌和不能分解尿素的沙门氏菌，后者可能更多地用于肠道细菌学	在麦康凯培养基上的NLF菌落。乳糖发酵菌落在麦康凯培养基上表现为粉红色

表6-6　区分常规致乳房炎革兰氏阴性菌的查阅表

微生物	柠檬酸盐	能动性	吲哚	硫化氢	氧化酶	乳糖
大肠杆菌	-ve	+ve	+ve	-ve	-ve	+ve
肠杆菌科	+ve	+ve	-ve	-ve	-ve	+ve
克雷伯氏菌	+ve	-ve	+ve -ve	-ve	-ve	+ve
沙雷氏菌	+ve	+ve	-ve	-ve	-ve	+ve
假单胞菌	+ve -ve	+ve	-ve	-ve	+ve	-ve
巴氏杆菌属	-ve	-ve	-ve	-ve	+ve	+ve

（续表）

微生物	柠檬酸盐	能动性	吲哚	硫化氢	氧化酶	乳糖
柠檬酸杆菌属	+ve	+ve	+ve	+ve	-ve	+ve
变形杆菌属	+ve -ve	+ve	+ve -ve	+ve	-ve	+ve

注：+ve为阳性，-ve为阴性

（1）散装牛奶样品

来自散装牛奶样品的细菌是典型的多样化的混合物，其中包含了在分类学和生态学上不同的菌。任何一株来自散装牛奶样品的菌株都能由乳房内感染（IMI，intramammary infection）所引起。一株菌株来自于IMI的可能性取决于细菌本身。培养散装牛奶样品的主要功能是确定牛群主要感染病原菌是否为阳性，即金黄色葡萄球菌和无乳链球菌（表6-7）。如果这些病原菌存在于散装牛奶样品中，则常预示牛群中乳区的感染。如果散装牛奶样品中存在大肠杆菌群或乳房链球菌，则更难分析。在散装牛奶样品中有时会存在大量乳房链球菌，这常预示亚临床型乳房炎，或者牛群发生了细菌感染的问题且乳房链球菌是部分因素。

表6-7　对革兰氏阳性杆菌的确认测试

测试名称	方法	用途	测试之前要确定的
过氧化氢酶测试	给载玻片上或暗色瓦片上的菌落滴加3%的过氧化氢。过氧化氢酶阳性的菌落会立即产生氧气和气泡。这个测试不能用血液琼脂板做，因为血液本身就含有过氧化氢酶	区分葡萄球菌属和链球菌属	利用革兰氏染色来确定革兰氏阳性球菌

（2）复合（混合）样品或单乳区样品

取自同一奶牛4个乳区的复合样可能包含更多样化的混合菌，这些菌来自生物学和分类学上不同的分型。感染性病原菌的存在，例如金黄色葡萄球菌或无乳链球菌，常常是显著的。单乳区样品更可能产生分类学上单一的分型，尤其是在临床型乳房炎中。如果乳区中体细胞数很高的话，可以产生多个分类学上不同的分型。需要注意的是对分离株的数量和种类显著性的评价。环境病原菌经常有成为污染源的机会。“无生长”的问题也很难分析，在临床样本中，“无生长”可能是因为存在不可见的革兰氏阴性菌，所以不能培养。

由革兰氏阴性菌所引起的临床型乳房炎中，乳房中的细菌在感染的几小时内是无活性的。牛奶是一种“活”的培养基，其中的一些机制会抵抗细菌的感染，并且牛奶在采集之后会继续维持这些机制，从而导致奶样中细菌的失活。临床型乳房炎中，细菌死亡后释放的内毒素会引起乳区的肿胀，而且在一些情况下，还会引起全身性的疾病。在亚临床型乳房炎中“无生长”有可能确实是阴性培养的结果，但是病原菌的间歇性排出，例如金黄色葡萄球菌，可能会造成无感染的误解。重复取样和重复培养可以弥补单个样品敏感性的不足。

6.在作者的奶牛实验室中不同类型样品的处理

（1）散装样品

常规监测 样品的培养是为了监测主要病原菌和预示感染性病原菌是否在流行。对结果的分析包括是否存在如无乳链球菌或金黄色葡萄球菌等主要感染性细菌。对于其他病原菌的半定量评估也能作为一个有用的指标。例如，牛棒状杆菌能间接衡量乳头在挤奶之后消毒的效果，停乳链球菌能够指示乳头的状况，尤其是乳头的褥疮和黑斑。环境病原菌例如大肠杆菌，大肠杆菌群或乳房链球菌常常用来指示乳房是否受到污染，尤其是伴有粪链球菌和芽孢杆菌时。

不同的总细菌数（TBC，Total Bacterial Count）和总活菌数（TVC，Total Viable Count） 这个测试不仅仅可以检测奶产品是否卫生，在细菌问题研究中也是最常用的。但此方法也可以对致乳房炎的潜在菌进行定量分析。尽管大部分初次购买牛奶的买主或之前的农场都使用总细菌数作为衡量牛奶卫生的指标，不同的TBC能够为细菌污染的来源提供很好的认识，污染可以来自牛奶加工厂或来源于奶牛乳头外的皮肤污染或乳头内的乳房炎细菌。TVC是以细菌培养为基础的有效测试，所以仅仅是计数活菌。牛奶必须冷冻后再运输往实验室，而快递员和冰袋能成为这个测试的抑制因素。因为在英国测定的不同TBC数据较少，所以作者建议把散装奶送到国家牛奶实验室（NML，National Milk Laboratories）测试Bacto的降解，送往Eurofins测试Mybact或者送往Gloucester实验室进行奶罐分析，随后提供一个经验丰富的外科兽医对结果进行的分析。

在给定温度下利用不同前培养技术和不同培养基对散装奶进行细菌培养，指示了散装奶的细菌污染源的重要性，如下所示：

TVC的总数；

耐热计数或实验室巴氏杀菌计数法（LPC，laboratory pasteurization count）——指示牛奶加工厂的清洁效果；

耐冷菌——指示牛奶的冷却效果；

大肠杆菌群计数——指示乳头和牛体的卫生是否受到粪便污染的影响；

假单胞菌计数——指示乳头是否受到非肠道菌的污染；

是否明显存在显著大量的或少量的乳房炎病原菌，例如，金黄色葡萄球菌、无乳链球菌、乳房链球菌、凝固酶阴性葡萄球菌和牛棒状杆菌。

推荐在实验室内测定每个参数，它们都会随方法学的变化而变化。

（2）牛体或乳区样品

一般而言，分析乳区样品时最好选择复合样品（把一头牛的两个以上乳区的牛奶混合），尤其是需要进行半定量分析时。复合样品更容易受到污染，也更难分析，尤其是当分离出多个乳房炎病原菌时。然而，复合样品确实能够减少筛选金黄色葡萄球菌或无乳链球菌时的花费，尤其是对大批奶牛进行取样时。一般而言，当培养复合样品时，为了尽力维持测试的敏感性，应该增加接种量。这些复合样品的筛选结果以阳性（金黄色葡萄球菌）或阴性（无乳链球菌）表示。

（3）单独乳区的样品

临床型乳房炎的样品　来自受感染乳区的样品，显然要作为单独乳区的样品。几乎所有单独分离出的而且生长迅速的细菌，都可作为一个可能的致病原。

重复取样　来自受感染乳区的样品，也显然要作为单独乳区的样品。对结果的分析取决于当次和前次样品分析结果的显著性。相同类型病原菌的培养更能指示是否受到持续感染，尤其是革兰氏阳性菌的感染。

亚临床型乳房炎的样品——高体细胞数（HSCC，High Somatic Cell Count）样品　理论上，单独乳区样品中可以分离出多个潜在病原菌，但不可能确定哪个乳区受到哪种病原菌的感染。如果在混合样品培养中分离到潜在的环境病原菌，例如大肠杆菌或乳房链球菌，即使伴随潜在感染性病原菌，也很难区分是污染还是培养的结果。

（4）治疗后检查

来自受感染乳区的样品，同样显然要单独乳区。取样可以在对临床型乳房炎或亚临床型乳房炎进行治疗后。在治疗前和治疗后培养出相同的病原菌，表明细菌学治疗可能失败了。在治疗停止后取样的时间选择很重要。在治疗后过早取样得到的结果可能会错误指示细菌学治疗的失败（感染仅仅被压制而没有消除）。在治疗后过晚取样得到的结果可能会错误指示细菌学治疗的成功，因为已经发生了再感染。实际工作中，我们更倾向于在采集最后一管奶样时继续采样10~14d。间歇性排毒，如金黄色葡萄球菌，增加了假阴性结果的可能。

间歇性连续乳区测试（IQST，Intermittent Serial Quarter Testing）　这个测试特异性增加了分离到金黄色葡萄球菌的机会。连续乳区取样超过一周，每次取两份冰冻样品和一份新鲜样品。ISQT能增加对金黄色葡萄球菌检测的敏感性，在高SCC牛和治疗后的牛都适用。持续收集这3份样品一周以上克服了间歇性排毒（金黄色葡萄球菌常见）的问题，而冰冻样品提高了分离得到细胞内金黄色葡萄球菌的机会。冰冻时，冰晶的扩张引起中性粒细胞的崩解，从而释放出金黄色葡萄球菌，增加了阳性培养结果的几率。这种取样方法能与金黄色葡萄球菌选择性培养基结合起来，提高金黄色葡萄球菌检测的敏感性。

污染的样品　英国国家兽医实验室（VLA，Veterinary Laboratories Agency）数据库中的VIDA疾病调查报告对污染样品的定义为：从一个单独样品中分离得到3种类型的细菌。作者仍然认为培养得到金黄色葡萄球菌、粪链球菌和大肠杆菌，金黄色葡萄球菌是最显著的。但分离得到大肠杆菌群、粪链球菌和乳房链球菌也可能是样品受到污染。变形杆菌或芽孢杆菌的存在表明样品一定受到污染了。大肠杆菌群和污染的关系很难分析。轶事证据暗示许多人提到的“无生长”结果很可能是大肠杆菌引起的，尤其是在临床型乳房炎中，但是2~3个大肠杆菌的菌落形成单位也可能预示着污染。

第七章　治疗方法

一、概　论

牧场中乳房炎治疗方法的改进和完善非常重要。在尚未发现抗生素的年代，仅供选择的治疗方法只有症状疗法如按摩乳房、使用乳房擦剂、清除感染乳汁等。应用抗生素防治奶牛乳房炎的发展预示着奶牛乳房炎防治新时期的到来，同时也让人们看到了根除奶牛乳房炎的希望。

乳房内感染状况是病原菌被清除（自愈或者治疗的结果）和乳房被感染之间的一个动态平衡发展的过程。牛群中感染乳区的流行情况主要受新增感染率和感染持续时间的影响，影响新增感染率和感染持续时间的因素包括以下几个方面。

泌乳期或干奶期抗生素治疗的管理因素；乳头药浴；淘汰策略；挤奶设备的维护；卫生状况。

出于经济价值和抗生素残留的考虑，牧场往往倾向于使用短期的治疗方案，这样可以缩短药物残留期。但是这很可能与理想的治疗规程相冲突。继发感染病例的成功治疗主要影响感染持续时间，但是同时也会通过降低感染数量来影响新增感染率，最终影响牛群整体感染水平。

乳房炎控制方案应该包括临床型乳房炎的早期诊断和短期治疗、亚临床型乳房炎的早期诊断和评价，如果可能，还应包括统计感染清除率，无论是通过治疗还是通过对感染乳区提前实施干奶措施或者淘汰被感染奶牛而导致的清除率升高。

高质量的牛奶，尤其是SCC低的高质量牛奶，越来越注重亚临床型乳房炎。这促进了各种亚临床型乳房炎的诊断方法和手段的发展，反过来也创造了各种根除亚临床型乳房炎的需求。无论什么时候，有一点必须要记住的是，牧场预防新增感染病例的规程非常重要。基于临床实践制定的BMSCC分级以及根据BMSCC的经济处罚条例，在最近几年发挥了越来越重要的作用。有效控制牧场奶牛SCC的能力显得越来越重要。因此，对于感染病牛有效而精准的早期诊断（一般通过实验室诊断），基于实验室诊断结果选取合适的抗生素治疗方案和特殊疗法逐渐成为牧场奶牛乳房炎控制方案的重点。

在治疗乳房炎的同时，应针对牧场主要病原菌的流行病学情况拟定管理措施。这些都有助于阻断感染在牛群里的扩散。这些措施可以运用于牛群整体水平，通过详细的检查和记录新增感染率和感染持续时间。

以下几种情形下需要实施奶牛乳房炎治疗方案。

（1）确诊为临床型乳房炎的病例奶牛需根据以下几个指标来决定是否实施治疗方案

① 牛群SCC与罚款的关系；

② 单个牛SCC与牛群整体SCC的状况。

（2）健康状况历史记录

① 临床型乳房炎病例；

② 亚临床型病例——SCC和SCC变化情况；

③ 其他健康状况历史记录，如跛行会增加提前淘汰的几率。

关于临床型乳房炎的治疗已在上面给出，是否决定治疗亚临床型乳房炎病牛需要考虑牛只和牛群状况。

相比较而言，牛群水平处于BMSCC奖励段的牛场对于亚临床型乳房炎可以考虑不予治疗，而由于少数乳房炎病牛引起BMSCC数升高导致被罚的牛群就应该对亚临床型乳房炎病牛采取积极的治疗措施。然而，对需要降低BMSCC和治疗SCC较高的奶牛群也可以采取以上治疗措施。有必要根据病牛对临床治疗的反应仔细挑选病牛。

牛只的健康状况、历史记录包括临床型乳房炎的数量、同一乳区反复感染的乳区数量，或者比如SCC最近的变化情况可以提示感染持续时间、是否为慢性感染。这些信息都有助于成功治愈病牛。

病牛的挑选无疑是最能影响乳房炎治疗效果的因素之一。新近感染乳房炎奶牛的治愈率往往比慢性感染或长时间感染的奶牛要高很多。

乳房灌注技术 无创和无菌的乳房灌注技术对于避免乳头损伤和因疏忽大意所致的感染尤为重要。最理想的情况是乳区灌注应使用带短末端乳房内注射器来减少灌注对乳头管的损伤。本章干奶期治疗方案将介绍乳房内灌注技术。

二、治疗目标（抗生素治疗成功的标志）

以前乳房炎的治疗目标仅仅只是解决临床症状、使牛奶快速的恢复到能出售的标准上、减少乳房损伤以及预防感染在牛群的扩散。目前，成功治愈奶牛乳房炎的目标也随着奶牛乳房炎的诊断越来越精准而提高。过去SCC轻微升高的奶牛一般认为是正常的，但现在就有可能会被考虑是亚临床型乳房炎。牛奶眼观正常已不再是牛场成功的标志。如果想要实现长期的奶牛乳房炎控制计划，那么就必须根除奶牛乳房炎病原菌、使牛奶SCC处于可接受的范围，只有如此才能持续不断的生产符合今天市场高标准的牛奶。

乳区感染情况可以通过多种方法进行评估。通过治疗改变奶牛感染状况可以达到临床治愈的效果——无临床症状；或者细菌学治愈——完全消除病原菌；或者SCC治愈——SCC回落到200 000个/ml。然而，有几个基本的问题我们需要弄清楚：我们需要实施治疗方案吗？或者我们为什么要实施治疗方案——为了使奶牛健康或者出于动物福利的考虑？或者为了减少奶农的损失？

牧场工作人员应该评估乳房炎的消失是因为奶牛自愈还是因为治疗造成的，这样可以避免不必要的治疗，从而节约成本。临床型乳房炎的自愈率很高或者抗生素治疗效果有限不应该成为对症状轻微的乳房炎病例放弃治疗的理由。抗生素治疗减少感染乳区细菌数有助于降低感染的扩散和提升大罐奶细菌学指标，这些都有助于牧场保持牛奶的优良品质。对奶牛乳房炎病例采取非抗生素治疗可能会让大量的细菌进入到大罐奶，继而造成大罐奶细菌学指标不达标而遭受经济处罚。

1.怎样选择正确?

抗生素治疗方案（包括泌乳期治疗和干奶期治疗）越来越多的与牧场病原菌记录相联系，这样可以大大的提高乳房炎的治愈率。然而，在评估乳房炎治愈率的时候并不是所有的治愈病例都与抗生素治疗有关。

（1）请记住以下几点

① 感染病例可以不经过治疗而通过自愈消除乳房炎；

② 治疗方案的改变可能会提升临床治疗效果：

③ 可能是由于治疗方案的改变；

④ 可能是因为病例本身正在向好的方面转归；

⑤ 明显的治疗失败（牛奶中仍存在凝乳块）；

⑥ 奶牛还处在感染状态。

实际上达到了细菌学治愈，但由于乳腺损伤非常严重，使奶牛不可能达到临床治愈的状态或者说明乳腺需要足够长的时间进行自我修复。尽管达到了细菌学治愈但是SCC可能仍然会升高。这是由于抗生素仅仅只是杀灭细菌，但是不能使乳腺修复到正常状态。

① 临床治愈率可能会达到100%，但是临床治愈率与这几个因素有关：涉及的致病菌；乳区感染历史；感染持续时间。

② 抗生素治疗剂量和持续时间一般细菌学治愈率会低于临床治愈率。

③ 非常高，对于由革兰氏阴性致病菌引起的乳房炎，这些细菌相对不受抗生素治疗影响的细菌；在轻微感染病例治愈率可达100%；会非常低，对于由革兰氏阳性菌（除无乳链球菌）。

④对金黄色葡萄球菌和乳房链球菌的治愈率，明显很低；受抗生素治疗方案的影响；干奶期治疗效果比泌乳期好；病例自身状况和治疗方案可以显著的影响治愈率；应该采取实用的方法，尤其是针对金黄色葡萄球菌，可引起慢性感染，治愈率非常低，通常淘汰病牛。

淘汰病牛可以使治愈率达到100%，同时，至少对于被淘汰的奶牛来说，感染被清除出牛群了。但是通常感染会扩散到牛群，同群其他奶牛SCC有上升的风险。

2.治疗药物的选择

用药应该根据牧场实际情况，同时建议参考一些资料来了解更多有关用药的信息。大多数用于治疗奶牛乳房炎的药物对一般的乳房炎病原菌均具有一定疗效，同时这些药物可能包含不只一种抗生素——使得这些药具有针对革兰氏阳性菌（葡萄球菌，链球菌）和革兰氏阴性菌（大肠杆菌）的广谱抗菌作用。然而，这些药物里面的单个抗生素如青霉素G、喷沙西林或者氯唑西林仅仅针对革兰氏阳性菌有效。了解所使用的抗生素、至少在理论上对所治疗的菌是有效的，如青霉素用于治疗大肠杆菌性乳房炎就收效甚微。

作者认为治愈率（临床治愈率、细菌学治愈率或者体细胞数治愈率）不仅仅只是受所使用的抗生素影响，治疗效果除取决于治疗所使用的抗生素外，更多的是取决于病例自身特征，如致病菌（包括不同菌株）、感染持续时间、治疗持续时间等。当已经弄清楚致病菌的时候，有经验的兽医经常会根据临床经验选取针对有关特定病原菌有特效的抗生素。

3.乳房炎治疗的经济价值

必须通过评估来区分自愈和成功的治疗方案，通过分析，降低不必要的成本以提高利润。当运用官方推荐治疗方案(三管治疗法)治疗轻微的临床型乳房炎时，药物成本将占直接成本的20%～30%，然而，在治疗期间废弃的牛奶和药物残留期间的成本占直接成本的70%～80%。

当决定是否对亚临床型乳房炎进行治疗时，需要综合考虑其他因素如感染在牛群内扩散的风险、目前BMSCC水平和由于牛奶质量问题导致的处罚风险和被治疗的病牛产生的长期的经济效益（包括增加的产量和年龄——有关病牛随后可能的泌乳次数）等与淘汰病牛的成本。在牛群水平，单个奶牛在治疗后SCC的降低可以通过降低BMSCC来提升牛奶质量。在某些情况下，经济效益的核算可以通过一些可预测的结果如对全体牛群突击治疗无乳链球菌性乳房炎病例，但是在更多的情况下难以预测治愈率和治愈价值。

4.抗生素治疗的利弊

（1）有利的一面

① 提高治愈率（临床治愈率、细菌学治愈率、体细胞数治愈率），尤其是革兰氏阳性菌感染所致的奶牛乳房炎病例。

② 减少可以影响BMSCC和经济处罚相关的细菌数量，降低牛群感染扩散风险。

③ 快速解决乳房炎病牛临床症状，迅速使牛奶得以符合出售标准，同时避免产量下降。

④ 提升牛奶品质相关指标如乳脂和酪蛋白。

⑤ 降低乳房炎复发风险（当前泌乳阶段或随后的泌乳阶段）。

（2）不利的一面

① 耗费治疗成本和挤奶工工作时间。

② 废弃牛奶的成本，尤其是那些高产奶牛（新产牛）。

③ 增加污染供应的牛奶风险。

④ 抗生素残留风险。

⑤ 期待灵丹妙药而不是通过饲养和管理来控制乳房炎。

⑥ 可能不会有显著的改变，尤其是在轻微的革兰氏阴性菌感染病例。

5.治疗成功的征兆

治疗后的监测是评估治疗效果的有效手段，临床反应的缺失是用来作为判断持续性乳房炎的指标。然而，体细胞数治愈率或细菌学治愈率更难评估。检测的时间点可能会影响检测结果及其可靠性。治疗后采样时间过早可能会低估SCC治愈率和高估细菌学治愈率。

（1）SCC监测

每月常规混合奶样记录。

优势：便宜。

劣势：混合奶样；采样时间随感染而变化，同时与治疗联系较少。

（2）特殊体细胞计数（如加利福利亚奶牛乳房炎测试）

优势：便宜，可以在感染乳区进行测试，同时重复性好，可以使用多次。

劣势：检测下限较高，只有400 000～5000 000个/ml，低于400 000个/ml则无法判断。

（3）细菌学监测

优势：评估细菌学治愈率，通过病原分离培养鉴定致病菌。

劣势：花费较监测SCC高。可能出现假阴性结果，尤其是在治疗后的监测中。

作者认为，用来评估治疗效果的一个很重要但是尚未使用的方法——乳区治疗后的细菌学检查，尤其是在持续性亚临床感染乳区或难以达到临床治愈状态的临床型乳房炎病例乳区的治疗后细菌学检查尤为重要。治疗后乳区细菌学检查的采样时间点非常重要，尤其针对持续性感染细菌如金黄色葡萄球菌。有必要在治疗结束后的一段时间里对治疗效果进行评估。根据作者经验，对于乳房链球菌性乳房炎，治疗后细菌学检查可在治疗后7～10d进行采样，尽管这时候SCC可能仍然处于上升阶段。治疗后22～28d进行细菌学检查能比治疗后7～10d进行细菌学检查更真实的反映金黄色葡萄球菌治愈率。金黄色葡萄球菌性乳房炎在治愈后可能复发，金黄色葡萄球菌在治疗后2～4周的时间内从乳腺组织进入乳汁的能力受到抑制，治疗4周以后，金黄色葡萄球菌会断断续续的分泌到乳汁中，这些都使得评价治愈率变得相当复杂。然而，在治疗后期进行采样会大大增加新发感染，同时显著降低治愈率。

三、可采取的治疗方法

1.自愈（泌乳期治疗）

自愈的病例可能比我们猜测的更多。尽管乳头管持续不断的遭到细菌侵袭和渗透，但是奶牛机体自身的正常免疫反应使感染发生率非常低。同时，也可能是感染发生后机体通过自身自愈能力清除了细菌。很显然在有些时候，事情会向好的一方面发展，这与我们做了什么并无关系。

2.泌乳期治疗

毫无疑问，治疗方案与时间有关。以往泌乳期治疗涉及清除感染乳区乳汁——通过运用一系列的局部治疗方法和促进血液循环的手段等。抗生素的出现给乳房炎的治疗带来了希望，抗生素药物经过不断的发展已经出现了针对不同乳房炎病原菌有不同功效的抗生素。似乎三管法作为一个疗程用来治疗奶牛乳房炎已经成为公认的方法之一。但是很难找到三管法的理论依据。起初，一管用于灌注，然后再根据临床反应，在需要的时候会重新灌注一管。慢慢地三管灌注法（间隔24h灌注一次）成为一个奶业常识，后来乳房炎治疗规程慢慢地将灌注间隔时间改为12h。经验认为在感染早期（前12h）采取激进的治疗方案可以显著提高细菌学治愈率。这种方法同时可以减少治疗持续时间，进而减少治疗期间的弃奶和休药期。这可能造成时间依赖性，抗生素治疗细菌感染的治愈率取决于治疗持续时间而不是所使用的药物，36h内间隔12h进行3次治疗。有限的药物剂量（短期治疗方案，短时间药物残留期）的使用是基于成本和避免减产考虑。这可能与真实的需求相悖，同时也会导致有效抑菌浓度在治疗目标组织内持续时间不够。设想一下，如果一个病人因为嗓子疼采取了一个36h抗生素疗程然后抱怨为什么病情没有好转，那么他会对给他治疗的外科医生一个什么样的最可能的评价？

3.泌乳期治疗病牛的挑选

（1）临床型乳房炎病例

基于动物福利，所有患临床型乳房炎的奶牛必须予以治疗。然而，有一些病例可能会治疗失败而被当做丧失泌乳能力的乳区。乳区丧失单个泌乳能力奶牛的其他三个乳区在急性炎症减弱或者乳区无痛感和肿胀的情况下可以泌乳。但是通常情况下传染性病原菌从严重损伤的乳区扩散开来的风险往往导致病牛被淘汰。在某些情况下，有些丧失泌乳功能的乳区在经过干奶期后可以再次产奶，这样的奶牛可以再次产犊。

（2）问题奶牛和滥用治疗方案

除正常的新发临床型感染奶牛接受治疗被治愈外，还有两类特殊牛群应引起足够的重视：

持续感染或反复感染的临床型乳房炎病例和亚临床型乳房炎病例。这些病牛往往处于慢性感染，对治疗反应欠佳，通常此类病例因传统治疗方案无效而采取激进疗法。这些激进疗法的模式一般是增加用药频率，或者增加药物剂量或者“延长疗法”——即尝试通过延长治疗时间来提高治愈率，或者联合疗法——主要疗法（通常通过注射）联合乳房内灌注来提高药物在乳腺组织内的浓度从而提高治愈率。延长疗法主要目的是延长感染乳区药物浓度处在最小抑菌浓度之上的时间，如此即可提高对时间依赖性抗生素敏感的致病菌引起感染的治愈率。激进疗法——通过提高药物浓度，尽管与提升治愈率无直接关系，但是在对剂量依赖性抗生素敏感的致原菌治疗效果较好。因为激进疗法可以使药物靶器官内药物浓度一直处在最小抑菌浓度之上，发挥杀菌抑菌作用。因而，通过提高药物剂量可以在感染乳腺组织内药物难以达到的地方形成药物浓度梯度。因此，对于反复感染的病例治疗方案通常会在增加药物使用剂量的同时延长治疗时间。在治疗金黄色葡萄球菌性乳房炎时，延长治疗时间的目的是使治疗时间比中性粒细胞生存时间长，对乳房链球菌引起的乳房炎延长治疗时间可以使得治疗时间比细菌休眠期长，这样达到充分杀灭细菌的效果。（相关部分见第三章）

持续性感染乳区—反复感染临床型病例—带菌病例　理论上认为，如果在同一反复发病乳区分离得到同样的病原菌，这样的病例被鉴定为慢性长期感染病例。临床上经常会遇到奶样分离不到细菌，因而对于这样的奶样需作出假设。在同一头牛的同一乳区多次分离得到同样的病原菌，有助于区别反复感染病例和被传染性病例感染的病例——这些病例大多可自愈或者对治疗有反应。带菌病例大多与金黄色葡萄球菌或乳房链球菌有关。其他链球菌如停乳链球菌、无乳链球菌感染等比较容易通过抗生素治疗达到清除感染的目的。这些带菌病牛给牛群其他奶牛带来了被感染的风险，同时由于对于这类带菌病例最终多会被淘汰，因此，也在一定程度上减少了治疗的成本。

持续性感染乳区—亚临床感染—高体细胞数奶牛　持续性HSCC奶牛同反复感染临床型病例均被认为是牛群中明显的感染源。研究表明许多这类病例往往对延长治疗方案比较敏感，或者说，比如慢性金黄色葡萄球菌感染可能无法达到细菌学治愈状态。然而，通过延长治疗时间来减少慢性金黄色葡萄球菌感染病例外排细菌，从而控制金黄色葡萄球菌在牛群里的扩散，而金黄色葡萄球菌性乳房炎患牛的实际问题是通过管理和改变饲喂方式来处理。大多数此类病例均以淘汰结束，但是一般从经济效益的角度来讲，患金黄色葡萄球菌性乳房炎的病牛都必须经过调查后，方能采取淘汰的措施。此类病例干奶期治疗效果较为显著，但是由于BMSCC不达标而带来的经济处罚的压力也随之而来，同时让人们意识到治疗无临床症状的持续性高体细胞数病牛可以获得经济效益。

为了达到临床治愈、细菌学治愈、体细胞数治愈等目的，各种各样的治疗方案都被纳入到考虑范围。这些治疗方案应用于各种难治的病例。但是有些难治的病例会治疗失败，治疗失败主要表现为反复感染或持续性体细胞数升高。任何推荐治疗规程以外的治疗方案——即滥用治疗方案，都有可能使药企所制定的药物有效作用时间变成一纸空文。值得注意的是在治疗过程中，即便是增加乳房灌注剂量对于患病牛个体来说也只有一个标准的药物有效作用时间（目前为1周），一个药物有效作用时间可以通过计算或者在患牛重新挤奶入大罐奶之前通过使用抗生素残留测试如Delvo SP或者β s.e.a.r.。需要记住的是通过病史挑选患牛，并在感染早期对感染病例进行治疗的效果，要比通过分类挑选出慢性病例然后应用延长治疗方案的效果要好。

4.干奶期治疗

（附录4）干奶期乳区灌注抗生素是NIRD五点乳房炎控制方案的重点，已经被成功应用将近30年。干奶期乳区灌注抗生素达到了两个最为重要的疾病控制标准，即降低已感染病例感染持续时间和减少新发感染。干奶期抗生素治疗比泌乳期抗生素治疗更能彻底清除乳房内感染。对无乳链球菌感染和金黄色葡萄球菌感染得到良好控制以及大罐奶体细胞数低的牛群不用担心传染性病原菌感染。环境性病原菌是比较难治的，因为大多数干奶期药对乳房链球菌有良好的治疗效果，但是对革兰氏阴性菌环境致病菌如肠杆菌科菌效果欠佳。尽管有些奶农偏爱进行多次重复乳房内灌注抗生素来治疗乳房炎，但是没有证据表明这种方法可以提高治愈率。因为在干奶期的乳腺自身血流量有限因而乳房内灌注的药物并不能很好的扩散到乳腺组织内（图7-1~图7-3）。

（1）治疗继发感染——干奶期治疗的优势

高治愈率，尤其对于金黄色葡萄球菌引起的奶牛乳房炎；

高剂量和长效抗生素可以安全的使用；

抗生素可以较长时间保持在乳腺组织内（不会因挤奶而挤出乳腺组织）；

可能对乳腺来说有更多的时间来修复自身和清除感染。

（2）预防新发感染——干奶期治疗的优势

在干奶期刚开始和快要结束的阶段，新发乳房内感染的几率是干奶期最高的，干奶期早期可以各种抗生素来预防新发感染，而整个干奶期（最多达100天）可以通过使用乳头管内栓剂来预防新发感染。

多数干奶期治疗方案具有后干奶期保护乳腺不受感染的作用，因而大大降低：

干奶期新发感染的几率；

降低新产牛发生临床型乳房炎的几率；

大多数干奶期药物在干奶期刚开始几周效果最好，随着干奶期的进行药效逐渐降低；

没有任何药物可以持续发挥药效到产犊的时候，否则下次产犊时抗生素残留将是一个问题。

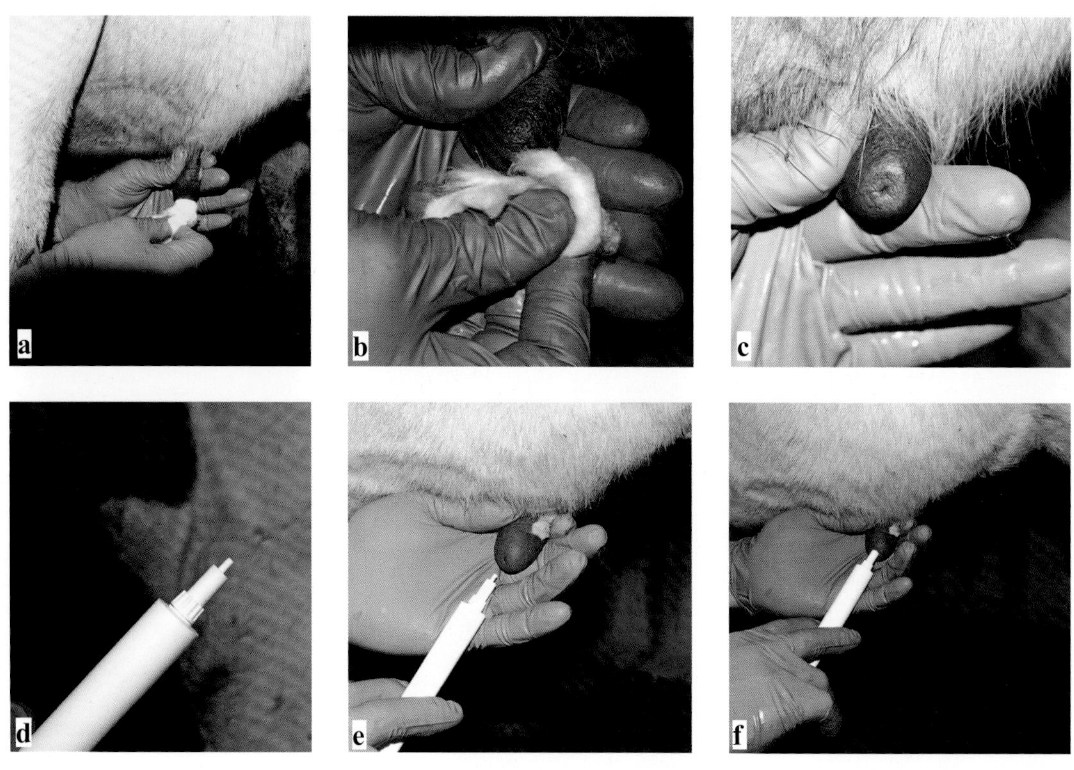

图7-1　注入乳头管内；（a）乳头擦拭；（b）再次擦拭；（c）清洁乳头；（d）显示管的末端；（e）部分注入技术；（f）注入试剂

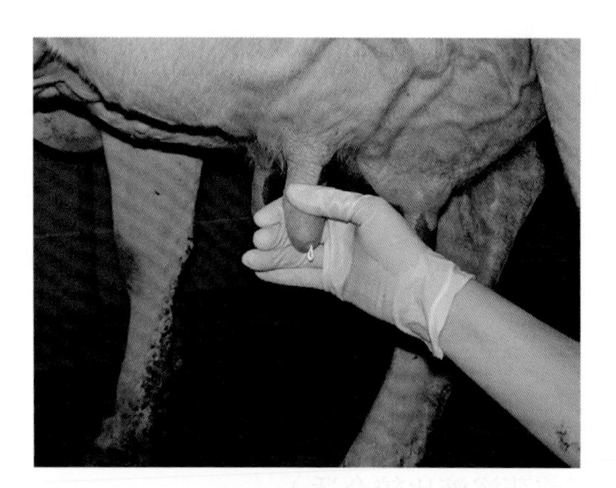

图7-2　从乳头中取出乳头干燥剂

图7-3　腿部胶带可以识别治疗牛

（3）预防新发感染——乳头管内非抗生素栓剂的优势

降低干奶期新发感染的频率；

可能降低新产牛发生临床型乳房炎的几率；

无抗生素残留问题，生态有机农场；

可使用长达100d。

5.干奶期治疗规程

（1）干奶期选择性抗生素治疗

奶牛被鉴定出感染以后，感染病例才接受干奶期抗生素治疗，遗憾的是现今尚无快速、便宜而精确的诊断方法，来鉴定奶牛是否处于感染状态，因而有些非感染的奶牛，也可能会误接受抗生素治疗。而那些感染的奶牛可能并未得到治疗而错过治疗的最佳时机。

干奶期抗生素治疗或者干奶期使用乳头管内栓剂。与选择性干奶期抗生素治疗一样，这种方法也有同样的弊端。虽然所有的奶牛都接受了部分治疗，但是有时候也可能会出现像被感染牛只接受了一个乳头管内栓剂等问题。

（2）整个牛群都使用乳房内栓剂，只有被感染奶牛接受乳房内栓剂的同时接受干奶期抗生素治疗

同样担心被感染的奶牛只使用了乳房内栓剂。所有这些治疗规程都可以通过使用体细胞数下限来提高敏感性，从而减少将被感染牛误鉴定为非感染牛的几率，比如，将体细胞数的下限设为150 000个/ml或者100 000个/ml。

（3）联合使用干奶期抗生素治疗和乳头管内栓剂

很多牧场使用这种方法，这种方法可能能够延长保护时间到产犊，能在干奶期治疗期间提供双重保护。

联合使用乳房内栓剂和干奶期抗生素治疗方案，可以提高干奶期奶牛的治疗和保护效果，保护效果显著提升。但干奶期乳房内栓剂是怎样提高乳房炎治愈率的呢？在实施干奶期抗生素治疗方案的同时使用乳房内栓剂可以在产犊之前治疗既发感染又预防新发感染；在发明使用乳房内栓剂之前，有些乳房炎病牛可能能够在干奶期抗生素治疗的作用下痊愈，但是在产犊的时候极易复发。作者多年的经验认为联合使用可以显著提高干奶期治疗效果。

（4）乳房内灌注技术

如果乳房内灌注技术欠佳，那么所有干奶期治疗的优势可能都会丢失；

彻底清洗和擦干每个乳头（如果可能，使用前药浴液比较合适）；

先清洁离操作者较远（前乳区）的乳头，然后再清洁里操作者较近的乳头（后乳区）；

用棉制品消毒乳头或者用外科/甲基化乙醇浸泡的羊毛制品。

干奶牛乳房内灌注，同时简要记录每个乳区的信息，通过局部灌注技术先灌注靠近操作者的乳区（后乳区），然后再灌注离操作者较远的乳区（前乳区）。

灌注完后用后药浴液药浴每个乳区；

保持奶牛灌注后站立超过30min以便乳头管闭合，防止乳头管未闭合时奶牛趴卧，病原菌从乳头管内侵入；

记录所有的治疗方案，包括牛号、干奶期结束时间、预计产犊日期、使用的药物详细信息，牛奶和组织药物残留时间以保证在奶牛产犊前有足够的时间来完成最短的干奶期。

6.干奶期管理

以往干奶期标准化的建议往往是干奶期前一周减少奶牛日粮干物质，然后突然停止挤奶。现行建议一般是推荐慢慢干奶而不是突然停止挤奶。然而，研究显示每日额外多产25kg的高产奶牛很难突然停奶，同时，突然停奶也有发生乳房内感染的风险，因而建议在干奶期前每日挤一次奶。

新近研究表明，有效的干奶期管理措施可减少随后泌乳期乳房炎的发生。牛群里有些奶牛不可避免的得不到充分的干奶期管理。但是干净的牛舍和无菌的乳房内灌注可减少随后泌乳期奶牛乳房炎的发生。如前所述，乳房内灌注后保持奶牛站立超过30min。在干奶期后期通过放牧两周和轮牧四周降低奶牛粪便污染的风险后，随后的泌乳期内乳房炎发生率明显降低。放牧和轮牧需要将犊牛或干奶牛分成数量大致相等的3群，每两周轮牧一次。

干奶乳区 持续性感染、对治疗无反应、高体细胞数和/或反复感染临床型乳房炎的病例的单个乳区，可能会较其他乳区提前完成干奶。乳区经干奶期抗生素治疗后临床上无异常、完成干奶后才能离开干奶牛群。对于大型牧场尤其要注意的是，当挤奶工是多人的时候会有漏挤干奶乳区的风险。当牛群产犊的奶牛比例达到50%～60%的时候，即可恢复产奶。最近研究通过在感染乳区使用泌乳牛乳房内灌注，10d后恢复挤奶来实施迷你干奶期（即7~10d的干奶期治疗），同时在治疗的过程中其他3个乳区挤的奶均废弃掉，直到过了抗生素残留期且4个乳区均通过抗生素残留测试（如Delvo SP或β s.t.a.r.等）后才能让患牛的牛奶进入大罐奶。

7.淘汰乳区

淘汰那些因使用120ml、5%的聚维酮碘乳房内灌注或者间隔24h乳房内灌注洗必泰两次而造成损坏的乳区。由金黄色葡萄球菌感染引起的慢性乳房炎的乳区研究结果显示，尽管被治疗乳区停止产奶，在聚维酮碘治疗过的乳区内金黄色葡萄球菌仍然能够生长繁殖，经过洗必泰治疗后的乳区有大约50%的乳区能够根除金黄色葡萄球菌，而在下一个泌乳期正常泌乳。尽管单倍剂量的NSAD（弗尼辛）可用来降低炎症反应，但是这个操作过程可能是非常疼痛的。

8.淘汰病牛

淘汰慢性乳房炎病牛也是NIRD五点乳房炎控制方案的要点之一。淘汰显著感染的病牛，可影响乳房炎感染持续时间和牛群乳房炎感染率。同时通过淘汰感染奶牛，新发感染率和感染在牛群扩散的几率也降低了。

四、警惕非官方推荐治疗方案

任何官方推荐治疗方案以外的治疗方案都被认为是非官方推荐治疗方案。所有的非官方推荐治疗方案必须在兽医的监督下实施，同时在特殊情况下应该做出合理的抉择以及采取合适的预防措施。

在英国，非官方推荐治疗方案要求至少7d的牛奶抗生素残留期和至少28天的牛肉抗生素残留期。兽医在非官方推荐治疗方案中避免抗生素滥用方面发挥着重要的作用。现今尚无公认的非官方推荐治疗方案的抗生素残留期，因而强烈建议采取非官方推荐治疗方案的同时应该采取Delvo SP或者β s.t.a.r.等方法进行抗生素残留测试。

1.可供使用的非官方推荐治疗方案类型

（1）非官方推荐治疗方案类型

① 乳房内治疗方案；

② 肠外治疗方案；

③ 乳房内和肠外联合使用治疗方案。

（2）英国目前获得官方认可的联合治疗方案的产品只有两个（均为传统的三管法注射药）。

2.乳房内灌注方案

（1）激进的（在官方推荐治疗方案基础上增加用药剂量或提高用药频率）；

（2）延长的（在官方推荐治疗方案基础上延长治疗时间）；

（3）激进的同时延长治疗时间。

3.采取非官方推荐治疗方案的时间

（1）泌乳期（一般在泌乳期采取此方案）；

（2）干奶期。

除了泌乳期采取此方案以外，大多采取在干奶期刚开始阶段和干奶期末期，由于这时大多数抗生素都可以很好地渗透到乳腺组织内，同时也是新发感染风险最高的时期。

也可能用于已鉴定出致病菌的亚临床感染病例（一般为高体细胞数病牛），评估牛群和牛只状况后，可以选择最合适的治疗方案。

也可能用于对官方推荐的治疗方案无反应的临床型乳房炎病例（治疗失败、治疗后病情恶化或者治疗后短期内复发）。理想状况下，一旦发现问题奶牛，需在处理其他病牛之前立即采样进行病原菌鉴定然后进行治疗。

五、辅助疗法额外的治疗

1.反复挤奶

众所周知，在很多感染性疾病中，通过各种方法去除炎性物质有助于机体恢复正常。这些方法包括先天性免疫机制，如在呼吸道感染中将支气管内被感染物咳出，或者通过人为干预，手术切除或者物理抽吸的方法清除脓肿。乳房炎也不例外，定期挤出被感染乳区的牛奶有助于乳区恢复正常，尤其是在那些非常严重的病例，如夏季乳房炎感染的牛奶本身会对奶牛乳腺组织造成损伤。

2.按摩乳房的同时局部涂抹擦剂

乳房按摩的目的是促进感染乳区血液供应、加速乳房自我修复过程。乳房按摩可通过一些擦剂来加强乳房深部热效应促进乳区血液流动。擦剂可刺激乳房表面毛细血管扩张增加血液供应，与运动员四肢肌肉受伤后采用的产品效果一样。牛场管理员需要注意的是：这些产品有刺激性，如果溅入眼睛可引起非常严重的炎症反应，比如在炎热的天气给奶牛面部擦汗时。

持续挤奶和按摩乳房通常被称为“rub and strip”，这是牧场普遍接受的一种通过促进血液循环和催产素的释放来排出乳房内炎性物质的方法。

3.催产素

一般使用催产素治疗乳房炎的目的是排出乳区内炎性物质。在感染非常严重的乳区可能会由于乳腺腺泡和导管被乳房炎乳汁堵塞造成疼痛，由于催产素有压缩乳腺上皮细胞的作用可能会导致疼痛加剧。研究表明，高剂量（100 IU）的催产素具有打开乳腺内乳腺上皮细胞的细胞连接作用，使炎性物质可以从乳腺血液中流入乳腺池从而排出乳腺。催产素的使用需要在兽医的监督下进行，同时怀孕奶牛禁止使用催产素。

4.口服补液或静脉输液

严重的乳房炎（如特急性乳房炎）可以导致奶牛状况急剧下降甚至出现毒素性休克，同时也可能伴有腹泻。结果奶牛体液循环系统失衡，往往会发展到产生明显的脱水。体液疗法可以改善循环和减少脱水。由于奶牛是大动物因而补液量需求较大（图7-4，图7-5）。

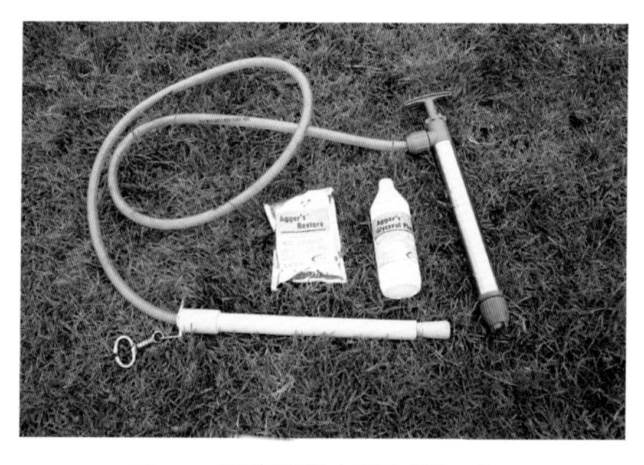

图7-4 胃管通常由管和泵组成

图7-5 通过胃管灌液

由于补液量较大（一般20L或者更多），一般通过胃导管来进行口服补液纠正体液失衡。口服给药并不是一种药物高效利用的给药方式。手摇式抽水泵可加速补液。使用手摇式抽水泵时常会使用一个塞子防止奶牛咀嚼给药导管。最近，一套新的系统被用来口服补液。这套系统配备坚固的给药导管，导管内有螺旋状金属内衬，防止奶牛咀嚼的塞子和给药用的泵在英国已成为牧场共识。有了这套系统，在保定好奶牛之后，即可由单人操作口服补液。相比之下，用水罐或者水桶给奶牛口服补液就显得效率十分低下。

静脉输液也是奶牛大量补液的方法之一，通过静脉输入等渗溶液（溶液浓度与血液浓度相等）或高渗溶液（溶液浓度大于血液浓度）来纠正体液失衡。等渗溶液可使用林格氏液或者哈曼特氏液。等渗溶液的需求量一般大于20L，输液时应该避免高钾。通常可使用人用50L的腹膜透析袋来输液（0.9%生理盐水输液器）。毫无疑问，高渗溶液的补液量都非常少，一般采用2～3L即可。在输入高渗溶液后奶牛一般都会饮用大量的水来增大补液量。根据作者经验，输入高渗溶液后奶牛的饮水量变化不一，在供水系统主干线上的奶牛明显比其他奶牛饮水快和多。当输入10～20L高渗溶液后，如果奶牛得不到充足的水量供应，应立即使用胃导管或水泵给水。

5.抗生素药物

（1）皮质类固醇类

炎症早期使用皮质类固醇类药物往往效果明显，但是既发感染皮质类固醇类药物收效甚微。皮质类固醇类药物作用范围广泛如抗炎，但是皮质类固醇类药物也有潜在的免疫抑制作用，尤其在长期使用的过程中表现尤为明显，可能会使乳房炎感染状况恶化。因皮质类固醇类药物无镇痛作用，因而逐渐被非甾体抗炎药取代。

有些乳房内灌注药物的前体含有皮质类固醇类成分，此类药物具有减少抗生素副反应作用时，皮质类固醇类成分含量应该是多少、其能够发挥显著的抗炎作用的剂量是多少仍有争议。当注射给药时，需要考虑母牛是否怀孕，因为此类药物可以导致早产和流产，特别是在怀孕后期。

（2）非甾体类抗炎药（NSAID）

非甾体类抗炎药的有些特征使它特别适合治疗重症乳房炎病例。此类药物是非甾体类和非麻醉类药物，具有镇痛、抗炎（降低炎症反应）、抗内毒素（帮助奶牛抵抗内毒素侵袭）、解热（减少奶牛体温上升）的作用。非甾体类意味着此类药物无一些皮质类固醇类药物的副作用，非麻醉类镇痛药提示此类药无麻醉类镇痛药会残留在牛奶中的问题。事实上，牧场禁止使用麻醉类药物治疗乳房炎。所有这些特征都使非甾体类药物非常适合治疗乳房炎。在重症感染的乳房炎病例，非甾体类抗炎药物可以通过降低奶牛体温让奶牛感觉舒适，更快地让奶牛恢复食欲，同时也可减缓乳房肿胀。人们逐渐认识到患乳房炎时乳房疼痛感比较强，用非甾体类抗炎药多用于抗炎，其镇痛作用一直以来都被低估了。

（3）钙

有些与毒素有关的乳房炎病例会被认为低钙（低血钙），在产乳热时常发生。分析产乳热和低钙原因或者联系是比较困难的，产乳热是发生毒素性乳房炎可能的因素之一，但是更有可能是由于奶牛瘫痪和奶牛机体自身生理生化指标的改变所致。很多临床工作者会给毒素性乳房炎病例静脉输液补钙，可能更多的是作为预防性措施来避免后期发生产乳热或者病牛瘫痪。

六、替代疗法

许多替代疗法被用于治疗患乳房炎的奶牛，但是很多都效果不佳。有些治疗措施，如冷水冲洗可能会有助于降低炎症反应，同前述按摩乳房和使用乳房擦剂作用相反；乳房擦剂如薄荷或者芦荟可以给乳房提供深层热效应促进乳房血液循环。

其他据说有治疗功效的替代疗法，应该如同其他医疗产品一样通过实验，保证安全、有效和环保后方能使用，同时应该提供一份官方的药物残留期文件。对于那些含有芦荟和茶树油的治疗乳房炎的药物，尤其应该在通过验证安全有效环保，并提供有效的药残期后才能使用。

第八章　夏季奶牛乳房炎

夏季乳房炎与其他形式乳房炎从流行病学的角度来讲，它更像是另一种疾病。夏季乳房炎的病原既不是传染性病原菌也不是环境性病原菌，而是由绵羊头蝇（Hydrotaeairritans）引起的。在夏季，牧场中夏季乳房炎（临床型乳房炎）大多出现于干奶期的奶牛，8月最严重。夏季乳房炎也会出现在肉牛中，也偶见于犊牛甚至公牛中。夏季乳房炎常见于包括英国、丹麦、荷兰和德国在内的北欧国家。因为这些地方沙质、湿润的土壤有特别适合寄生在草料和土壤中的昆虫卵生长。夏季乳房炎常发生于接近水源、地势低的、有庇荫的牧场。比如森林附近的周围有大量的荆棘和杂草的小溪。

一、产生原因

很多细菌都与夏季乳房炎感染有关，最常见的为化脓隐秘杆菌（曾用名称为棒状杆菌属最常见，之后被称为放线菌属）以及停乳链球菌。虽然多种厌氧菌（产吲哚消化球菌最常见）可以降低化脓隐秘杆菌造成的影响，但是产黑素拟杆菌和坏死梭杆菌也可能出现。实验表明向乳头管中接种细菌可以引起乳房炎，而且乳头的损伤常会引发乳房炎，这说明乳头管可能是细菌入侵的一条途径，但细菌入侵乳房的机制目前还没有完全研究透彻。

二、细菌如何入侵乳腺

化脓隐秘杆菌和产吲哚消化球菌在牛场环境中普遍存在，经常可以从牛的脓疮中分离到化脓隐秘杆菌。

外源性入侵（外因）：乳头皮肤和乳头孔被细菌污染，尤其是存在感染性皮肤损伤的时候，细菌通过乳头管入侵。

内源性传播（内因）：细菌从身体的其他部分入侵乳腺，身体其他部分破损感染，细菌通过淋巴循环和血液循环入侵乳腺组织。

实际上，两种方式混合存在。

虽然夏季乳房炎与绵羊头蝇有关，但以绵羊头蝇为传播途径设计的实验没有成功。首先侵入乳腺组织的是厌氧菌产吲哚消化球菌或者停乳链球菌，之后是隐秘化脓杆菌。许多间接证据表明绵羊头蝇与夏季乳房炎相关。例如，牛乳头上最多的访客就是绵羊头蝇，且夏季乳房炎最高发的时期是绵羊头蝇最频繁停落在牛只上的时期。绵羊头蝇携带导致夏季乳房炎的多种细菌。由于前面两个乳房上的绵羊头蝇无法被尾巴驱赶走，因此，前两个乳房的乳房炎发生率要更高。并且，控制蝇类的数量可以减少夏季乳房炎的发生。

尤其在夏季，乳房炎的高发期，蝇类是条非常重要传播途径。但它并不是唯一的传播途径，还有其他的传播途径，因为一年四季中包括没有蝇类的冬季也会出现夏季乳房炎病例。这些乳房炎病例或许是来自于损伤的乳头，污染严重的乳头以及身体其他部位破损导致的内源性传播。

当感染发生时，其他病例就会在牛群中出现。一方面是机械性传播，由于牛体相互接触或者使用被病牛污染的卧床而传播；另一方面是虫媒传播，蝇类接触病牛后将病原体传播给同一头牛或其他牛的乳区，或者是病牛的健康乳房。细菌可以在蝇类的肠道中繁殖数日，并且出现在下一次的采食行为中。

病例数量可从零星的几个病例变为暴发性病例，尤其是蚊蝇较多且没有控制措施的季节。病例数量也与易感染的干乳牛的数量及密度有关，干乳牛越多，病例越多。在开展灭蝇工作的同时提高饲养管理水平，保证营养物质的质量以及摄入量，将有助于提高奶牛的免疫力。

三、临床症状

夏季乳房炎的早期症状有独特的特征，通常观察力敏锐的农户可以在早期就识别出这种疾病，并且将其与其他类型的乳房炎区别开来。这些典型的早期症状为：新产牛和奶牛在发病前一周患病乳区的乳头肿胀，乳头长度和直径增加。除此之外，由于患病乳头的分泌物吸引了蝇类，蝇类聚集于患病乳区乳头孔，引起牛只烦躁，导致频繁的踢踹。随着病情加重，炎症乳区变硬、肿胀、疼痛，分泌有难闻气味的黄色黏稠分泌物。除非在病程的早期发现治疗，否则患病乳区会发生脓肿。脓肿导致坏死性感染，相关毒素会对乳房引起严重的不可逆性的损伤，最终导致整个乳区的坏死。这些毒素进入血液引起毒血症，初期引起动物嗜睡。但通常会发展为后肢肿胀，导致跛行、离群、缺乏食欲、体重减轻。如果不治疗，有时甚至经过治疗，夏季乳房炎的全身效应仍然会引起流产甚至病畜死亡。由于怀孕牛和干奶期的奶牛不会每天都被挤两次奶，所以一般对他们的观察不及时，一旦牛只被发现患有夏季乳房炎时，病情就已经很严重了（图8-1）。

一些新产牛会被单一的化脓隐秘杆菌所感染，它虽然没有成熟奶牛的夏季乳房炎严重，但是治疗起来也有一定难度。作者发现使用勃林格殷格翰公司生产的Mamayzin的同时，配合使用疗程较长的乳区灌注抗生素能够提高治疗成功率。建议治疗后采集细菌样本进行细菌学检测。

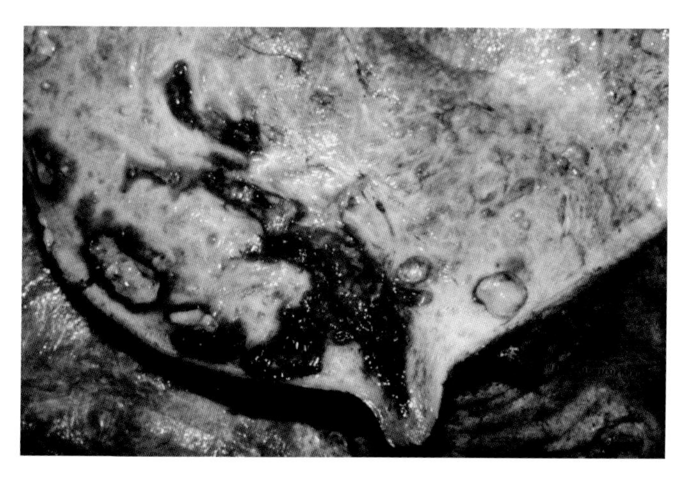

图8-1　牛夏季乳房炎乳房横截面，有大量化脓灶

四、治　疗

尽管与夏季乳房炎有关的革兰氏阳性细菌对青霉素高度敏感，但是一些文章，包括作者本人的经验也建议使用土霉素治疗药效更佳。乳区一旦患病很难治疗，并且产犊后患病乳区不能承担分泌乳汁的功能。注射土霉素以及重复挤出患病乳区的浓汁有利于保持动物健康。乳区灌注的药物在晚间使用药效最为敏感，除非牧场的人员想要整晚给被感染乳区挤奶。挤浓汁的频率取决于挤出浓汁的多少。比如早期，每2~3h 挤将适量的浓汁挤出体外就有助于避免毒血症的发生。但是在乳房极度肿胀的情况下，每次只能挤出几毫升浓汁，则间隔时间可延长。尽管采用抗生素疗法和有规律的挤出患病乳区的浓汁，但患病乳区仍然很可能失去功能并且变硬。有时患病乳区浅表的脓疮偶尔会破溃，浓汁会从皮肤排出。一旦发现此症状，要第一时间将牛隔离以防止疾病的传播。夏季乳房炎不易治疗的这种情况，更加强调了预防措施的重要性。

五、防　控

对于兽医、农户和学者来说，确定最好的一种防控措施是有难度的。夏季乳房炎有些年较轻，有些年较严重，以至于有时学者在进行研究时找不到没有进行预防措施的对照组，这导致很难评估几种防控方法的效果。但是，有一些防控措施是公认有效的。

夏季乳房炎的防控主要是灭蝇以及干乳期在乳房内注入抗生素。有些研究者提倡，如果是疾病高发期，3周后重复注入抗生素。

1.给所有干乳牛乳房内注入抗生素

（1）抗生素为氢氯噻嗪；

（2）如果是疾病高发期，3周后再注射一次；

（3）可使用内部乳头封闭剂。

在怀孕初产母牛夏季乳房炎发生率高的牛群中，母牛可以被治疗，但是这对母牛和术者都具有一定的危险性。应使用非插入技术进行治疗，以避免损伤乳头管。

2.在蝇类活跃期之前做好蝇类防控工作

比如，6~10月使用喷剂或者防蝇标签。

（1）耳标能够有效驱赶头部的蝇类，但是对于腹部和乳房部位的保护力差。

（2）在两只耳朵上同时使用耳标；

（3）可以直接在乳房及背部喷洒/点上驱蝇药液（作者倾向于在乳房上直接使用25%的药液，在前额和背部其他地方点上药液）；

（4）限制蝇类攻击；

（5）使乳头状况保持良好的状态以防止蝇类攻击，像蓟等粗糙的植物可以造成乳头的磨损；

（6）可能的话使用乳头绷带，比如：Leukopor带以及Leuko喷雾剂。或者使用乳头隔离物Stockholm 油或者在乳头上使用驱虫剂。

3.牧场管理

（1）避免将牧场建在易发生夏季乳房炎的地理位置；

（2）地势低且接近水源（小溪、河流）的牧场；

（3）邻近田地的林地；

（4）选择山顶处的牧场，那里风速＞20km/h，不利于蝇类从林地及灌木丛到达此处；

（5）给予干乳牛充分的营养；

（6）由于绵羊头蝇不易进入屋内，因此，将干乳牛于舍中饲养；

（7）在极端情况下，改变产犊方式可以降低/避免处在危险期的奶牛患病；

（8）或许对于某些夏季乳房炎高发的有机牧场是一个选择；

（9）动物监测。

至少每日两次仔细检查奶牛，发现可疑患病牛只立即隔离，防止疾病的传播（图8-2）。

图8-2　怀特公园牛

第九章　易发乳房炎的乳房和乳头状况

对乳房和/或乳头有影响的一些状况，算不上乳房炎，但是却可以导致乳房炎。一些可能是正常的生理变化（图 9-1），如乳房的过度水肿或畸形，乳汁带血或者乳头出现豌豆粒大小的肿块，也可能是物理性损伤或感染所致。

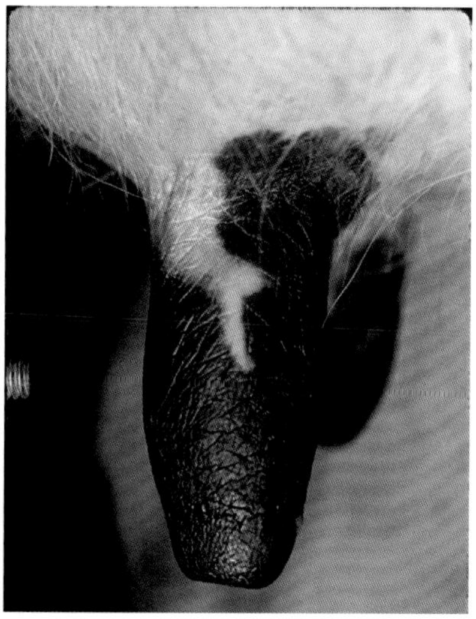

一、非传染性因素

影响乳房和乳头皮肤的因素有许多，具有很显著的诱发乳房炎的作用。

图9-1　正常牛乳头

二、常见的皮肤症状

晒斑　在裸露（白色）的乳房和皮肤受到阳光直射的区域有往往一定的限制，因此，可能只有一侧的乳头受到影响。

感光过敏　光敏的化学物质和阳光会在皮肤内发生反应（最常见的是英国的金丝桃）。反应不需阳光直射在普通光线下即可进行，因此没有阳光直射皮肤的区域限制。这种反应会受到暴露程度的影响，而且暴露区域越多（特别是颜色较淡或白色区域），受到的影响越严重。刚开始皮肤增厚、疼痛，变得像硬纸板一样，随后发生蜕皮脱落。一部分牛能恢复过来，其他一些牛会长时间受到影响，冬天病情则有所缓和。报告指出这经常发生光过敏的牛部分肝功能都存在异常。

湿疹　在后备母牛后腿和乳房的腹股沟处最为常见，而且常被比作尿布疹。治疗手段多种多样，包括盐水清洗、乳房涂布乳霜和抗生素干粉喷雾。对于这种病例，经常采用的方法是通过保持干湿平衡改善皮肤的状况，干燥可以减少细菌生长的机会，湿润可有助于治疗。湿疹变得严重时能使奶牛发生停乳，个别病例甚至会被淘汰。

乳头坏死　发于后备母牛，最近几年在包括英国在内的许多国家都已被确认。可能与过肥，后备牛年龄偏大或者至少与过度水肿具有一定的关系。可能由于一些营养成分（包括蛋白和体液）的漏出和聚集。乳头皮肤变硬如硬纸板，并且呈紫色。受影响的皮肤会发生蜕皮，整个乳头变硬。正常血流的供应和从乳头的排出受阻，因而发生疼痛、不安、自我损伤，以致于乳头严重舔食，剧烈疼痛，严重病例甚至乳头被咬掉（图9-2，图9-3）。

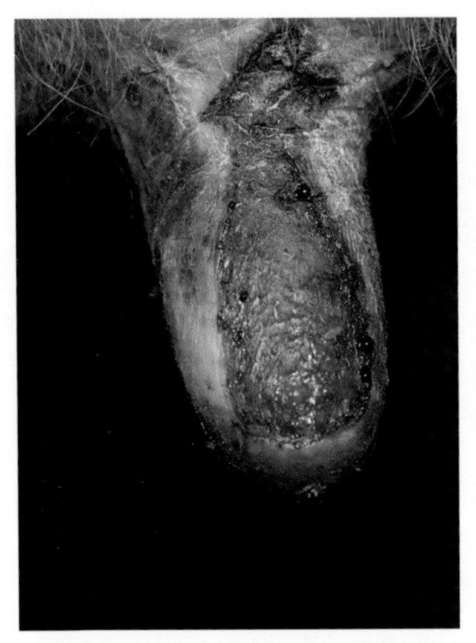

图9-2　两例乳头坏死

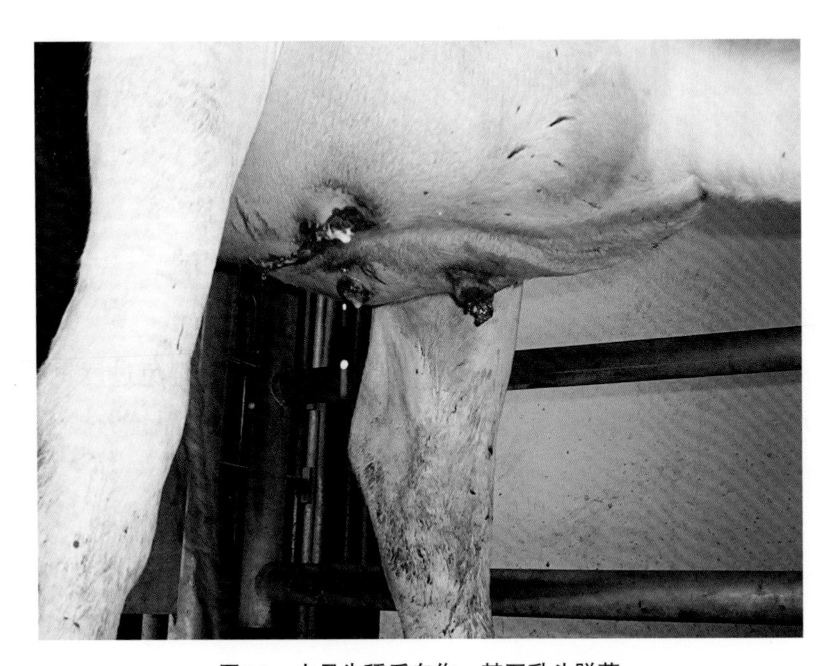

图9-3　小母牛舔后自伤，甚至乳头脱落

三、乳房水肿

产犊奶牛乳房不可避免的发生一定程度的水肿，是因为这一时期要完成从干乳到泌乳的转变，乳腺血流会发生急剧的变化。特别是后备母牛，经常会发现乳房水肿过度以至于出现“凹陷性水肿”。指压乳房表面时，水肿的凹陷会消失（图9-4）。

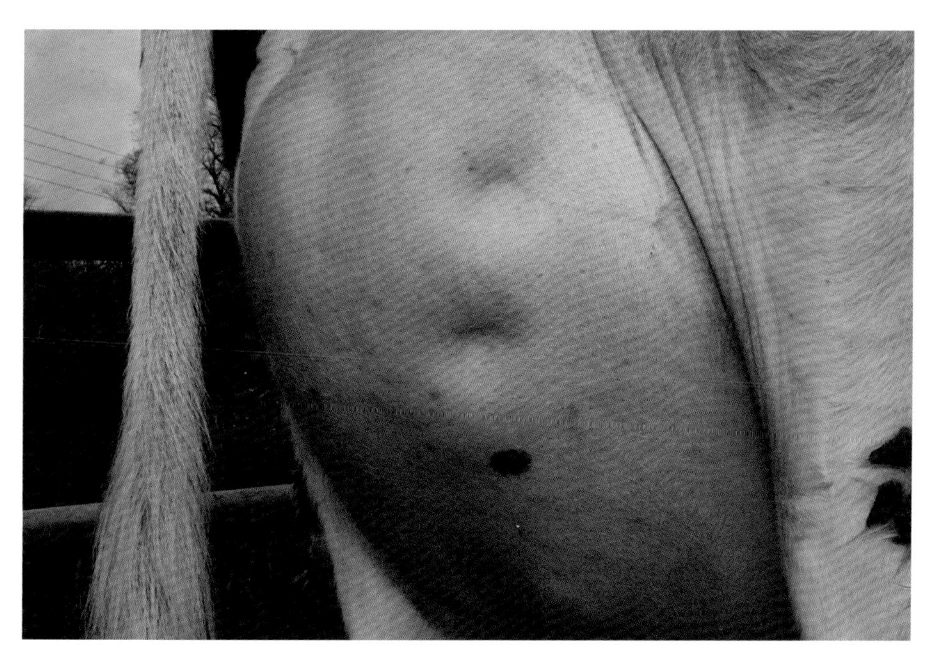

图9-4　乳房水肿

1.后　果

疼痛会导致泌乳困难；乳房炎的易感性；急性病例导致皮肤活力丧失，引起蜕皮；个别严重病例可被淘汰。

2.控　制

可能是一种遗传因素？还与饲料组成有关，产犊之前避免过度饲喂（产前补饲）；确保产前的适量运动——肢体的运动能促进体液从淋巴系统的排除，避免体液过度蓄积。

四、乳中带血

牛乳中的血液与一些血凝块不同，挤出这种乳汁看起来好像血液在4个乳区都有。这种乳汁的异常很明显，会被弃掉，会使奶农造成损失。尽管这种现象非常的明显，但并不会产生别人认为的那样显著的长期影响。研究发现，尽管起初含有明显可见血液成分的乳汁SCC要高于那些源于不含明显血液成分乳区的乳汁，但是在产犊后7～14d这种现象就会消失。乳汁带有明显血液成分的泌乳牛，对细菌的增殖不再易感，产犊期取样检测证实产犊后的100d 乳房炎发生率没有差异。尽管挤奶工作可以检查乳房炎，而且通过增大乳房内的反压可以使细菌随乳汁流出，也可以阻止乳房内的血液供应，但目前仍没有效的治疗方案。

1.传染性因素

大多数的乳头皮肤问题可以通过泌乳后的乳头药浴进行治疗，这种方式可以有效杀灭引起乳房炎的细菌和病毒。

2.牛疱疹性乳头炎（BHM）

在英国，牛疱疹性乳头炎是一种由病毒引起的偶发的炎症，可能在秋冬两季最为常见（图9-5）。虽然也可发生于肉用牛，但奶牛的感染率更高。在免疫力低下的后备牛症状严重，有时可导致明显的蔓延。感染源目前还不清楚，但是和其他疱疹病毒一样，应激（如分娩）可使带毒牛发病。在不检测抗体产生的免疫保护的情况下，不同牛对感染的反应不同，有些发生轻微病变快速痊愈，而有些则会发生糜烂导致剧烈疼痛。在急性期含有大量病毒粒子的水泡破裂释流出极具感染性的液体，可以通过挤奶设备、挤奶员的手和苍蝇进行传播。感染的奶牛应该最后挤奶，而且对挤奶设备进行消毒。康复奶牛具备一定的抵抗力，复发的可能性极小。

3.牛乳房痘

牛乳房痘是由病毒引起的更为常见的炎症，但较牛疱疹性乳头炎的剧烈程度要弱很多，形成经典的马蹄形的病变（图9-6）。它是由一种与羊痘病毒极为相近的痘病毒引起的，与羊密切接触的牛群此病的发病率会增加。该病并无明显的季节性变化，免疫力低下的牛有可能复发。早期出现乳头皮肤发红，而后发展成脓疱并破溃，继而结痂，10~12d 痊愈，留下典型的戒指状或马蹄形的疤痕。

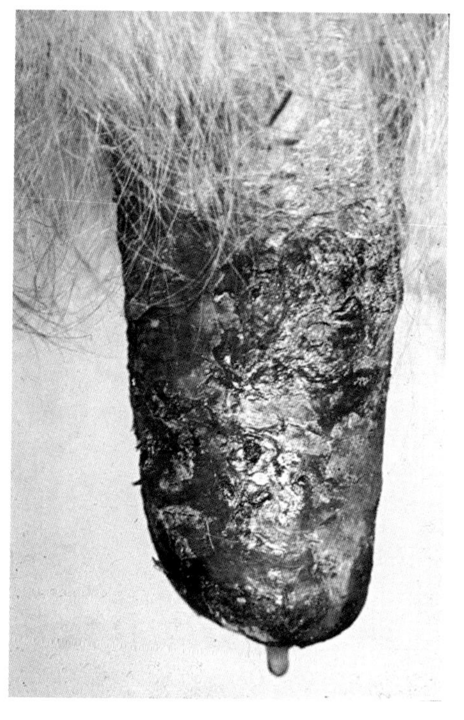

图9-5　牛疱疹乳头炎

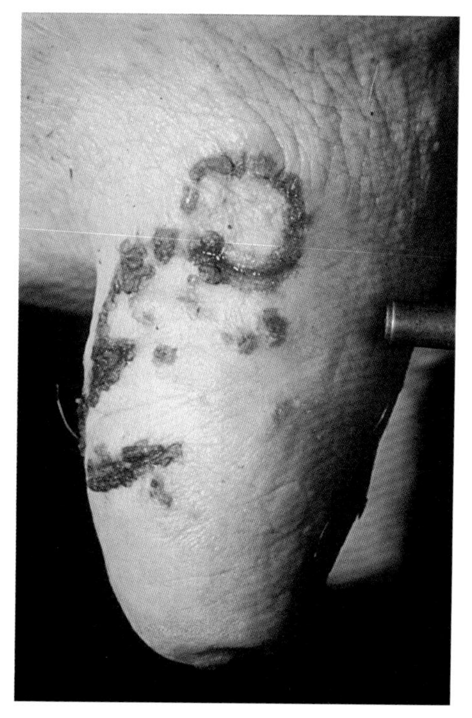

图9-6　牛乳房痘

病毒也可感染人的皮肤，有时造成“挤奶工结节”，也会发展成疤痕或痊愈。在牛群和挤奶工之间可以发生重复循环性感染；这可通过挤奶时穿戴手套进行预防。牛乳房痘不应该和牛痘相混淆，最后一次报道是在1978年的英国，一头奶牛感染了与牛痘病毒极为相似的病毒，而早在1796年这种病毒被Edward Jenner 用来免疫病人预防天花。这是第一次已知的接种病人，最后对从世界根除天花做出了巨大贡献，并进行了命名。

4.牛乳头瘤（乳头疣）

牛乳头瘤病毒可以引起乳头瘤或是乳头疣，据称多达6株乳头瘤病毒中至少2株经鉴定是乳头疣的诱因。在犊牛乳头疣是最为常见的，而且在 外观有很多的变化（图9-7 ~ 图9-10）。丝状的乳头疣常伴有近2cm的叶状的突起，在乳房炎风险方面是最为严重的问题，有时新产的后备牛乳头被它们完全覆盖。如果乳头疣在乳头口附近会影响乳头卫生和乳汁的排出以至于增加乳房炎风险。乳头疣也会影响奶头与内衬接触的密封性引起松动，或者由于奶牛接触敏感性增加，挤奶时把挤奶设备踢掉，都会增加感染乳房炎的风险。

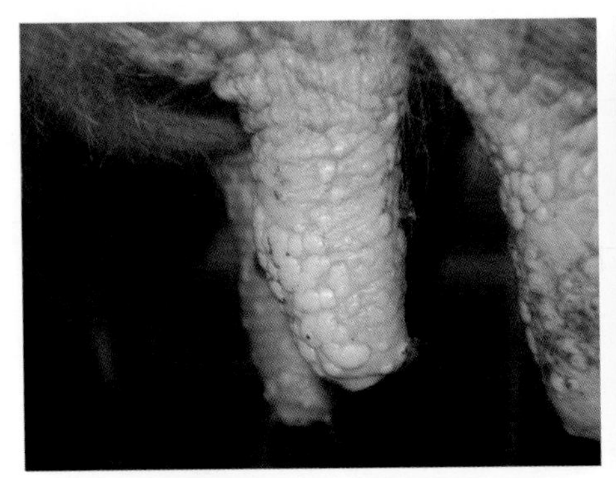

图9-7　乳头扁平疣

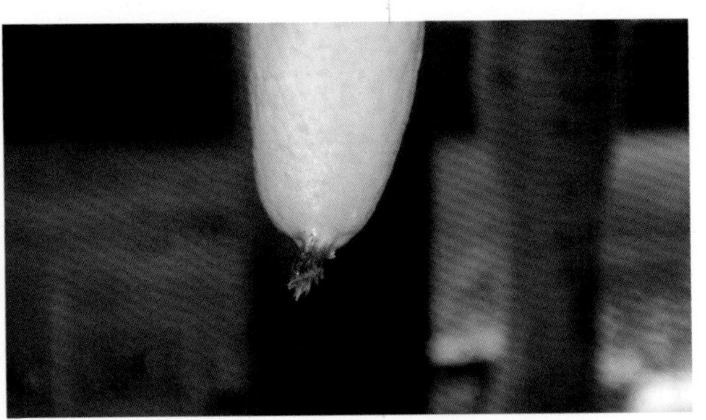

图9-8　在乳头末端的疣看起来像过度角质化

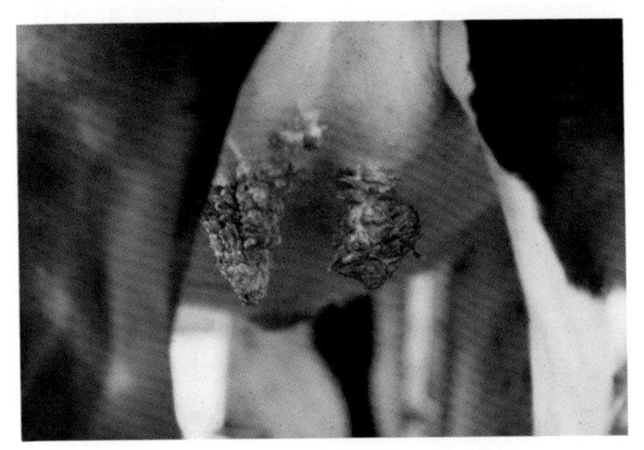

图9-9　四个乳头，都布满了丝状疣

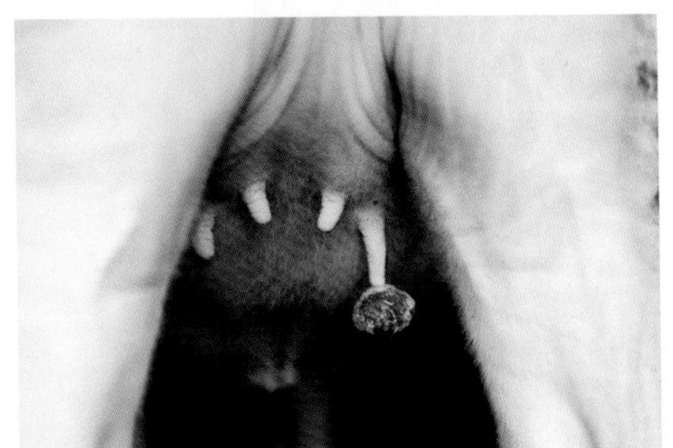

图9-10　乳头末端巨大的疣

乳头疣容易损伤和出血，如果把它们从乳头上撕掉有时会引起大量的出血和严重的损伤。在同一批次感染的奶牛，曾对其中几个严重病例使用收集的乳头疣制备的自用疫苗来提高它们的免疫力促使乳头疣的脱落。这些疫苗未被授权，并不总是有效，而且只限制在乳头疣收集地区的奶牛使用。许多叶状疣会在第一次泌乳期消散，但是也会有一些持续存在着，可能需要外科手术切除。其他类型的乳头疣也是很常见的，白色、光滑、扁平的可以发生于乳头表面的任何位置，一般不会影响泌乳或者诱发乳房炎。

5.其他引起乳头损伤的传染性因素

手足口病（FMD）和蓝舌病（BT）都可以增加乳头损伤的风险。

五、乳头和乳房的物理性损伤

物理性损伤不仅包括那些对乳头的割伤、踩踏和拥挤所造成的机械性创伤，挤奶机诱发的乳头末端的过度角化，还包括化学物质所致的环境性损伤，如对乳头浸液错误的稀释，或者暴露于潮湿、寒冷和多风的天气造成的损伤。

1.斑　痕

虽然乳头末端的损伤主要是由于对于乳头口的感染（通常是坏死梭菌），但也有一定程度是有挤奶器所造成的。感染会破坏乳头口，是乳头口闭塞，导致泌乳不完全和泌乳缓慢（图9-11）。挤奶工经常会刮擦乳头末端以使其产更多的奶，这就会对乳头口造成额外的伤害，增加其他乳房炎致病菌引发乳房炎的风险。有时，使用乳头插管促使乳汁排出也会增加乳房炎的风险。以作者的经验，最近斑痕好像越来越不常见。中断受影响乳区泌乳7~10d 对于协助治疗斑痕具有很明显的效果。用手挤出两三把奶可以检测乳房炎并且排出细菌，可以使乳头末端有机会痊愈，最好不要每天对其使用挤奶器超过两次。

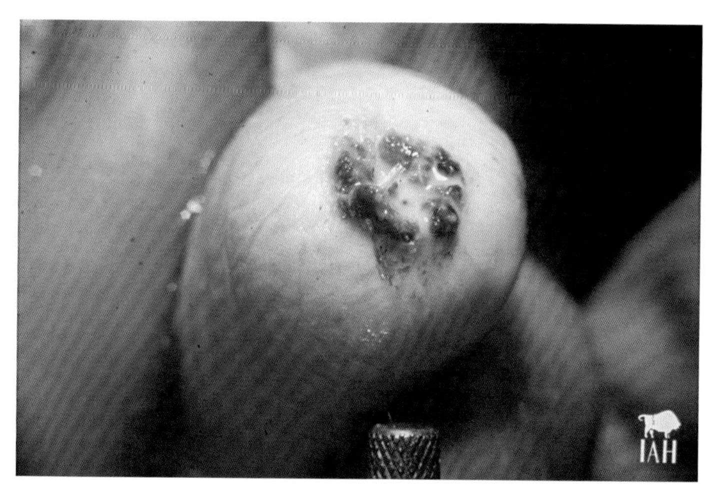

图9-11　斑痕

2.乳头割伤

虽然一些小的乳头割伤可以使用含有或不含有气溶胶喷雾胶水的胶布成功的修复，但是如果割伤贯穿了乳导管，缝合是最好的修复手段。尽管“U”形钉也可以使用，但是要在兽医人员的指导下进行。关于乳头割伤的详细类型未在本书进行介绍（图9-12）。有些时候，特别是瘘管贯穿乳头腔时，外科治疗需等到奶牛干奶后进行，每天挤奶不超过两次可促进外科伤口的愈合。

图9-12　割伤

3.乳头压伤

要根据损伤的严重性采取特定的方法，和斑痕的处理相似，停止挤奶一到两周效果较好。

4.乳头皲裂

皲裂能使皮肤发生龟裂，破坏皮肤的防水状态，细菌易于定植。皲裂在寒冷、潮湿和肮脏的环境下非常常见，风寒会使皲裂加重（图9-13）。挤奶后用含有高比例的润滑剂和湿润剂（如甘油或羊毛脂）的产品消毒（比较理想的药浴），可改善乳头状况，有助于恢复。

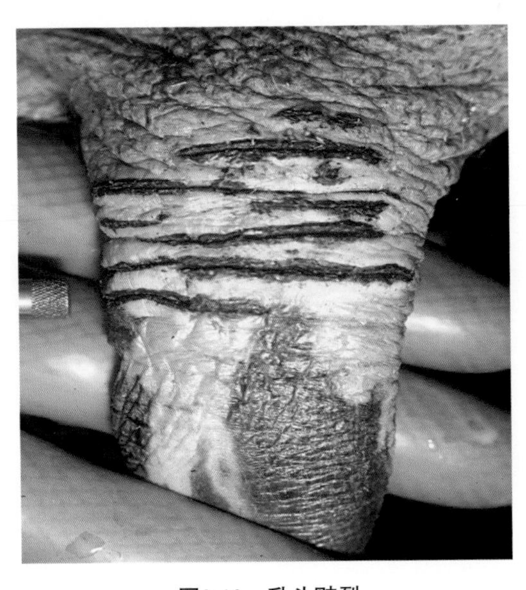

图9-13　乳头皲裂

5.其他设备所致的乳头的变化和损伤

一些乳头形状的变化和损伤是由挤奶器直接造成的（图9-14~图9-16）。主要包括一些乳头的可逆性的变化，如乳头末端的水肿、充血，乳头环状、楔状，乳头褪色，也包括更多的长时间的变化，如乳头末端的出血，小淤点或更大区域的淤斑，这些比较大的变化很可能造成乳头口的过度角化，影响乳房炎的发病率。

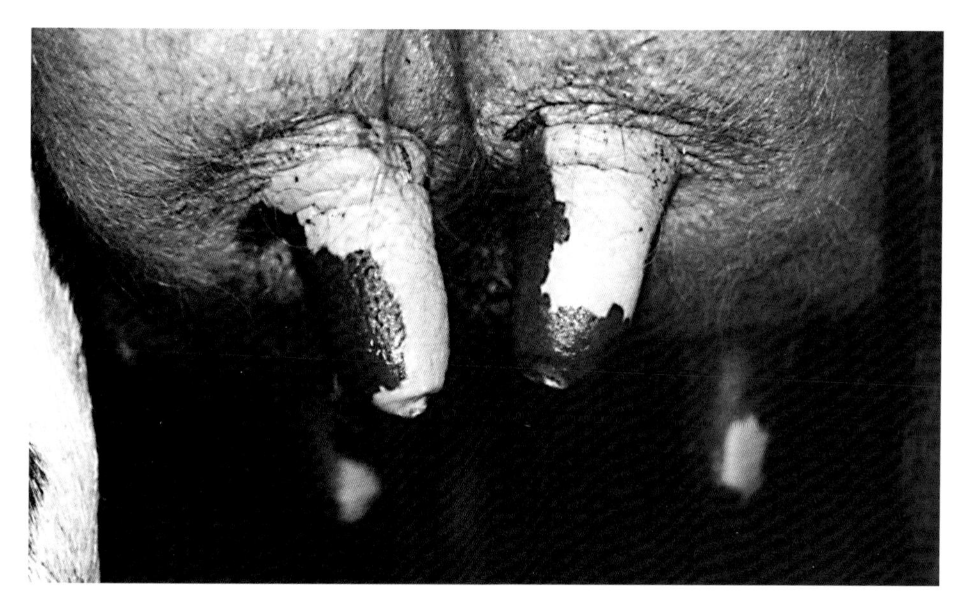

图9-14　过度挤奶造成的挤奶环

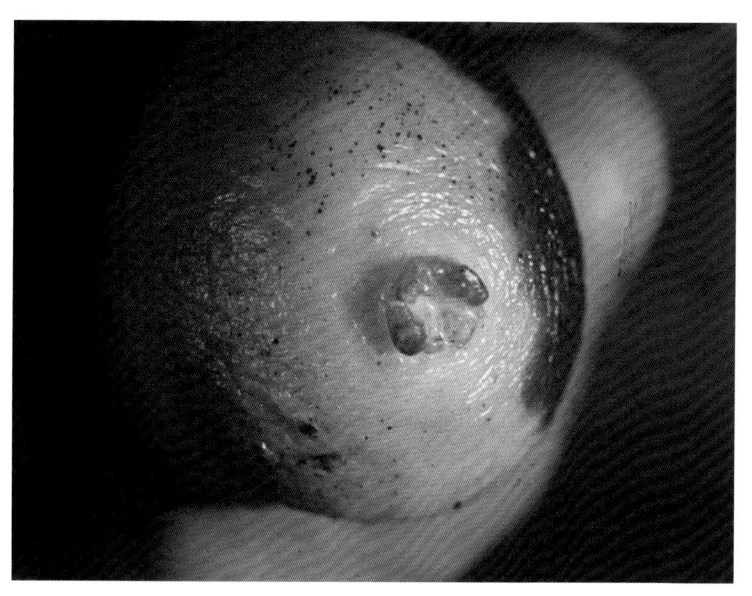

图9-15　游斑

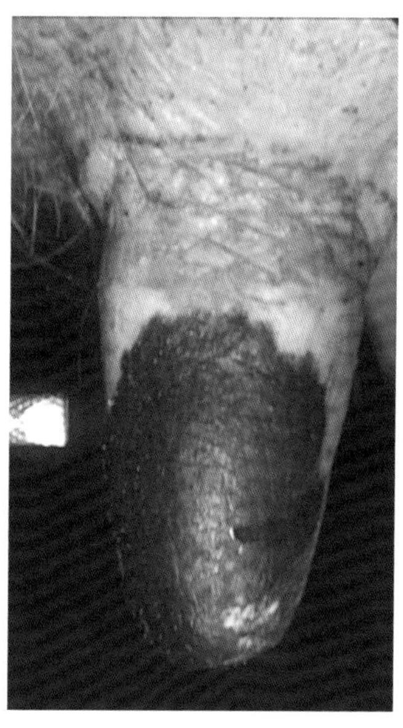

图9-16　吸吮造成的乳头擦伤

6.乳头口的过度角化

乳头管的黏性的角蛋白层是乳房防御机制捕获细菌的组成部分。特别是在机器挤奶过程中，一些角蛋白会被从乳头管中挤出，这就是所谓的过度角化。挤奶器的功能异常，如过度真空或振动按摩频率不当都会加剧角蛋白的排出。过度角化是乳头末端经过一系列的变化，从厚的光滑的角蛋白环延伸成为叶状的角蛋白环绕在乳头口（图9-17）。尽管一些人认为，过度角化在手工挤奶和肉用牛也可见到，但不出意外，在奶牛中更为普遍。研究证实，过度角化水平与奶产量或奶牛机器挤奶时间的长短一致。鉴于乳头口的过度角化和乳腺内感染并无相关性，对所有乳头末端的评分很少使用。然而，当考虑到个体的乳头分类，这些乳头比轻微的或者中度的过度角化更为严重，表面粗糙度越大，引发新的感染的可能性越大。乳头末端的损伤会引起乳房炎病原菌的定植，同时减弱乳头管的防御机制。细菌定植的增加与高水平的过度角化相关，就会增加患乳房炎的风险，在没有挤奶后药浴的情况下更为明显。

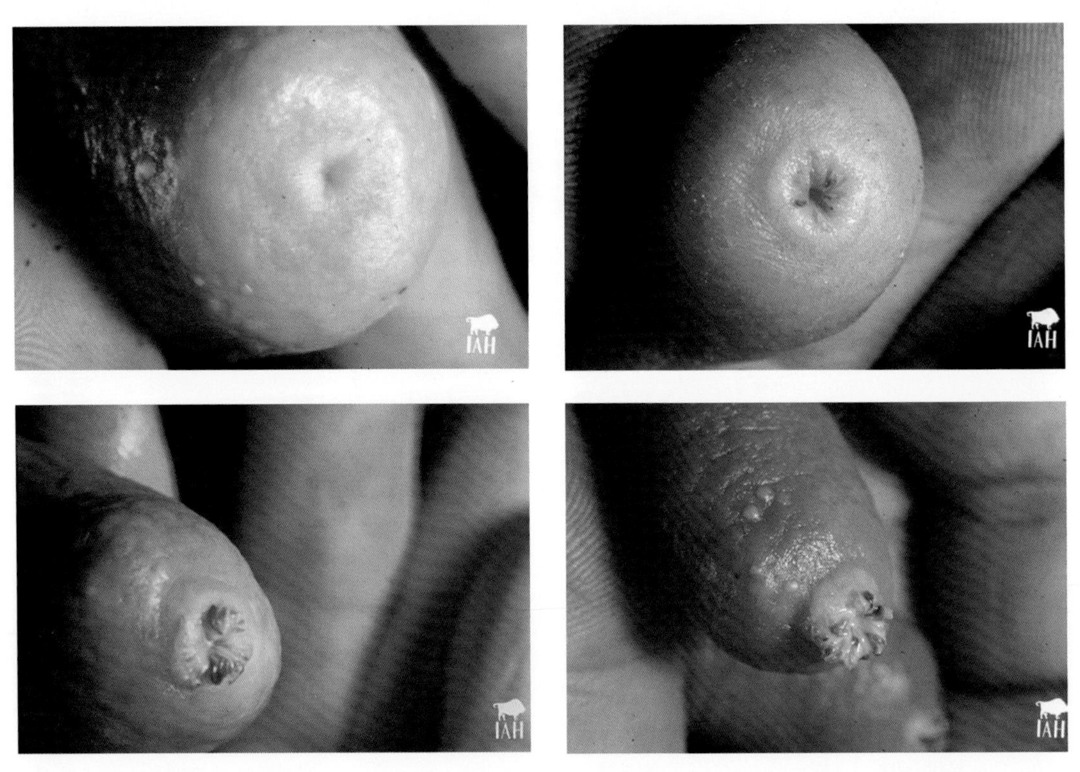

图9-17 过度角质化（a）评分N（正常）；（b）评分S（中度平滑）；（c）评分R（中度粗糙）；（d）评分VR（严重到非常粗糙）

（1）过度角化评分

国际乳头俱乐部（TCI），一个乳房炎工作者的国际组织，开发了一个可信和简单的乳头评分系统。该系统使用四分乳头末端评分方法，包括一个正常的评分（N）和3个异常的评分（S，R和VR），奶牛场比较集中地区的牛群可采用这种方法来进行评估。较差的乳头状况，特别是评分很高的乳头，患乳房炎的风险更大。

国际乳头俱乐部乳头过度角化评分表

评分	评估	乳头外观特征
N	正常	无角质环，乳头末端光滑，乳头口平坦
S	轻微	乳头口周围有凸起的光滑的或稍粗糙的环，凸起区域光滑或稍粗糙，没有角质叶
R	中度	乳头口周围1~3mm 有粗糙的角质环和伸展出的凸起的和粗糙的角质叶
VR	严重	非常粗糙的角质环，角质伸展出乳头口多于4 mm，环的边缘被破坏

（2）挤奶后立即观察乳头

挤奶器对乳头的影响可以在挤奶后立即进行评估，通过观察乳头的充血、形状和颜色，包括出血和过度角化。头灯的使用有助于观察（特别是乳头末端）。观察在挤奶过程中奶牛的舒适度能让我们了解乳头充血的情况，例如在挤奶栏内的不安、踢腿，特别是在挤奶后期乳汁流出较慢的时候。

对整个牛群进行观察是理想化的，因为这太过于浪费时间，而且会干扰日常挤奶工作。一般随机地选择80头牛或整个牛群的20%进行观察可以有效地评估整个牛群的乳头状况。如果20%以上的乳头评分是R或VR，或者10%以上的是VR，则挤奶工作和挤奶器就要进一步进行调查。

附录1　减少牛群中的乳房炎

在奶牛泌乳期和干乳期，利用适当的管理技术和治疗方法等拟定乳房炎控制计划，来降低新感染的发生率和感染的持续时间，可以使牛群中乳房炎的发生降到最低。为避免乳房炎特定病原传入农场，应通过避免引入感染的牛或避免农场人员流动引起的潜在病原引入，否则很多有效的乳房炎管理将会失去作用。

你正在治理或者遭受牛乳房炎侵袭的风险吗?

乳房炎的生物安全防护相对很多其他疾病来说较为容易。农场里乳房炎病原入侵的风险主要基于携带病原的牛的引入，其携带的乳房炎病原是最显著的风险。当然，工作人员依然带有一定隐患，挤奶工有传入金黄色葡萄球菌的风险，尤其是当挤奶时不戴手套。环境中的病原，正如它们的名字所示，如果不是一度存在于农场环境中，那么它们的传入也是无关紧要的。

生物安全分级

（1=低风险，5=高风险）

1. 封闭的牛群——没有牛进入农场——所有人工受精（AI）、胚胎移植（ET）的自繁牲畜，或由自繁种公牛进行的自然配种。

2. 没有新的牛引入，但允许现有牛的外出返回（例如：牛群展览）。

3. 有新的牛引入（知晓医疗记录和适当的购买前后检测），进行隔离。

4. 有新的牛引入（知晓医疗记录），不进行隔离或不完全隔离。

5. 有新的牛引入（无医疗记录），不进行隔离。

建立农场专属的生物安全防护计划的步骤

1. 识别具体的乳房炎病原侵入农场的途径。

2. 评估传入病原的风险。

3. 评估具体传入的乳房炎病原的风险，即如果病原已传入，评估传播速度。

4. 以你的程序为准，记下你系统里的高风险活动或者漏洞。

侵入奶牛场中的乳房炎主要风险病原是无乳链球菌、金黄色葡萄球菌，还有可能是支原体，即使后者是一个近来在英国比较少见的乳房病原。

如果有牛要被引入某奶牛场，那意味着，维持一个封闭式牛群将不再可能，因此，建议从已知有资质的牛群、接受检测的奶牛群中购买牛。

许多牧主依靠来源牛群的大罐奶体细胞（BMSCC）来购买牛，或者可能通过来源奶牛群的体细胞数（SCC）来选择购买。很少用购买牛的奶进行细菌学培养。作者有一些经历，购买牛导致牛群受到无乳链球菌和金黄色葡萄球菌感染，会造成经济损失。还有一个案例，通过一个挤奶工给农场中传入了金黄色葡萄球菌。

附录2　调查清单

临床型乳房炎记录

- 发病率：每年每100头奶牛中的病例数
- 严重程度：发病甚至致死奶牛
- 预后表现：复发率
- 泌乳阶段：新产奶牛或泌乳后期
- 季节性：全年
- 受影响奶牛的年龄：未生育年轻奶牛或更年长的奶牛

隐形乳房炎记录奶牛体细胞数（SCC）

- 大罐奶体细胞（BMSCC）
- 个体奶牛体细胞（SCC）记录
  新感染率
  未康复的新感染率
  干乳期的临床表现

奶牛

- 临床型乳房炎的监测和治疗方案
- 乳头评分：牛群中的20%或者80头奶牛，都是可行的
- 清洁程度：卫生评分
- 体况评分：身体状况的改变
- 排泄物评分：营养
- 其他健康相关项目：乳热症、奶牛真胃变位、牛病毒性腹泻等

挤奶过程

- 真空度
- 脉搏频率
- 内衬
- 内衬重置间隔期
- 乳头准备，包括预先浸润消毒
- 乳头干燥
- 初乳检查
- 延迟时间
- 挤奶过度
- 慢挤奶
- 乳杯自动脱落（ACRs）
- 挤奶后乳头消毒
- 清洗槽
- 挤奶杯组消毒

饲养隔间

- 牛床：沙子、稻草、木屑、回收纸
- 底部垫床：如褥子或垫子
- 尺寸：长度、宽度
- 头部围栏/胸部挡板：奶牛位置
- 粪渠：每日清空的次数
- 拥挤程度：载畜率
- 整体卫生：全部设施清洁程度
- 湿度/通风设备

饲养畜栏

- 牛床：沙子、稻草、木屑、回收纸
- 水的位置：浸湿牛床
- 牛床进出位置
- 拥挤程度：载畜率
- 整体卫生：全部设施清洁程度
- 湿度/通风设备

其他有用的数据

- 大罐奶体细胞（BMSCC）
- 细菌学结果
- 细菌总数测定
- 挤奶机测试报告

附录3　干乳期治疗流程图

见下页的图表。

牛群干乳期的方案

1.所有未经治疗的奶牛,即在干乳期之前未应用各种治疗方法。仅为少数的有机牛群所采用。

赞同：奶牛乳房没有引入其他产物。

反对：失去了新发生感染的治疗和防护机会。

2.干乳期奶牛经抗生素治疗，是历史上第一个奶牛干乳期采用的措施。

赞同：目的是治疗和防护干奶早期的感染。

反对：在干奶后期没有防护作用。

3.多数干乳期奶牛进行经抗生素治疗配合低体细胞数奶牛，使用Orbeseal乳头密封剂，Orbeseal（辉瑞动保）乳头密封剂是一种乳头内部密封产品，早期在英国使用。抗生素与Orbeseal乳头密封剂根据需要交替使用。后来被第4种（如下）所取代。

赞同：未感染的奶牛，如能正确识别，仍能够得到保护。

反对：没有工具来检测感染奶牛与未感染奶牛，因此，未感染奶牛可能受到抗生素治疗，与第2种没有区别。感染奶牛错误地被认为是未感染奶牛，从而失去干乳期的最佳治疗机会。

4.所有奶牛使用Orbeseal乳头密封剂，其中部分奶牛配合使用抗生素治疗，整个牛群都需要使用Orbeseal乳头密封剂，一些挑选出的感染奶牛同时接受抗生素治疗。当奶牛有1/4的乳区受到感染，抗生素治疗一般被用于整个乳区。也有一些管理者仅在受感染的1/4乳区中使用抗生素，即有些奶牛的4个乳区都使用乳头密封剂，而仅有一两个乳区进行抗生素治疗。如果超过2个乳区受到感染，建议抗生素治疗全部乳区。加州乳房炎试验（CMT）在预期的干乳时间前最后一周，被用于检测每个单独乳区产的乳，来判定乳区或者奶牛是否被感染。

赞同：所有奶牛包括未感染奶牛在干乳后期都得到了防护。

反对：与第3种相同，几乎没有工具来识别奶牛是否受到感染，但至少该方法使所有奶牛都受到了保护，因此，如果得到抗生素治疗，则奶牛群都得到了防护。

5.所有奶牛仅使用Orbeseal乳头密封剂，应用有限，有机奶牛群比较青睐。但可能会升高大罐奶体细胞数（BMSCC），尤其是在牛群中存在金黄色葡萄球菌时。

6.覆盖式——干乳期既使用抗生素治疗，又使用Orbeseal乳头密封剂的奶牛，通常用于大规模的、干乳期前进行所有奶牛的加州乳房炎试验（CMT）不太适用的奶牛群，尤其是由于检测工具的限制而不能判定牛群是否被感染。

赞成：所有感染奶牛均有机会被治愈，所有奶牛也因乳头密封剂而受到保护。

反对：地毯式疗法，没有诊断指向性。根据作者的经验，许多应用第2种方法的牛群（全部奶牛接受抗生素治疗）在引入覆盖式使用乳头密封剂时，可改善乳房的健康程度。这很可能是由于奶牛干乳期治愈后的有效保持，防止奶牛在干乳后期重新感染。最初的结果可能与预想不符，因为干乳期治愈率可能与引入密封剂相关，而非抗生素治疗的效果。

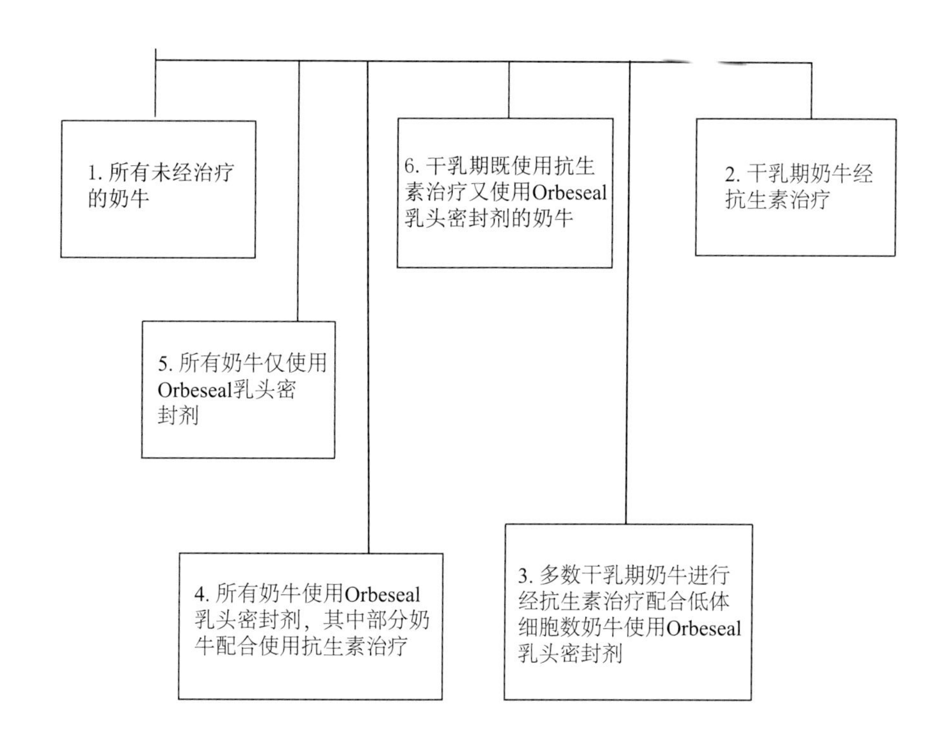

附录4　奶牛群泌乳期治疗方案

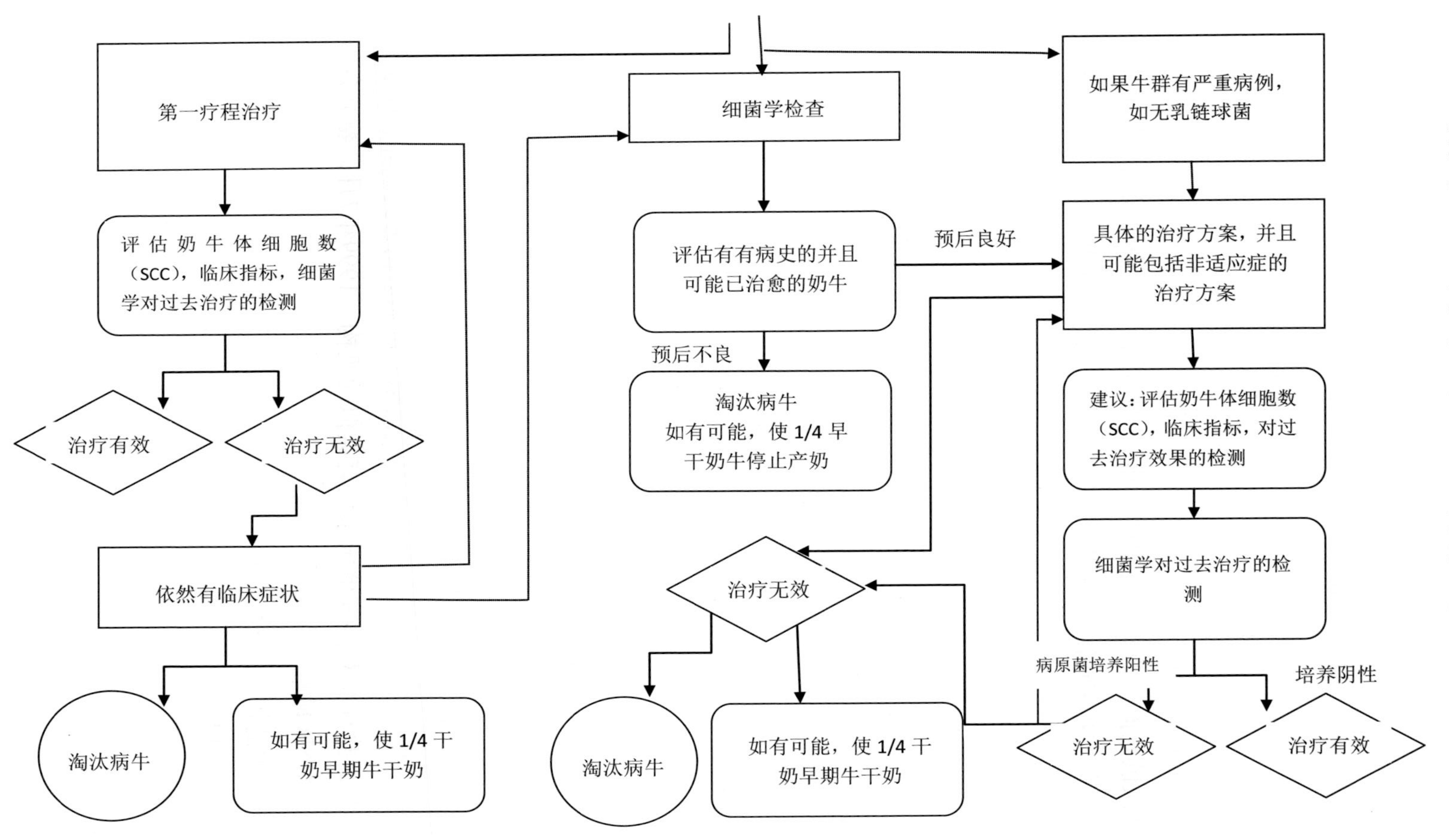

附录5　英国的牛奶销售

牛奶营销委员会成立于1933年，成立的目的是确保全国都有足够的牛奶供应。牛奶委员会从供奶商处购买所有牛奶，然后以标准价格出售给商铺。截至1984年，牛奶营销委员会从130 000个农场收购牛奶，使用了大约500 000台10加尔牛奶搅拌器，向10 000个目的地供奶，主要为乳品厂供奶，但也有巧克力厂、奶粉厂以及其他客户。1972年，个体客户位置被合理化地减少到了496个。牛奶营销委员会的压力，这次转移到了牛奶生产者的身上，意味着截至1970年，曾经的普通搅拌器消失了，被农场里的散奶装卸和冷却设备以集液罐的形式取代了。可制冷的集液罐至今仍是农场待收集奶的贮存处。

这个牛奶营销体系持续到1994年牛奶营销委员会解散。在61年的委员会营销模式下，几乎没有牛场主有任何销售牛奶的经验。1995年，这种不正常化的产业允许多数购买者直接购买牛奶，他们都是初次购买者。后果是，支付给牛奶生产者的价格增加了可变性。最初，大多数牛奶生产者继承了牛奶营销委员会的模式，成立了一个牛场主合作的牛奶商品形式Milk Marque，他们能够接受更低的价格。Milk Marque为它的成员提供一个销售联盟服务，主要仍是采用牛奶营销委员会同样的销售手段。不管是奶牛场还是企业们，都不赞同这种反常的牛奶营销模式。原因是欧盟在价格谈判方面要求更透明的公平竞争的环境。就在销路打开的1994年11月，乳品加工厂声明，他们对于Milk Marque操控价格感到不快，并且对英国（公平贸易局）和欧盟（竞争委员会）的标准有怨言。据说Milk Marque以权谋私，可能会伤害到顾客。即使其受普及程度还算合理，并且在欧盟其他国家也有类似的机构。1999年7月，委员会仍建议Milk Marque分成3个区域性的联盟。

3个合作式的销售联盟有组织地进行了区域式构建。在中陆地区有Axis,它吞并了Scottish Milk，以First Milk来进行贸易，最近与Robert Wiseman Dairies联手。南部的Milk Link继续以该联盟进行贸易。北部的Zenith吞并了The Milk Group成为不列颠地区的乳品农场。 牛奶生产商现在现在有了很多角色，最为著名的有Arla Foods UK, Dairy Crest和Robert Wiseman. 牛奶销售商依然数量庞大，但主要是通过超市来销售，如

Morrisons, Sainsbury, Somerfeild, Tesco和Waitrose。

这些变革影响了牛奶市场的各方力量，尤其是考虑到营销市场利润率，牛奶生产商和零售商在市场中变得重要。即使委员会坚持，但并没有利于客户群体。近期伴随着全球食品价格上涨的共识，牛奶生产的价格有了更大的压力。然而，在某种程度上农场标准在全球能源上涨的的情况下减轻或者更为复杂，小麦价格被视为基准价格时，肥料和饲料的花费会发生变化。

附录6　乳头药浸

一、总体原则

乳品厂奶牛的乳头杀菌方法，最常用的有浸蘸和喷雾，这些已经发展为减少奶牛乳房内新感染发生的成熟的管理程序。大体上这些产品的配方需要平衡杀菌作用配方的比例、乳头杀菌的副作用和柔肤润肤剂成分的比例。乳品行业普遍接受一个观点是，“乳头药浸”这个术语是用来描述杀菌过程的，不管是用浸蘸的方法还是喷雾法。操作应该在挤奶杯组接触乳头之前（PrMTD）和挤奶杯组脱离乳房之后（PMTD）。原理和技术方面的细节在第四章的相关部分有所阐述。PMTD是全世界乳房炎控制的完整计划里的一环，已经有几十年历史，并且在20世纪60年代与NIRD五点计划结合起来。

PMTD在控制新发生的传染性病原感染非常有效，如金黄色葡萄球菌、无乳链球菌、牛棒状杆菌。PMTD对于挤奶过程中的污染几乎没有控制作用，其效果的持续在使用后的几个小时即显著下降。PrMTD尽管最近才发展起来，但近几十年已经越来越普及。PrMTD在减少乳头上隐形乳房炎的病原接触挤奶杯组的过程中有一定作用，这对减少新感染的发生和一些环境中的细菌有一定控制，如无乳链球菌、大肠杆菌、肺炎克雷伯菌。

乳房内感染的发生一般需要能够引起乳房炎的病原通过乳头管进入，有研究表明，乳房内感染的发生率以及发生类型与皮肤表面细菌的数量和类型直接相关。乳头的灭菌较为容易，是一种经济有效的减少乳头表面皮肤上细菌的方法，挤奶前后进行，都会减少乳房内感染的发生率。然而，需要明确的一点是，对于已经发生的感染，乳头灭菌是是没有效果的，并且乳头药浸不能够迅速减少乳房炎发生率，但这恰好是牛奶生产者所期待和希望解决的。

二、乳头药浸的方法选择

PrMTD和PMTD在药浸开始和持续时间上略有不同。PMTD对于乳头的挤奶杯组有更多要求。鉴于此，作者的观点是，对有着各自不同作用的挤奶前后药浸PrMTD和PMTD在功能上进行折中。PrMTD的杀菌要求是快速杀菌，因此接触时间非常短暂。PMTD的杀菌要求是维持杀菌活动的时间尽可能长，并且尽可能管理乳头皮肤状况。总体上来说，挤奶后灭菌需要使用润肤剂及柔肤剂，如羊毛脂、甘油或者山梨醇。理想状况是，挤奶后的杀菌行为可以持续到下一次挤奶，这可以提供长时间的保护。然而，这在实际中不能实现，并且下一次挤奶时可能会有残留的组织。在杀菌速度和杀菌的持续时间的折中是可实现的，通过在挤奶前或挤奶后选择不同的药浸产品、不同的杀菌开始时间和持续时间即可实现。

三、乳头药浸如何应用

乳头的灭菌一般可以用浸蘸（包括液态、凝胶和泡沫状产品）或者喷雾的方法。第四章的挤奶计划相关章节里包括了PrMTD和PMTD的内容。

四、药浸用药的贮存和处理

浸蘸的药物应该贮存在避免过高温的地方。冷冻可能会造成产品构成的分离，过热则会使产品的材料挥发，从而导致杀菌活动的效果降低，并且可能使pH值改变从而刺激乳头皮肤。

所有的灭菌产品反过来都会被器官性的因素所影响，比如牛奶、土壤或者粪。如果乳头浸浴杯在挤奶过程中受污染，则需要彻底清洁并重新盛入浸蘸药物。而喷雾式的乳头药浸则不太容易受到这种污染。

五、伴有乳头调节特性的乳头杀菌化学药品

有很多的杀菌作用的化学药品对于食物的生产都是适用的，在乳头药浸的常用的化学药品中，一些通常结合乳头的调节作用，另一些在清洁设备或者清洁乳头的过程中较常用。乳业环境中常用的化学杀菌药品包括碘酒、洗必泰、十二烷基苯磺酸钠、次氯酸钠、季铵盐，含氯物质如酸化的亚硝酸钠溶液、过氧化氢类物质。这些化学药品通过多种多样的机理来杀死细菌，包括化学或生物作用，如氧化呼吸抑制，胞浆蛋

白变性或沉淀，酶活性的抑制和破坏细胞膜。

六、乳头药浸中使用的杀菌化学药品

1. 含碘物质的药浸

碘类杀菌剂是最常用的、有很多制造商的化学杀菌药品。碘是一个作用快速、广谱的杀菌剂，对于大多数乳房炎的致病细菌、真菌、细菌孢子和病毒都有效，通过碘和组织的氧化反应作用。碘类药浴能使大多数碘存在一定范围内，其作用形式是形成水溶性的清洁剂或表面活性物。自由未结合的碘离子（通常为百万分之6～12）通过氧化微生物，发挥抗菌的作用。在自由未结合的碘离子与结合的稳定碘之间存在一个动态平衡，因此，当自由的碘离子因为接触组织而用光时，会立即由结合的碘来补充。因此，自由的活性碘离子总是在可用状态，保持着杀菌的作用，知道碘制剂中所有的碘的数量都被用尽。

用碘制剂药浸来作为清洁剂的配合剂，是因为乳头皮肤表面失去天然油脂的保护所致，从而需要附加的乳头调理剂。常见的调理剂包括2%～10%甘油、丙烯等保护剂，有时还配合羊毛脂作润肤剂，来替代乳头皮肤表面失去的天然油脂。碘制剂或许是最常用的乳头药浸产品，不管是挤奶前还是挤奶后。其典型的棕色可以帮助我们识别，乳头是否被药物覆盖，它一旦使用就会受到欢迎。

2. 氯制剂的药浸

卤素是一类作用迅速、杀菌范围广的化学药品。氯制剂有多种形式的杀菌产品。总体上来说，氯制剂所占的乳头药浸产品的份额正在减少，因为它们的贮存时间短暂，必须在准备好的几小时内使用。有两种常用的氯制剂产品，如下所述。

（1）酸化的亚氯酸钠

酸化的亚氯酸钠产品，如Udder Gold，是亚氯酸钠和适合的酸或酸类物质组成，如乳酸、苯基乙醇酸，形成有活性的亚氯酸或二氧化氯。它们都具有光谱的杀菌效果，能够杀灭一些引起乳房炎的细菌、霉菌、酵母菌和病毒，并且具有调节乳头的湿润剂和柔肤剂。酸化的亚氯酸钠产品由两部分成分组成，即具有相等比例的催化剂和底物，每天使用前混合起来以达到最理想的抗菌作用。一些产品还有凝胶制剂，会在乳头表面形成保护屏障，并且可能延长亚氯酸的杀菌作用。

（2）洗必泰

洗必泰起效快，无刺激性。通过作用于细胞壁，能够杀灭多数细菌、霉菌、酵母菌和病毒。低浓度溶液有抑菌效果，高浓度有杀菌效果，具体取决于细菌。如果药浴液严重污染，例如，药浴杯中沙雷菌属和假单胞菌菌属可以存活并且可能作为乳房炎的病原菌。

洗必泰对于乳头药浸通常的作用浓度是0.5%，它会保持在乳头皮肤上，提供长时间的保护，并且具有润肤剂和柔肤剂的作用从而减小刺激。且它对乳头皮肤并没有显著的有害作用。还有常规制剂和防护制剂可以选择使用。

3. 十二烷基苯磺酸

含有十二烷基苯磺酸的乳头药浸产品又称Blu Gard，总体上来说没有刺激性，但经常有羊毛脂等乳头调理成分添加，并且有有机酸调节pH值为3.0，以便发挥最强的效力。对于多数乳房炎致病细菌、酵母菌有效，有常规制剂和防护制剂。

4. 季铵盐

这类杀菌药品的常用浓度是0.05% ~ 1.0%，几乎没有皮肤刺激性，具有调节pH值和乳头调理的添加成分。组织的高度污染会降低其杀菌效力，同洗必泰杀菌效果一样，沙雷菌属和假单胞菌属可以在药物浸蘸后存活。

5. 次氯酸钠

次氯酸钠溶液更多地被知道是作为家用的漂白剂。即使这种溶液并没有被作为乳头药浸产品来销售，依然被农场主们用于挤奶前后的乳头药浸。为了避免对于乳头皮肤的伤害，稀释是非常必要的，最终次氯酸钠的浓度必须低于0.5%。 产品中不能添加润肤剂，因为会发生药物之间的相互反应。次氯酸盐是强氧化性的物质，对于多数细菌、病毒和霉菌都有效。然而，它具有一定刺激性，可能引起乳头的炎症，引起未戴手套的挤奶工手部炎症。但这些都是暂时的，一段时间之后会适应，乳头的情况将会改善。次氯酸盐最好被用作乳品厂的消毒而不是乳头药浸，不推荐该用法。

6. 过氧化氢

这种杀菌剂（如Sorgene）提供广谱的杀菌效果，通过其强氧化性杀灭多数乳房炎的致病细菌。被用为乳品厂的消毒，它会造成乳头的刺激，同次氯酸盐。通常用于牛群的消毒，最高稀释浓度500:1（0.2%），即用50ml过氧乙酸加入25L水，最低稀释浓度为200:1，即用125ml过氧乙酸加入25L水。农场主经常用介于这两种浓度之间的消毒剂，即0.3%的溶液。

附录7　牛奶样品分离培养的特征分析

采样类型	细菌分离	评论
临床采样 牛奶视觉上异常 可能包括重复病例	在营养充足的培养基上生长的任何细菌纯培养都有鉴别意义；可能包括潜在污染物，如粪肠球菌或protatheca 根据作者的经验，混合感染的确会发生，如乳房链球菌和大肠杆菌，但当多种病原从临床采样中分离到时，判断更为困难，尤其是菌落形成单位Cfus较小时；污染物不能被排除 “无细菌生长”在临床病例中是一个特殊的情况，如大肠杆菌可能在乳房或超过几小时的牛奶样品中不可见，结果导致一定比例的“无细菌生长”采样可能是环境中的乳房炎病；结合临床症状来做出诊断	
高体细胞数采样 牛奶视觉上正常 包括以往治疗检测	主要病原	
	金黄色葡萄球菌 无乳链球菌	在作者看来，即使与其他污染病原混合，仍具有特征性的鉴别意义 证明牛群中存在该病原。重复采样到高体细胞数的奶牛，可能提示对牛群的健康和经济状况有重要影响
	次要病原	可能是正常的共生菌群，对于次要的病原菌有保护作用？单独细菌不具有鉴别意义，对机体的影响取决于菌落形成单位Cfus和乳头皮肤上分离到的其他病原
	凝固酶阳性葡萄球菌	许多产小牛犊的奶牛都携带凝固酶阴性葡萄球菌，但是能够自愈；详见凝固酶试验
	牛棒状杆菌	可能提示挤奶后杀菌的缺少；如果携带足够普遍会升高BMSCC
	其他病原	其他病原会提高持续性感染的可能性，导致长时间的SCC提高；再次说明，取决于菌落形成单位Cfus和其他分离到的病原
	乳房链球菌	基因测序已经证明持续性的感染与高体细胞数SCC有关； 如果能从高体细胞数的乳区分离到大量的纯培养物，将更有鉴别意义 在传播过程中可能有传染性的产物；来自作者实践中的主要观点

（续表）

采样类型	细菌分离	评论
	停乳链球菌	总的来说对于预后良好，作者认为不太可能导致牛群BMSCC升高 与乳头皮肤调理缺失、斑痕组织有关，乳头情况可能与高携带率有相关性
	肠道菌群—大肠杆菌粪肠球菌	作者看来，不太可能导致持续性感染多发，从而提高SCC进而升高BMSCC；一般作为高体细胞数污染的样本处理 然而，重复地分离到具有显著的菌落形成单位Cfus的纯培养，可能提示持续性感染的存在
	非特征性病原	正如开篇所说；多次分离培养得到不会导致持续性感染的病原，高体细胞数会造成隐性乳房炎病例；详见有关protatheca的章节
	无细菌生长	是特殊病例。可能提示没有细菌存在。细胞数升高可能是由于乳房的严重损伤，事实上细菌学上已经治愈或者间歇性地排菌。比如金黄色葡萄球菌，可能意味着采样时没有足够的细菌得到培养物；参考间歇连续乳区试验ISQT，提高金黄色葡萄球菌的分离率

附录8　具体治疗方案

一、简　介

没有充分的数据区分不同的抗菌剂对不同感染的效果，感染的不同治疗方案或者不同的临床表现也难以区分。此处不是提示或者指导读者某种具体的治疗方案。而是列举了一些治疗方案，一般在特定的情况下有效。

当特定的治疗方案用于治愈率较高的奶牛，可能会对减少这些奶牛的感染持续时间（进而降低牛群中病原菌的传播）。奶牛管理方案中炎症感染的控制是非常重要的，比如保护环境的清洁、适度的干燥、完全符合卫生标准的挤奶计划等。

治疗方案里会包括一些用药规则，这些规则没有被药品销售授权委员会（药品许可证）所确认，就是所谓的“未得到监管批准”的使用。在药品常规之外的方案来使用药物，必须要慎重考虑。只有根据制造商的说明来使用时，药物才被授权可以用在经济动物上。在英国，药物执照的授权需要大量的安全、药效、环境研究相关的数据，当某种药物按照其说明用于牛奶或者肉类时，都有特定的休药期。对于推荐用药方案的任何偏差，如治疗次数、用药频率、剂量和治疗周期的偏差，都会使牛奶和肉类的休药期不当，引发最小的“标准化”牛奶是7d休药期、肉类是28d的休药期。

鉴于以上原因，使用“未得到监管标准”治疗方案时，应该只有在兽医的监督下才可以使用，并且治疗奶牛是由该兽医提供医疗护理的；

提供一份书面的“标准作业程序”（兽医保留一份），具体列出用药方法如剂量和时间以及奶牛管理方面的指导。“标准作业程序”中应该申明，牛奶必须有至少7d的休药期，肉类必须有至少28d的休药期，牛奶在进入奶罐前需要用Delvo SP检测法；该书面程序应该记录治疗的日期、农场主姓名和地址、接受治疗的奶牛标识以及治疗的乳区。兽医应当保留每头奶牛的“未得到监管标准”治疗方案的，“标准作业程序”。

从接受治疗的奶牛可以得到有效信息，能够判断“未得到监管标准”治疗方案在治愈率的提高和复发率的降低方面的作用。

有研究表明，尤其是革兰阳性菌的感染，如金黄色葡萄球菌、乳房链球菌的一些菌株，治疗时间长、频率高、管理得当的治疗方案，能够显著地提高治愈率。还有一些实践显示，当持续观察牛群一段较长的时间，可以看到总的用药量在降低，即使个别病例的用药剂量和用药周期在增大。这是因为，细菌学的治疗和消除致病菌的方法更为成熟，其使用更少的治疗次数，临床症状得到治愈，但仍是感染状态，一段时间之后可能会发病。

这里列出的治疗方案是用于实验室诊断和病原菌被鉴定之后的。在一些情况中，牛群可能伴随着其他的病原，并不是所有的病例都能够有效地采样。Product Withholds认为有效的采样是每日挤奶时采2次。

二、金黄色葡萄球菌

1. 泌乳期

使用说明 通常泌乳期成功治愈的机会比较小，即使有很多种不同类型的非使用说明的治疗方案存在，作者倾向于用标签用法里面安倍宁LA的治疗。根据作者的观点，较治疗方案来说，金黄色葡萄球菌的菌株、感染的持续时间，对于治疗结果有更重要的影响。即使泌乳期在不剔除金黄色葡萄球菌感染的奶牛的前提下，治愈率非常低，但抑制排泄物，即使是短暂的抑制，仍是一个有效的降低牛群内病原传播的方法。因此，细菌学上的治愈是不太可能的，病牛最终可能仍被淘汰，在作者看来这是可以接受的。

氯唑西林 200mg（安倍宁LA，辉瑞动保）使用说明；48h内使用3管，休药期为84h（第7次挤奶）。

2. 干乳期或产犊前

使用说明之外的用法 该治疗方法需要牛奶至少7d、肉类至少28d的休药期，并且需要进行乳品试验。牛群中已知感染金黄色葡萄球菌的奶牛，应该对整个牛群进行干乳期抗生素治疗。作者偏好用长效的氯唑西林当做治疗前用药，其他干乳期治疗方法在此基础上产生效果，用法：

替米考星 300mg（Micotil, 礼来动保）用于干乳期治疗。1ml每30kg，分成多份用于皮下多个位点，从而在干乳期治疗得到最好的效果。记者用对600kg的奶牛用药20ml，每个乳区5ml。病例的选择（选择容易治愈的奶牛）对治愈率的影响非常大。近期感染的奶牛（如有条件，凭个体的体细胞数SCC确诊，如条件简陋，依靠泌乳时期来判断）更有可能对治疗产生效果。替米考星针剂必须由执业兽医来使用。

泰乐菌素 200mg/ml（Tylan，礼来动保）：皮下两个位点共注射100ml，奶牛在春季产仔的干乳期或预产期、乳房开始发育（产犊前7～10d）时用药，能够提高治愈率。

替米考星和泰乐菌素都是“嗜酸性”或者“pH值敏感性”的，在干乳期前几日治疗更有效。这类药物会被体内酸性环境所引导，通常即使是受感染的泌乳期乳腺，其pH值也低于干乳期乳房（受感染的肺部也是弱酸性的），因此，这类药物会聚集在乳房和肺部。但也有一定危险性，如果几个人同时负责牛群的挤奶工作，受治疗的奶牛（接近干乳期）所产的奶可能无意中会进入散装挤奶罐，引起违反规定的抗生素残留。用药后持续地挤奶，会导致理论上的治疗效果提升、药物进入乳房并且高度聚集。但必须要权衡的是，如果抗菌药物在散装机奶罐中被检测到，则必须要支付大额的罚金。

三、乳房链球菌

1. 泌乳期

乳房链球菌的感染通常不被视为乳腺的持久性感染，但作者与格拉斯哥大学的Maureen Milne医生的合作研究以及其他科研工作者的研究显示，乳房链球菌按使用说明治疗后会发生反复。作者倾向于赞成较为激进的治疗方法，对于一些特定的奶牛。尤其是那些长期SCC高或者临床症状以及持续了好几个泌乳周期的奶牛，不太可能对于治疗有所反应，可能仍会被剔除淘汰。

非医嘱用法 该用法需要牛奶至少7d、肉类至少28d的休药期以及乳品试验。

作者的使用方法如下。

6管药物中，或使用头孢喹肟 75mg（Cobactan LC, 英特威，英国），或使用喷砂西林氢碘酸盐 150mg，二氢链霉素 150mg，硫酸新霉素B 50mg，氢化泼尼松 5mg（Ubro Yellow, 勃林格殷格翰），用药间隔为12h（每次挤奶），同时使用4d的喷砂西林氢碘酸盐（Mamyzin, 勃林格殷格翰）（第一天10g，后3天5g），或者6管药物中，或Cobactan LC或Ubro Yellow，用药周期为12h（每次挤奶），同时使用4d的泰乐菌素200mg/ml（Tylan，礼来动保）（每12h 20ml，用3次，然后20ml/d，用两次）。

2. 干乳期或产犊前

作者的观点是，自从出现了干乳期覆盖式的牛群治疗方案，即兼用乳头内部密封剂（Orbeseal）与抗生素疗法以及干乳期、产犊前期非肠道用药的抗生素疗法，乳房链球菌在干乳期对奶牛感染的严峻性已经减少。干乳期的治疗方法可能对产犊前受到其他感染的奶牛，乳房内感染治愈可能性较大。产犊前期的治疗方案，可以帮助降低此危害，但有可能会使感染存在甚至持续更长时间，在治愈之前。对很多感染乳房链球菌的奶牛来说，干乳期抗生素治疗是有效果的，那么内部乳头密封剂可能会起到防止奶牛再次感染的作用。

然而，如果干乳期奶牛的临床表现提示治愈率不高，那么一些选中的特定奶牛可能需要在产犊或产犊前期进行上述讨论的金黄色葡萄球菌的治疗方案。对于乳房链球菌，作者倾向于使用泰乐菌素 200mg/ml（Tylan，礼来动保）。

3. 年轻奶牛产犊前

用乳头内部密封剂和干乳期抗生素疗法来保护或者排除产犊前感染，年轻奶牛并没有特别的优势。一般认为年轻奶牛和大龄奶牛一样在即将产犊的前几天也容易发生新的感染。因此，年轻奶牛有时同时使用干乳期抗生素疗法和乳头内密封剂（Orbeseal, 辉瑞动保）。有时选择其一，在预产期产犊前几周使用，来降低乳房内感染的发生率。虽然作者没有相关经验并且也不推荐此方法。尤其是在炎热的夏季，年轻奶牛们在树荫下“露营”，受到该区域粪便污染物的感染，会导致牛群中很多年轻奶牛感染乳房链球菌。世界范围内的实践表明，包括英国，年轻奶牛在产犊或者产犊前后一段时间，接受喷砂西林氢碘酸盐（Mamyzin, 勃林格殷格翰）的治疗，会使携带乳房链球菌的年轻奶牛数量下降。作者近期（2008）进行了实验，年轻奶牛在产犊的第一天和24h之后使用10g Mamyzin。产犊前使用任何注射用抗生素，对于年轻奶牛来说不容易，可能需要更合理的方法，因为预测年轻奶牛什么时候生产是非常困难的。如果奶牛在治疗的几天内还没有生产，则需要重复治疗，从而增加了治疗费用和不必要的抗生素使用。

附录9　抑制物质实验

用散装挤奶罐收集到的牛奶做抑制物质实验比较少，多数会误导牛奶含有抗生素残留。应注意的是，奶牛可以产生自发的抑制物质，这些感染引起的牛奶污染物，理论上会造成抑制物质试验失败，即使这可能是个体奶牛的标准。人类消耗的牛奶，可以通过多种多样的试验来进行筛选，包括非特异性的抑制物质试验和更具特异性的抑制物质试验。一些试验通过检测抑制物质进行筛选，它们保护一些非常敏感的细菌（嗜热脂肪芽孢杆菌）的生长。培养样品，细菌的生长改变了试验基质的pH值，引起指示剂由紫色变成黄色。如果有抗生素（或者其他抑制物质）在待检测的牛奶中存在，则会抑制细菌的生长，保护pH值不改变，没有指示剂颜色的变化，试验基质仍显紫色。

有研究表明，为搅拌牛奶建立的原始试验，当检测个体奶牛时，有一些限制。即使如此，Delvo SP仍是最常见的农场主用于牛皮肤的检测方法。新生产的奶牛，尤其是SCC较高时，会产生足够的自然抑制物质，导致抑制物质试验失败。Delvo SP一般不被自然的抑制物质所影响，除非是只有一头奶牛来做检测，测试时新生产奶牛的牛奶可以稀释来测试抗生素含量，即5个散装挤奶罐来测试一头奶牛的奶。

从客户安全的角度出发，该测试更容易得到假阳性的结果，而不是假阴性的结果，这样就保护了牛奶的供应链。如果试验不是在正确的温度进行，也可能得到假阳性的结果。

理论上，Delvo SP试验可以检测到一些浓度低于最大残留量（MRL）的抗生素（主要是半合成青霉素类），欧洲对每种抗生素在经济动物中残留量的设定有所不同，一般休药期的设定也基于此。因此，理论上牛奶可能在技术上和法律上是适合人类消费的（所有的抗生素都在最大残留量之下），但是却没有通过Delvo SP试验。从乳品厂的经验来看，如果多数抗生素都高于农场标准，那么说明其数倍高于最大残留量（MRL）；若挤奶罐牛奶的Delvo SP试验得出假阳性的结果（即低于最大残留量MRL），则可以忽略这个结果。但随着科技和检测敏感性的提升，我们会发现牛奶购买者希望最大残留量的标准更加低，因为他们可以做到。这看起来似乎不太合乎逻辑或者公平，因为最大残留量MRL在欧洲是由食品安全专家设定的，而这里仍有很大的安全余量。

更多特定的检测试验，如β s.t.a.r.现在被用于英国很多乳品厂来筛选牛奶，减少了CHARM氯霉素检测条和SNAP抗生素检测条的使用范围。它能够检测β内酰胺环在牛奶中的存在，β内酰胺环是一种主要因盘尼西林类引起的乳房内感染而存在的化学结构，包括盘尼西林感染，半合成青霉素类如氨苄西林、阿莫西林以及头孢菌素。该试验的阳性结果是特定的，提示有β内酰胺环的存在。

深度阅读

书籍和会议论文

Proceedings, 1980, BCVA, Mastitis Control and Herd Management, Technical Bulletin (4) (NIRD, Hannah Research Institute), ed. Bramley, Dodd and Griffin, ISBN 0 7084 0195 3

Bramley, Dodd and Jackson (eds), Control of Bovine Mastitis, BCVA, 1971.

Bramley, Dodd and Mein (eds), Machine Milking and Lactation, Insight Books, 1992, ISBN 09519188 0 X.

Blowey and Edmondson, Mastitis Control in Dairy Herds, Farming Press, 1995, ISBN 0 85236 314 1.

Proceedings, IDF Conferences, Tel Aviv, 1995 and Maastricht, 2005.

有用的网站

BMC: proceedings of conferences, 1998：www.iah.bbsrc.ac.uk/bmc/index.html

BCVA: proceedings, 1993-with membership：www.bcva.org.uk/

NMC: proceedings, factsheets,resources, some without membership: www.nmconline.org/

AABP: proceedings, factsheets,resources, some without membership: www.aabp.org/

IDF: www.fil-idf.org/content/Default.asp

IAH: www.iah.ca.uk

UKVet: www.ukvet.co.uk/

NOAH: www.noah.co.uk/

Dutch Udder Health Centre: www.ugcn.nl/

Canadian Bovine Mastitis Research Network: www.mednet.umontreal.ca/reseau_mamite/producteurs/index.php?page=accueil

牛奶记录公司

NMR: www.nmr.co.uk/

CIS: www.thecis.co.uk/

乳品产业网站

DeLaval: www.delaval.com/default.htm

ADF: www.ad-f.com/Eng/home.htm

Cluster Flush: www.vaccar.com/; www.clusterflush.com/index.html

Assured Dairy Farms (ADF-formerly NDFAS): www.ndfas.org.uk/

DairyCo (formerly MDC): www.mdc.org.uk/

MDC Datum: www.mdcatum.org.uk/

MDC Datum Milk Quality: www.mdcdatum.org.uk/MilkSupply/milkquality.html

电子表格计算

下面这些简单的电子计算器可供使用，可以通过ValeLab@btinternet.com邮箱，获得以下便捷的计算工具

内衬替换周期：输入需要挤奶的奶牛数量、挤奶频率和挤奶杯组，然后内衬替换周期就会显示出来，显示的形式有日间隔、月间隔和年频率。

隐性感染测算：分为两部分计算，输入未感染和已感染的乳区SCC，就可以显示奶牛SCC；输入未感染乳区和奶牛的SCC，则会显示感染最严重乳区的SCC；未感染乳区也会假设有相同的SCC。